上海市建筑标准设计

装配式后张法预应力混凝土刚接空心板梁

DBJT 08-138-2024

图集号：2024 沪 Q004

跨　径：10m、13m、16m、18m、20m、22m、25m
荷　载：公路－Ⅰ级／城－A 级、公路－Ⅱ级／城－B 级

同济大学出版社

2025　上海

图书在版编目（CIP）数据

装配式后张法预应力混凝土刚接空心板梁 / 上海市政工程设计研究总院（集团）有限公司主编. -- 上海：同济大学出版社，2025.3. -- ISBN 978-7-5765-1523-7

I. TU757.1

中国国家版本馆 CIP 数据核字第 2025XE0484 号

装配式后张法预应力混凝土刚接空心板梁

上海市政工程设计研究总院（集团）有限公司　主编

责任编辑　朱　勇
责任校对　徐逢乔
封面设计　陈益平
出版发行　同济大学出版社　www.tongjipress.com.cn
　　　　　（地址：上海市四平路1239号　邮编：200092　电话：021-65985622）
经　　销　全国各地新华书店
印　　刷　常熟市华顺印刷有限公司
开　　本　787mm×1092mm　1/8
印　　张　16.5
字　　数　778 000
版　　次　2025年3月第1版
印　　次　2025年3月第1次印刷
书　　号　ISBN 978-7-5765-1523-7
定　　价　160.00元

本书若有印装质量问题，请向本社发行部调换　　版权所有　侵权必究

上海市住房和城乡建设管理委员会文件

沪建标定〔2024〕159号

上海市住房和城乡建设管理委员会
关于批准《装配式后张法预应力混凝土刚接空心板梁》
为上海市建筑标准设计的通知

各有关单位：

由上海市政工程设计研究总院（集团）有限公司主编的《装配式后张法预应力混凝土刚接空心板梁》，经审核，现批准为上海市建筑标准设计，统一编号为 DBJT 08-138-2024，图集号 2024 沪 Q004，自 2024 年 10 月 1 日起实施。

本标准设计由上海市住房和城乡建设管理委员会负责管理，上海市政工程设计研究总院（集团）有限公司负责解释。

特此通知。

上海市住房和城乡建设管理委员会

2024 年 3 月 29 日

前 言

本图集系根据上海市住房和城乡建设管理委员会《2022年上海市工程建设规范、建筑标准设计编制计划》（沪建标定〔2021〕829号）、上海市交通委员会《关于下达〈2022年度标准规范项目计划〉的通知》（沪交科〔2022〕83号）的要求，由上海市政工程设计研究总院（集团）有限公司为主编单位编制而成。

本图集主要编制内容为装配式后张法预应力混凝土刚接空心板梁，适用于上海地区新建、改建的公路及城市桥梁上部结构的后张法简支预应力混凝土刚接板梁，跨径范围为10~25m，汽车荷载等级分为公路-Ⅰ级/城-A级、公路-Ⅱ级/城-B级。

各有关单位及相关人员在执行本图集过程中，如有意见或建议，请反馈至上海市交通委员会（地址：上海市世博村路300号1号楼；邮编：200125；E-mail: shjtbiaozhun@126.com），上海市政工程设计研究总院（集团）有限公司（地址：上海市中山北二路901号；邮编：200092；E-mail: niuchangyan@smedi.com），上海市建筑建材业市场管理总站（地址：上海市小木桥路683号；邮编：200032；E-mail: shgcbz@163.com），以供今后修订时参考。

主 编 单 位：上海市政工程设计研究总院（集团）有限公司

参 编 单 位：上海公路投资建设发展有限公司

主要起草人：卢永成　陈　明　牛长彦　杨　麒　许　可　黄巍峰　肖　纬　李宇晨

曹永勇　刘经熠　张玉富　兰　勇　吴建兵　许　严　卫张震　徐则灵　孙轶凡

主要审查人：钱寅泉　李国平　蔡忠明　张　庆　罗喜恒　顾顺利　陆　峰

装配式后张法预应力混凝土刚接空心板梁

批准部门：上海市住房和城乡建设管理委员会	批准文号：沪建标定〔2024〕159号
主编单位：上海市政工程设计研究总院（集团）有限公司	统一编号：DBJT 08-138-2024
施行日期：2024年10月1日	图集号：2024沪Q004

主编单位负责人：
主编单位技术负责人：
技术审定人：
技术审核人：
设计负责人：

目　录

目录(一)	1
目录(二)	2
设计说明(一)	3
设计说明(二)	4
设计说明(三)	5
设计说明(四)	6
设计说明(五)	7
设计说明(六)	8
主要计算结果(10m中梁)　设计荷载：公路-Ⅰ级/城-A级	9
主要计算结果(10m中梁)　设计荷载：公路-Ⅱ级/城-B级	10
主要计算结果(10m边梁)　设计荷载：公路-Ⅰ级/城-A级	11
主要计算结果(10m边梁)　设计荷载：公路-Ⅱ级/城-B级	12
主要计算结果(13m中梁)　设计荷载：公路-Ⅰ级/城-A级	13
主要计算结果(13m中梁)　设计荷载：公路-Ⅱ级/城-B级	14
主要计算结果(13m边梁)　设计荷载：公路-Ⅰ级/城-A级	15
主要计算结果(13m边梁)　设计荷载：公路-Ⅱ级/城-B级	16
主要计算结果(16m中梁)　设计荷载：公路-Ⅰ级/城-A级	17
主要计算结果(16m中梁)　设计荷载：公路-Ⅱ级/城-B级	18
主要计算结果(16m边梁)　设计荷载：公路-Ⅰ级/城-A级	19
主要计算结果(16m边梁)　设计荷载：公路-Ⅱ级/城-B级	20
主要计算结果(18m中梁)　设计荷载：公路-Ⅰ级/城-A级	21
主要计算结果(18m中梁)　设计荷载：公路-Ⅱ级/城-B级	22
主要计算结果(18m边梁)　设计荷载：公路-Ⅰ级/城-A级	23
主要计算结果(18m边梁)　设计荷载：公路-Ⅱ级/城-B级	24
主要计算结果(20m中梁)　设计荷载：公路-Ⅰ级/城-A级	25
主要计算结果(20m中梁)　设计荷载：公路-Ⅱ级/城-B级	26
主要计算结果(20m边梁)　设计荷载：公路-Ⅰ级/城-A级	27
主要计算结果(20m边梁)　设计荷载：公路-Ⅱ级/城-B级	28
主要计算结果(22m中梁)　设计荷载：公路-Ⅰ级/城-A级	29
主要计算结果(22m中梁)　设计荷载：公路-Ⅱ级/城-B级	30
主要计算结果(22m边梁)　设计荷载：公路-Ⅰ级/城-A级	31
主要计算结果(22m边梁)　设计荷载：公路-Ⅱ级/城-B级	32
主要计算结果(25m中梁)　设计荷载：公路-Ⅰ级/城-A级	33
主要计算结果(25m中梁)　设计荷载：公路-Ⅱ级/城-B级	34
主要计算结果(25m边梁)　设计荷载：公路-Ⅰ级/城-A级	35
主要计算结果(25m边梁)　设计荷载：公路-Ⅱ级/城-B级	36
横断面布置图(一)	37
横断面布置图(二)	38
横断面布置图(三)	39
横断面布置图(四)	40
10m中梁构造图	41
10m边梁构造图	42
10m钢束图(一)	43
10m钢束图(二)	44
10m钢束图(三)	45
10m中梁钢筋图(一)	46
10m中梁钢筋图(二)	47
10m中梁钢筋图(三)	48
10m边梁钢筋图(一)	49
10m边梁钢筋图(二)	50
10m边梁钢筋图(三)	51
10m桥面板现浇缝	52
13m中梁构造图	53
13m边梁构造图	54
13m钢束图(一)	55
13m钢束图(二)	56
13m钢束图(三)	57
13m中梁钢筋图(一)	58
13m中梁钢筋图(二)	59
13m中梁钢筋图(三)	60

目录(一)

内容	页码	内容	页码
13m 边梁钢筋图（一）	61	20m 边梁钢筋图（二）	98
13m 边梁钢筋图（二）	62	20m 边梁钢筋图（三）	99
13m 边梁钢筋图（三）	63	20m 桥面板现浇缝	100
13m 桥面板现浇缝	64	22m 中梁构造图	101
16m 中梁构造图	65	22m 边梁构造图	102
16m 边梁构造图	66	22m 钢束图（一）	103
16m 钢束图（一）	67	22m 钢束图（二）	104
16m 钢束图（二）	68	22m 钢束图（三）	105
16m 钢束图（三）	69	22m 中梁钢筋图（一）	106
16m 中梁钢筋图（一）	70	22m 中梁钢筋图（二）	107
16m 中梁钢筋图（二）	71	22m 中梁钢筋图（三）	108
16m 中梁钢筋图（三）	72	22m 边梁钢筋图（一）	109
16m 边梁钢筋图（一）	73	22m 边梁钢筋图（二）	110
16m 边梁钢筋图（二）	74	22m 边梁钢筋图（三）	111
16m 边梁钢筋图（三）	75	22m 桥面板现浇缝	112
16m 桥面板现浇缝	76	25m 中梁构造图	113
18m 中梁构造图	77	25m 边梁构造图	114
18m 边梁构造图	78	25m 钢束图（一）	115
18m 钢束图（一）	79	25m 钢束图（二）	116
18m 钢束图（二）	80	25m 钢束图（三）	117
18m 钢束图（三）	81	25m 中梁钢筋图（一）	118
18m 中梁钢筋图（一）	82	25m 中梁钢筋图（二）	119
18m 中梁钢筋图（二）	83	25m 中梁钢筋图（三）	120
18m 中梁钢筋图（三）	84	25m 边梁钢筋图（一）	121
18m 边梁钢筋图（一）	85	25m 边梁钢筋图（二）	122
18m 边梁钢筋图（二）	86	25m 边梁钢筋图（三）	123
18m 边梁钢筋图（三）	87	25m 桥面板现浇缝	124
18m 桥面板现浇缝	88	斜交端钝角加强钢筋示意图	125
20m 中梁构造图	89		
20m 边梁构造图	90		
20m 钢束图（一）	91		
20m 钢束图（二）	92		
20m 钢束图（三）	93		
20m 中梁钢筋图（一）	94		
20m 中梁钢筋图（二）	95		
20m 中梁钢筋图（三）	96		
20m 边梁钢筋图（一）	97		

目 录（二）

图集号 2024沪Q004

设 计 说 明

一、编制依据及适用范围

1. 本图集依据上海市住房和城乡建设管理委员会《关于印发〈2022年上海市工程建设规范、建筑标准设计编制计划〉的通知》(沪建标定〔2021〕829号) 和上海市交通委员会《关于下达〈2022年度标准规范项目计划〉的通知》(沪交科〔2022〕83号) 的要求进行编制。

2. 本图集适用于上海地区新建、改建的公路及城市桥梁上部结构后张法简支预应力混凝土刚接空心板梁,汽车荷载等级分为公路－Ⅰ级/城－A级、公路－Ⅱ级/城－B级。

二、主要设计规范

1. 《工程结构通用规范》GB 55001
2. 《混凝土结构通用规范》GB 55008
3. 《城市道路交通工程项目规范》GB 55011
4. 《公路工程结构可靠性设计统一标准》JTG 2120
5. 《公路工程技术标准》JTG B01
6. 《公路桥涵设计通用规范》JTG D60
7. 《公路钢筋混凝土及预应力混凝土桥涵设计规范》JTG 3362
8. 《公路工程混凝土结构耐久性设计规范》JTG/T 3310
9. 《公路桥涵施工技术规范》JTG/T 3650
10. 《公路装配式混凝土桥梁设计规范》JTG/T 3365-05
11. 《公路交通安全设施设计规范》JTG D81
12. 《公路交通安全设施设计细则》JTG/T D81
13. 《公路交通安全设施施工技术规范》JTG/T 3671
14. 《城市桥梁设计规范》CJJ 11
15. 《公路工程质量检验评定标准 第一册 土建工程》JTG F80/1
16. 《城市桥梁工程施工与质量验收规范》CJJ 2
17. 《城市道路交通设施设计规范》GB 50688
18. 《节段预制混凝土桥梁技术标准》CJJ/T 111

当依据的标准规范进行修订或有新的标准规范颁布实施时,本图集与现行工程建设标准不符的内容、限制或淘汰的技术或产品,视为无效。工程技术人员在参考使用时,应注意加以区分,并应对本图集相关内容进行复核后选用。

三、主要技术标准

1. 空心板梁参数见表1。

表1 空心板梁参数

跨径(m)	10	13	16	18	20	22	25
梁长(m)	9.96	12.96	15.96	17.96	19.96	21.96	25.96
计算跨径(m)	9.16	12.16	15.16	17.16	19.16	21.16	25.16
梁高(m)	0.6	0.7	0.85	0.85	0.95	1.05	1.2
最大支座反力(kN)	664	725	805	845	905	967	1063
吊装重量(kN)	150~175	210~242	286~325	328~372	385~434	446~500	545~607

2. 斜交角度:0°~30°。

3. 汽车荷载:公路－Ⅰ级/城－A级;公路－Ⅱ级/城－B级。

4. 桥梁结构的设计基准期:100年;主体结构的设计使用年限:100年。

5. 桥梁结构的设计安全等级:一级,γ_0=1.1。

6. 环境作用等级见表2(根据《公路工程混凝土结构耐久性设计规范》JTG/T 3310)。

表2 刚接空心板梁不同部位环境作用等级

部位	环境作用等级
边梁外腹板外侧	Ⅵ-D
空心板梁其余部位	Ⅰ-D

7. 桥梁护栏防撞等级:SA级。当采用其他等级的护栏时,边板挑臂配筋应根据《公路交通安全设施设计规范》JTG D81和《公路交通安全设施设计细则》JTG/T D81调整设计。

四、主要材料

1. 混凝土

预制空心板梁混凝土:C50;

现浇接缝混凝土:C60钢纤维混凝土;

铺装整平层混凝土:C50。

普通混凝土技术指标应满足《公路桥涵施工技术规范》JTG/T 3650和《公路钢筋混凝土及预应力混凝土桥涵

	图集号	2024沪Q004
设计说明(一)	页	3

设计规范》JTG 3362 的要求，C60 钢纤维混凝土技术要求应符合《纤维混凝土应用技术规程》JGJ/T 221 的规定，钢纤维混凝土的纤维体积率宜不小于 1.00%，钢纤维掺量为 78.5kg/m³。混凝土最小保护层厚度参照《公路钢筋混凝土及预应力混凝土桥涵设计规范》JTG 3362 的相关规定。

混凝土配合比设计的控制指标应严格按照《公路桥涵施工技术规范》JTG/T 3650 的要求执行。结合《公路工程混凝土结构耐久性设计规范》JTG/T 3310 对不同的受力构件根据环境分类及作用等级分类，控制混凝土的最大水胶比、胶凝材料用量、最低混凝土强度等级、最大氯离子含量、最大碱含量等。

集料应严格按照《公路桥涵施工技术规范》JTG/T 3650 及《公路工程混凝土结构耐久性设计规范》JTG/T 3310 的要求执行。粗集料应级配合理，质地均匀坚固，不宜采用砂岩碎石。粗集料最大公称粒径≤25mm，针片状颗粒含量（按质量计）<10%，吸水率（按质量计）<2.0%，压碎指标<15%。细集料选择级配合理、质地均匀兼顾的中粗河砂，细度模数宜为 2.6~3.2，含泥量（按质量计）<2.0%，吸水率（按质量计）<2.0%。不得使用淡化海砂、山砂及风化严重的多孔砂。

采用的优质减水剂，质量符合《混凝土外加剂》GB 8076 的要求，氯离子含量≤0.02%，砂浆减水率18%以上，并与水泥、掺合料等胶凝材料的匹配性能良好。

2. 钢材

1）预应力体系

低松弛高强度预应力钢绞线的技术性能应符合《预应力混凝土用钢绞线》GB/T 5224 的规定，单根钢绞线直径 ϕ^s 为 15.2mm，标准强度 f_{pk} 为 1860MPa，弹性模量 E_p 为 1.95×10^5MPa，ϕ^s15.2 钢绞线每股公称面积为 140mm²。

波纹管推荐采用符合《预应力混凝土用金属波纹管》JG/T 225 规定的增强型镀锌金属波纹管，并采用真空辅助压浆工艺或连续循环压浆工艺，压浆材料应符合《公路桥涵施工技术规范》JTG/T 3650-2020 第 7.9.2 和 7.9.3 条的规定。

采用的群锚体系应符合《预应力筋用锚具、夹具和连接器》GB/T 14370 和《公路桥梁预应力钢绞线用锚具、夹具和连接器》JT/T 329 的技术要求，配套锚固件须符合锚固构造及锚下局部承压强度要求。预应力锚具应包括锚板、夹片、螺栓、锚垫板、螺旋筋等整套部件，配套部件应采用厂家定型产品。

2）普通钢筋

钢筋直径 <10mm 的为 HPB300 钢筋，直径≥10mm 的为 HRB400 钢筋。

HPB300 钢筋须符合《钢筋混凝土用钢 第 1 部分：热轧光圆钢筋》GB/T 1499.1 的要求。HRB400 钢筋须符合《钢筋混凝土用钢 第 2 部分：热轧带肋钢筋》GB/T 1499.2 的要求。凡需焊接的钢筋，均应满足可焊要求。钢筋应具有出厂质量证明书，并应在使用前进行抽验。

钢筋加工、焊接和安装的质量标准均应按《公路桥涵施工技术规范》JTG/T 3650 的有关规定执行。钢筋连接若采用电焊接头或机械接头连接，钢筋接头强度应大于母材。受力钢筋接头按规范要求错开布置。

3）钢板

Q235C 须符合《碳素结构钢》GB/T 700 的要求。

五、计算要点及计算数据

1. 空心板梁纵桥向按照 A 类预应力混凝土受弯构件进行设计，横桥向按照钢筋混凝土构件进行设计。

2. 荷载横向分布系数：跨中荷载横向分布系数计算采用刚接板梁法，支点荷载横向分布系数计算采用杠杆法，支点至 1/4 跨区间按直线内插采用。

3. 荷载计算取值

1）空心板梁混凝土容重：26kN/m³。

2）桥面铺装厚度按 100mm 钢筋混凝土整平层 +100mm 沥青混凝土面层计取，桥面铺装容重：24kN/m³。

3）防撞护栏自重按单侧 12kN/m 计。

4）温度荷载按照《公路桥涵设计通用规范》JTG D60 计算。

4. 预应力损失计算

1）计算预应力钢筋与孔道壁之间摩擦引起的预应力损失时，预埋金属波纹管的系数 k 取 0.0015，μ 取 0.2；若采用橡胶抽拔管等其他成孔方式，须另行计算。

2）计算锚具变形及钢筋回缩损失时，单端回缩值取 6mm。

3）计算预应力钢筋松弛引起的损失时，张拉系数 ψ 取 1.0，钢筋松弛系数 ζ 取 0.3。

4）计算混凝土的收缩徐变损失时，预应筋传力锚固时的混凝土龄期取 3~7d，加载时混凝土的龄期取 7d，成桥后按龄期 3650d 计算徐变损失，年平均相对湿度 RH 取 40%~70%，构件与大气接触的周边长度 μ 取空心板梁外周长加内孔周长的一半。

5. 截面验算

1）结构计算时，混凝土铺装整平层不计入结构断面；计算结构基频时，计算截面计入混凝土铺装整平层。

2）成桥后现浇接缝混凝土计入结构计算截面。

3）空心板梁构件运输及安装等施工阶段，验算混凝土强度按 90% 强度设计值，运输、安装时动力系数取 1.2 或 0.85。

6. 断面及构造

本图集空心板梁现浇接缝采用 U 形钢筋交错连接缝，预制梁的顶宽根据桥宽调整变化，接缝宽度保持不变。

1）空心板梁预制梁底宽 1250mm，顶底同坡（纵横坡均采用梁底预埋钢板调整，横坡以预制板梁梁体基准点旋转）；中梁顶宽 B_1，边梁顶宽 B_2。

2）现浇接缝宽度底宽 350mm。

	图集号	2024沪Q004
设计说明（二）	页	4

3）空心板梁支承处设横梁，横梁宽400mm。

4）刚接空心板梁两端各设1个支座。

7. 施工方法

刚接空心板梁采用工厂化预制、现场吊装、现浇接缝的施工方法。

六、施工要点

1. 总体要求

1）本说明仅对施工及验收规范未说明的部分和施工中有特殊要求的部分作出说明。除本图集中提出的特殊质量要求外，其他施工质量和精度应符合《公路工程桥涵施工技术规范》JTG/T 3650、《公路工程质量检验评定标准》JTG F80/1、《城市桥梁工程施工与质量验收规范》CJJ 2的要求。

2）各种材料成品及半成品质量均应进行检验和按相关规范、标准、规程的规定进行检测，并有检测报告，合格的材料方可用于空心板梁。凡厂家供货的每批材料，都必须有厂家提供的质量保证书和质检合格书。

3）当工地昼夜日平均气温低于5℃或最低气温低于−3℃时，应按《公路桥涵施工技术规范》JTG/T 3650中有关冬季施工的规定采取措施，以保证施工质量。

2. 空心板梁预制

1）结构尺寸、预应力筋及普通钢筋安放位置必须准确。

2）预制空心板梁应保证支座预埋件的位置、高度正确。空心板梁预制时不要遗漏防撞栏杆钢筋、伸缩缝预埋钢筋等，并注意预留泄水孔的位置。

3）空心板梁预制时，端面与底面的夹角应根据纵坡调整，以保证架设完后的空心板梁端部与大地保持铅垂。当斜交角度≥20°时，斜交板锐角设置3cm倒角。

4）为保证混凝土的保护层厚度以及钢筋定位的准确，施工时宜采用质量保证的定型生产的混凝土垫块，其抗腐蚀能力和抗压强度应高于构件本体混凝土。侧面、底面垫块数量不应少于4个/m²，垫块绑扎丝头不得伸入保护层内。

5）钢筋放样应根据实际施工按照设计要求及施工规范确定，图纸中的钢筋大样及长度仅作为钢筋布置方式及材料控制用。主要受力钢筋长度尺寸、位置，在满足最大间距的条件下，可按实际放样情况作适当调整，但钢筋根数必予保证，不得减少。

6）空心板梁顶板横向钢筋间距统一为200mm，相邻板梁应交错布置，交错后间距为100mm。

7）空心板梁施工中钢筋的连接方式：钢筋直径≥12mm时，钢筋连接采用焊接或机械连接（采用机械连接时，接头等级为Ⅰ级）；钢筋直径＜12mm时，如设计图纸中未说明，钢筋连接可采用绑扎。绑扎及焊接长度按照《公路桥涵施工技术规范》JTG/T 3650的有关规定严格执行。

8）预制空心板梁内模可以采用免拆轻质实体或空心内模、木模等一次性模板，也可以采用钢模等重复利用模板，不得使用充气橡胶胎模。免拆轻质实体或空心内模的外观质量、尺寸偏差、重量、抗压荷载等满足《现浇混凝土空心楼盖结构技术规程》JGJ/T 268中的相关规定。钢模应满足刚度、承载能力、稳定性要求，符合《组合钢模板技术规范》GB/T 50214中关于模板施工的要求。不论使用哪种内模，都必须保证模板的强度、刚度，防止内模上浮。

9）钢绞线束曲线段应按设计坐标定位，管道必须圆顺，预制空心板梁以间隔500mm设置一组"井"字形定位钢筋。

10）预应力工程所采用的张拉千斤顶、油压表必须有关规定进行标定及检验。未经标定、检验或超过张拉次数的工具及仪表不得使用。

11）锚垫板、预应力管道位置必须准确，锚垫板与预应力管道必须垂直。预应力管道成孔方式推荐采用金属波纹管，也可采用其他成孔方式，但须满足相关标准要求。预应力管道内采用真空辅助压浆工艺或连续循环压浆工艺，砂浆强度等级不小于M50。锚具所有组件应由生产单位配套供应，供施工单位安装。

12）混凝土浇筑振捣必须密实，特别是尺寸较小、构造较复杂、钢筋较密的部位，应采取合适的振捣器。

13）必须加强空心板梁及现浇接缝的养护，洒水养护时间不得小于7d，混凝土养护期内必须进行覆盖遮阳和保湿，防止太阳暴晒，并采取其他有效措施，防止产生裂缝；预制空心板梁及现浇接缝混凝土浇筑后，上表面必须充分拉毛，以利于与桥面混凝土的结合。浇筑桥面铺装整平层混凝土前将梁顶浮浆、油污清除干净，以保证新、旧混凝土良好结合。

14）可施加预应力的强度和龄期要求：预制空心板梁混凝土强度与弹性模量均达到设计值的90%；日平均温度≥20℃时，龄期不小于5d；日平均温度＜20℃时，龄期不小于7d。混凝土试块尺寸应为边长150mm标准立方体试件，试件的养生条件均与预制空心板梁相同。

15）空心板梁的钢束均采用两端张拉，预应力钢筋锚下的张拉控应力 $\sigma_{con}=0.75f_{pk}$，以张拉力及引伸量进行双控，且应对称张拉。张拉程序：0→初应力（$0.1\sigma_{con}$）→$1.0\sigma_{con}$→持荷5min→锚固。预应力钢束建议采用智能张拉工艺。

16）预应力钢束张拉后，应在距锚头30mm处用砂轮机切割，并且采取相应措施使锚头降温，严禁电弧焊切割、火焰切割。

3. 运输和吊装

1）空心板梁采用后张法施工，必须达到设计强度后方可运输、安装。预制场构件移运应满足《公路桥涵施工技术规范》JTG/T 3650-2020中第17.2.6条的要求；空心板梁起吊、运输时，其孔道水泥浆的强度不低于40MPa。

2）预制梁的吊装应采用可靠的方法起吊。空心板梁的堆放、运输不准倒置。

	图集号	2024沪Q004
设计说明（三）	页	5

3）每跨桥预制空心板梁之间的混凝土龄期差不宜大于10d，以免空心板梁混凝土龄期差引起收缩、徐变的变形差太大。

4）为防止预制梁上拱过大、预制梁与桥面整平层由于龄期差别而产生过大收缩差，存梁期不宜超过60d。当存梁期超过60d时，应采取措施防止梁体产生过大上拱。

5）预制空心板梁在预制、张拉预应力钢束、运输和安装等过程中，必须采取有效的措施，防止失稳和倾倒。同时，在运输和安装过程中，应避免刚接板梁翼缘伸出钢筋与相邻刚接板梁翼缘伸出钢筋或其他物体相碰。

6）预制梁起吊时，应注意保持梁体的横向稳定，架设后应采取有效措施加强横向临时支撑，并及时连接桥面板、横梁接缝钢筋等，以增加梁体的稳定性和整体性。

7）临时支点在支座中心左右各0.5m范围内，不得随意在梁内开孔。

4. 现浇接缝和横梁施工

1）预制空心板梁与现浇段混凝土的龄期差不应超过60d。新、旧混凝土的结合面应优先采用模板涂缓凝剂、脱模后用高压水冲洗露出石子的方法；局部小范围可采用手工凿毛，露出半颗粗骨料后冲洗干净。

2）横梁采用后浇，钢筋连接采用预埋套筒机械接头连接，浇筑横梁混凝土时顶板采取开孔的方式以保证后浇混凝土的密实。

3）钢纤维混凝土的制备应满足《纤维混凝土应用技术规程》JGJ/T 221-2010中第6.1.2条的规定。

5. 其他要求

外露金属构件均需进行防腐处理：环氧富锌底漆二道，总干膜厚度≥60μm；也可采用热浸锌或冷喷锌方法，厚度不小于85μm。

七、图集选用说明

1. 本图集尺寸单位除标明外，其余均以毫米计。

2. 本图集设计荷载为汽车荷载，人群荷载及非机动车荷载可参考并验算后使用。

3. 本图集给出了桥宽分别为8.5m、12.0m、16.0m、24.0m的单幅桥梁及桥宽分别为2×9.0m、2×13.5m、2×16.75m的双幅桥梁标准横断面布置图，纵向计算时横向分布系数按桥宽7.45m以上的最不利值取用。当桥梁宽度超出图集所给的桥宽范围时，须计算复核其横向分布系数和冲击系数；如超过图集中的控制值，不能直接套用本标准图，须另行设计。

4. 本图集刚接板梁预制部分底板宽度为1250mm，顶板宽度：中梁宽1550~2050mm，边梁宽1500~2000mm（含挑臂，不含滴水檐，挑臂D=100~350mm，滴水檐按150mm布置），现浇接缝底宽度为350mm，梁间距E变化范围为1900~2400mm，梁数4~15片，桥梁横断面布置参数示意图见图1，其中参数的取值范围及由此能覆盖的桥梁宽度见表3。如遇无法覆盖的桥梁宽度，则在调整梁距E到最大（最小）允许值后，通过调整边梁挑臂D（100~350mm）从而达到所需的桥梁宽度。如挑臂长度>350mm，悬臂配筋须另行计算。

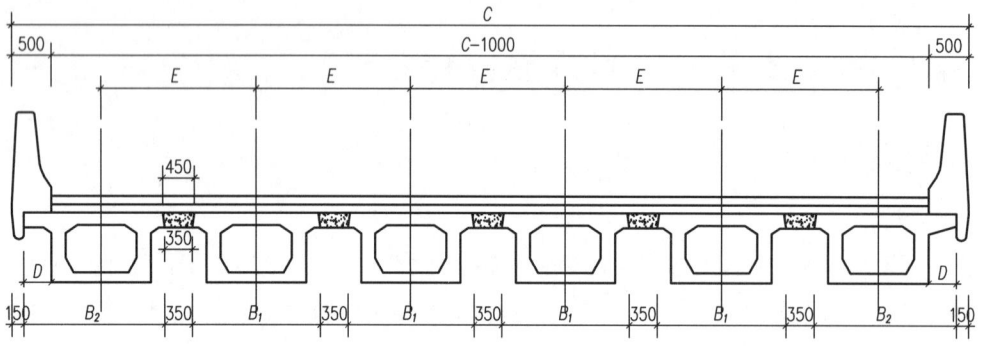

图1 刚接空心板梁横断面布置图

表3 图集选用参数 （单位：mm）

主梁根数	中梁宽B_1	边梁宽B_2	梁间距E	挑臂D	现浇缝底宽	桥宽C
4	1550~2050	1500~2000	1900~2400	100~350	350	7450~9450
5	1550~2050	1500~2000	1900~2400	100~350	350	9350~11850
6	1550~2050	1500~2000	1900~2400	100~350	350	11250~14250
7	1550~2050	1500~2000	1900~2400	100~350	350	13150~16650
8	1550~2050	1500~2000	1900~2400	100~350	350	15050~19050
9	1550~2050	1500~2000	1900~2400	100~350	350	16950~21450
10	1550~2050	1500~2000	1900~2400	100~350	350	18850~23850
11	1550~2050	1500~2000	1900~2400	100~350	350	20750~26250
12	1550~2050	1500~2000	1900~2400	100~350	350	22650~28650
13	1550~2050	1500~2000	1900~2400	100~350	350	24550~31050
14	1550~2050	1500~2000	1900~2400	100~350	350	26450~33450
15	1550~2050	1500~2000	1900~2400	100~350	350	28350~35850

5. 本图集空心板梁边梁挑臂按防撞等级SA级进行设计。当取用其他等级的护栏时，边梁挑臂配筋应根据《公路交通安全设施设计规范》JTG D81和《公路交通安全设施设计细则》JTG/T D81计算后调整，满足相应防撞等级的受力要求。

6. 刚接空心板梁梁底支座采用预埋钢板形式，适用于横坡≤2%、纵坡≤3%的情况。当纵横坡较大时，须另行设计。

设计说明（四）

图集号 2024沪Q004
页 6

7. 本图集未考虑防撞护栏上加设声屏障或标志杆等交通设施的工况，如需设置声屏障或其他交通设施，应根据其荷载对边梁挑臂及护栏预埋筋的配筋进行加强设计。

八、材料参数

1. 混凝土强度及弹性模量见表4。

表4 混凝土强度及弹性模量　　　　　　　　　　　　（单位：MPa）

混凝土强度等级	弹性模量 E_c	剪切模量 G_c	轴心抗压强度标准值 f_{ck}	轴心抗拉强度标准值 f_{tk}	轴心抗压强度设计值 f_{cd}	轴心抗拉强度设计值 f_{td}
C50	3.45×10^4	1.38×10^4	32.4	2.65	22.4	1.83
C60	3.6×10^4	1.44×10^4	38.5	2.85	26.5	1.96

2. 预应力钢筋强度及弹性模量见表5。

表5 预应力钢筋强度及弹性模量　　　　　　　　　　（单位：MPa）

钢筋种类	抗拉强度标准值 f_{pk}	抗拉强度设计值 f_{pd}	抗压强度设计值 f'_{pd}	弹性模量 E_p
钢绞线	1860	1260	390	1.95×10^5

3. 普通钢筋强度及弹性模量见表6。

表6 普通钢筋强度及弹性模量　　　　　　　　　　　（单位：MPa）

钢筋种类	抗拉强度标准值 f_{sk}	抗拉强度设计值 f_{sd}	抗压强度设计值 f'_{sd}	弹性模量 E_s
HPB300	300	250	250	2.1×10^5
HPB300	400	330	330	2.0×10^5

九、截面特性

1. 预制中梁截面特性见表7。

表7 预制中梁截面特性（取 B_1=2050mm）　　　　　（单位：mm）

跨径(m)	截面位置	A(m²)	h(m)	Y_s(m)	Y_x(m)	I_x(m⁴)	W_s(m³)	W_x(m³)
10	跨中	0.667	0.60	0.257	0.343	0.0260	0.101	0.076
10	支点	0.715	0.60	0.260	0.340	0.0265	0.102	0.078
13	跨中	0.707	0.70	0.300	0.400	0.0397	0.132	0.099
13	支点	0.771	0.70	0.303	0.397	0.0407	0.134	0.103

（续表）

跨径(m)	截面位置	A(m²)	h(m)	Y_s(m)	Y_x(m)	I_x(m⁴)	W_s(m³)	W_x(m³)
16	跨中	0.767	0.85	0.364	0.486	0.0668	0.184	0.137
16	支点	0.944	0.85	0.394	0.456	0.0744	0.189	0.163
18	跨中	0.767	0.85	0.364	0.486	0.0668	0.184	0.137
18	支点	0.944	0.85	0.394	0.456	0.0744	0.189	0.163
20	跨中	0.807	0.95	0.409	0.541	0.0896	0.219	0.166
20	支点	1.000	0.95	0.443	0.507	0.1011	0.228	0.199
22	跨中	0.847	1.05	0.453	0.597	0.1163	0.257	0.195
22	支点	1.056	1.05	0.492	0.558	0.1329	0.270	0.238
25	跨中	0.907	1.20	0.521	0.679	0.1643	0.315	0.242
25	支点	1.140	1.20	0.566	0.634	0.1904	0.336	0.300

2. 预制边梁截面特性见表8。

表8 预制边梁截面特性（取 B_1=2000mm，D=350mm）　　（单位：mm）

跨径(m)	截面位置	A(m²)	h(m)	Y_s(m)	Y_x(m)	I_x(m⁴)	W_s(m³)	W_x(m³)
10	跨中	0.663	0.60	0.258	0.342	0.0259	0.100	0.076
10	支点	0.711	0.60	0.261	0.339	0.0264	0.101	0.078
13	跨中	0.703	0.70	0.300	0.400	0.0396	0.132	0.099
13	支点	0.767	0.70	0.305	0.395	0.0406	0.133	0.103
16	跨中	0.763	0.85	0.366	0.484	0.0665	0.182	0.137
16	支点	0.939	0.85	0.395	0.455	0.0740	0.187	0.163
18	跨中	0.763	0.85	0.366	0.484	0.0665	0.182	0.137
18	支点	0.939	0.85	0.395	0.455	0.0740	0.187	0.163
20	跨中	0.803	0.95	0.410	0.540	0.0892	0.218	0.165
20	支点	0.995	0.95	0.445	0.505	0.1006	0.226	0.199
22	跨中	0.843	1.05	0.455	0.595	0.1157	0.254	0.194
22	支点	1.051	1.05	0.494	0.556	0.1322	0.268	0.238
25	跨中	0.903	1.20	0.523	0.677	0.1635	0.313	0.242
25	支点	1.135	1.20	0.568	0.632	0.1895	0.334	0.300

设计说明（五）

十、横向分布系数

本图集空心板梁适用梁距为1900~2400mm，最不利的横向分布系数采用4片梁布置的桥梁断面（图2），取最大梁距2400mm，按2车道加载。本图集横向分布系数详见表9。

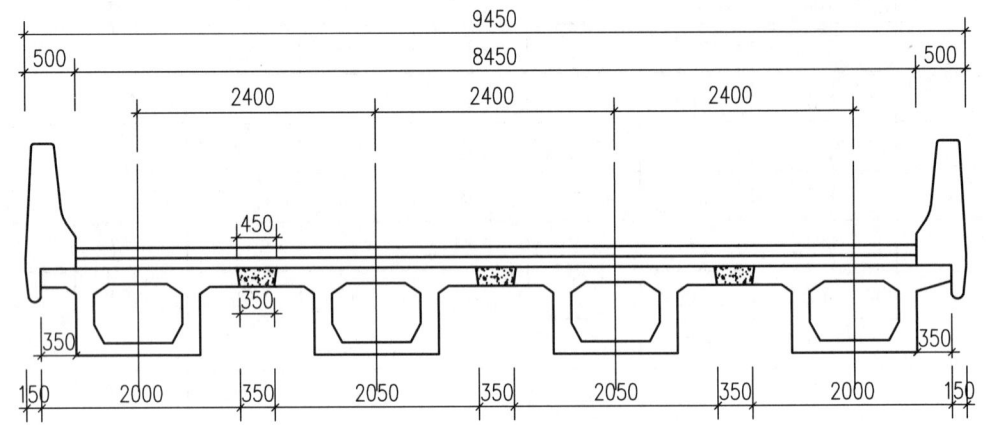

图2 最不利横向分布系数计算横断面布置示意（单位：mm）

表9 横向分布系数 （单位：mm）

跨径(m)	计算跨径(m)	汽车横向分布系数				栏杆横向分布系数	
		边梁		中梁		边梁	中梁
		跨中	支点	跨中	支点		
10	9.16	0.627	0.812	0.610	0.854	0.631	0.369
13	12.16	0.599	0.812	0.583	0.854	0.580	0.420
16	15.16	0.581	0.812	0.568	0.854	0.558	0.442
18	17.16	0.566	0.812	0.557	0.854	0.542	0.459
20	19.16	0.599	0.812	0.552	0.854	0.535	0.465
22	21.16	0.533	0.812	0.548	0.854	0.530	0.470
25	24.16	0.546	0.812	0.543	0.854	0.525	0.476

注：当桥梁宽度超出表3中所给的桥宽范围时，须复核计算其横向分布系数。如果超过本表中的控制值，不能直接套用本标准图，须另行设计。

十一、冲击系数

计算结构基频时，混凝土铺装整平层计入计算断面。

表10 冲击系数 （单位：mm）

跨径(m)	10	13	16	18	20	22	25
计算跨径(m)	9.16	12.16	15.16	17.16	19.16	21.16	24.16
冲击系数	0.441	0.374	0.335	0.291	0.273	0.257	0.235

注：当桥梁宽度超出表3中所给的桥宽范围时，须计算复核其冲击系数。如果超过本表中的控制值，不能直接套用本标准图，须另行设计。

设计说明（六）

图集号 2024沪Q004

页 8

主要计算结果

跨径：10m 中梁
设计荷载：公路-Ⅰ级/城-A级

表1 弯矩组合

编号	荷载和组合	弯矩图	备注
①	裸梁自重	(图) −14 / 82 / 132 / 169 / 182 / 169 / 132 / 82 / 14	—
②	结构自重	(图) −29 / 167 / 269 / 344 / 369 / 344 / 269 / 167 / −29	—
③	汽车	(图) −96 −83 −73 −61 −48 −61 −73 −83 −96 / −52 243 339 427 458 427 339 243 −52	不计冲击
④	基本组合	(图) −216 −0 134 244 299 244 134 −0 −216 / −463 760 1108 1402 1504 1402 1108 760 −153	$1.1×[1.2×②+1.4×③×(1+\mu)]$
⑤	频遇组合	(图) −70 / −65 109 218 302 336 302 218 109 −65 / 337 507 644 690 644 507 337 −70	$1.0×②+0.7×③$
⑥	准永久组合	(图) −41 / −50 84 184 240 320 350 320 240 184 −50 / 264 405 515 553 515 405 264 −41	$1.0×②+0.4×③$
⑦	标准组合	(图) −141 / −403 47 157 257 300 257 157 47 −103 / 517 758 960 1029 960 758 517 −141	$1.0×②+1.0×③×(1+\mu)$

表2 剪力组合

编号	荷载和组合	剪力图	备注
①	裸梁自重	81 59 41 21 0 / −21 −41 −59 −81	—
②	结构自重	164 120 84 42 0 / −42 −84 −120 −164	—
③	汽车	318 234 174 140 109 80 52 32 289 / 0 −43 −32 −52 −80 −110 −140 −174 −234 −318	不计冲击
④	基本组合	920 677 498 367 243 130 22 660 / 152 60 −22 −130 −243 −367 −498 −677 −660 −920	$1.1×[1.2×②+1.4×③×(1+\mu)]$
⑤	频遇组合	386 284 206 140 79 14 217 / 153 97 −14 −77 −140 −206 −284 −386	$1.0×②+0.7×③$
⑥	准永久组合	291 213 154 98 44 130 / 197 61 −10 −44 −98 −154 −213 −291	$1.0×②+0.4×③$
⑦	标准组合	621 457 335 244 158 73 431 / 146 73 −73 −158 −244 −335 −457 −431	$1.0×②+1.0×③×(1+\mu)$

表3 结果验算

	验算内容	计算值	范围限值
持久状况承载能力验算	抗弯承载能力	(图) 433 760 1108 1402 1504 1402 1108 760 153 / 1443 1631 1800 1885 1885 1885 1800 1631 1443	$\gamma_0 M_d \le M_R$ 计算值<1885kN·m
	抗剪承载能力	920kN	$\gamma_0 Q_d \le Q_R$ 计算值<1451kN
持久状况正常使用验算	频遇组合正截面上下缘拉应力	(图) 1.41 1.46 1.26 1.36 1.60 1.36 1.26 1.46 1.41 / 2.16 1.89 1.19 0.70 1.19 1.89 2.16 / 4.01 4.01	$\sigma_{st}-\sigma_{pc} \le 0.7f_{tk}$ 计算值≥−1.86MPa
	准永久组合正截面上下缘拉应力	(图) 2.23 2.15 1.83 1.87 2.13 1.87 1.83 2.15 2.23 / 5.71 4.92 4.90 4.49 4.90 4.92 5.24 5.71	$\sigma_{lt}-\sigma_{pc} \le 0$ 计算值≥0MPa
	频遇组合斜截面主拉应力	(图) −0.25 −0.13 −0.11 −0.20 −0.06 −0.15 −0.11 −0.13 −0.25 / −0.59 −0.59	$\sigma_{st}-\sigma_{pc} \le 0.7f_{tk}$ 计算值≥−1.86MPa
	频遇组合挠度（考虑长期增长系数）	(图) 0 −1 −2 −3 −4 −3 −2 −1 0	$y \le (1/600)L$ 挠度计算值≤17mm
持久状况应力验算	标准组合正截面最大压应力	(图) 4.00 6.86 7.74 8.83 9.39 8.83 7.74 6.86 4.00 / 6.82 6.72 7.05 6.85 6.40 6.85 7.05 6.72 6.82	$\sigma_{kc}+\sigma_{pt} \le 0.5f_{ck}$ 计算值≤16.20MPa
	预应力钢筋最大拉应力	1042MPa	$\sigma_{pe}+\sigma_p \le 0.65f_{pk}$ 计算值≤1209MPa
	标准组合混凝土最大主压应力	(图) 6.82 6.86 7.74 8.83 9.39 8.83 7.74 6.86 6.82	$\sigma_{cp} \le 0.6f_{ck}$ 计算值≤19.44MPa
短暂状况应力验算	不利状态上下缘应力	(图) 2.79 2.67 2.30 2.52 2.30 2.67 2.79 / 6.14 7.76 9.41 10.04 9.92 9.41 7.76 6.14	$\sigma_{ct}^t \le 0.7f_{tk}$ 计算值≥−1.86MPa / $\sigma_{cc}^t \le 0.7f_{ck}$ 计算值≤22.68MPa
其他	张拉阶段跨中挠度	(图) 0 3 6 6 6 3 0	存梁上拱值(30d、60d、90d)：8、9、9

注：
1. 单位：弯矩（kN·m）、剪力（kN）、应力（MPa）、位移（mm）。
2. 效应方向：应力（压为正、拉为负）、位移（上拱为正、下挠为负）。

主要计算结果（10m中梁）设计荷载：公路-Ⅰ级/城-A级	图集号 2024沪Q004
	页 9

主要计算结果

跨径：10m 中梁
设计荷载：公路-Ⅱ级/城-B级

表1 弯矩组合

编号	荷载和组合	弯矩图	备注
①	裸梁自重	-14, 82, 132, 169, 182, 169, 132, 82, 14	—
②	结构自重	-29, 167, 269, 344, 369, 344, 269, 167, 29	—
③	汽车	-72, -63, -55, -45, -36, -45, -55, -63, -72 / -39, 182, 255, 320, 344, 320, 255, 182, 39	不计冲击
④	基本组合	-163, 45, 175, 278, 326, 278, 175, 45, -163 / 424, 625, 920, 1165, 1250, 1165, 920, 625, 134	$1.1 \times [1.2 \times ② + 1.4 \times ③ \times (1+\mu)]$
⑤	频遇组合	-53, 123, 231, 313, 344, 313, 231, 123, -53 / -56, 295, 447, 569, 610, 569, 447, 295, 56	$1.0 \times ② + 0.7 \times ③$
⑥	准永久组合	-32, 217, 326, 335, 326, 217, -32 / -45, 240, 371, 473, 507, 473, 371, 240, 45	$1.0 \times ② + 0.4 \times ③$
⑦	标准组合	-106, 127, 190, 279, 317, 279, 190, 127, -106 / -85, 430, 636, 806, 864, 806, 636, 430, 85	$1.0 \times ② + 1.0 \times ③ \times (1+\mu)$

表2 剪力组合

编号	荷载和组合	剪力图	备注
①	裸梁自重	81, 59, 41, 21, 0, -21, -41, -59, -81	—
②	结构自重	164, 120, 84, 42, 0, -42, -84, -120, -164	—
③	汽车	238, 175, 131, 105, 82, 60, 39, 24, 0 / 0, -24, -39, -60, -82, -105, -131, -175, -238 / -217, 217	不计冲击
④	基本组合	744, 547, 401, 289, 182, 86, 0, -18, -499 / 159, 78, -46, -86, -289, -401, -547, -744 / -500, 500	$1.1 \times [1.2 \times ② + 1.4 \times ③ \times (1+\mu)]$
⑤	频遇组合	330, 243, 176, 116, 57, 0, 166, 15 / 131, 193, 97, -57, -116, -176, -243, -330 / -166, -167	$1.0 \times ② + 0.7 \times ③$
⑥	准永久组合	259, 190, 137, 84, 33, -18, 101, 12 / 169, 101, 62, -33, -84, -137, -190, -259 / -101, -160	$1.0 \times ② + 0.4 \times ③$
⑦	标准组合	507, 372, 273, 194, 118, 44, 327, 150 / 150, 89, -44, -118, -194, -273, -372, -507 / -327	$1.0 \times ② + 1.0 \times ③ \times (1+\mu)$

表3 结果验算

	验算内容	计算值	范围限值
持久状况承载能力验算	抗弯承载能力	124, 625, 920, 1250, 920, 625, 124 / 1400, 1557, 1711, 1775, 1775, 1775, 1711, 1557, 1400	$\gamma_0 M_d \leq M_R$ 计算值 < 1775kN·m
	抗剪承载能力	744kN	$\gamma_0 Q_d \leq Q_R$ 计算值 < 1432kN
持久状况正常使用验算	频遇组合正截面上下缘拉应力	0.98, 1.19, 1.13, 1.33, 1.56, 1.33, 1.13, 1.19, 0.98 / 3.90, 2.30, 2.03, 1.36, 0.94, 1.36, 2.03, 2.30, 3.90	$\sigma_{st} - \sigma_{pc} \leq 0.7 f_{tk}$ 计算值 ≥ -1.86MPa
	准永久组合正截面上下缘拉应力	1.73, 1.85, 1.69, 2.10, 1.85, 1.69, 1.85, 1.73 / 5.59, 4.79, 4.98, 4.19, 4.57, 4.79, 5.59	$\sigma_{lt} - \sigma_{pc} \leq 0$ 计算值 ≥ 0MPa
	频遇组合斜截面主拉应力	-0.20, -0.10, -0.09, -0.01, -0.04, -0.01, -0.09, -0.10, -0.20 / -0.45, -0.45	$\sigma_{st} - \sigma_{pc} \leq 0.7 f_{tk}$ 计算值 ≥ -1.86MPa
	频遇组合挠度（考虑长期增长系数）	-2, -2, -3, -2, -2	$y \leq (1/600) L$ 挠度计算值 ≤ 17mm
	标准组合正截面最大压应力	3.49, 5.81, 6.55, 7.49, 7.96, 7.49, 6.55, 5.81, 3.49 / 6.30, 6.01, 6.19, 5.89, 5.50, 5.89, 6.19, 6.01, 6.30	$\sigma_{kc} + \sigma_{pt} \leq 0.5 f_{ck}$ 计算值 ≤ 16.20MPa
持久状况应力验算	预应力钢筋最大拉应力	1045MPa	$\sigma_{pe} + \sigma_p \leq 0.65 f_{pk}$ 计算值 ≤ 1209MPa
	标准组合混凝土最大主压应力	6.30, 6.01, 6.55, 7.49, 7.96, 7.49, 6.55, 6.01, 6.30	$\sigma_{cp} \leq 0.6 f_{ck}$ 计算值 ≤ 19.44MPa
短暂状况应力验算	不利状态上下缘应力	2.20, 2.28, 2.09, 2.22, 2.43, 2.22, 2.09, 2.28, 2.20 / 6.00, 7.29, 8.64, 9.07, 8.94, 9.07, 8.64, 7.29, 6.00	$\sigma_{ct}^t \leq 0.7 f_{tk}'$ 计算值 ≥ -1.86MPa / $\sigma_{cc}^t \leq 0.7 f_{ck}'$ 计算值 ≤ 22.68MPa
其他	张拉阶段跨中挠度	0, 2, 4, 5, 6, 5, 4, 2, 0	存梁上拱值（30d、60d、90d）: 8、8、8

注：1. 单位：弯矩（kN·m）、剪力（kN）、应力（MPa）、位移（mm）。
2. 效应方向：应力（压为正、拉为负）、位移（上拱为正、下挠为负）。

主要计算结果

跨径：10m 边梁
设计荷载：公路－Ⅰ级 / 城－A 级

表1 弯矩组合

编号	荷载和组合	弯矩图	备注
①	裸梁自重	4, 82, 132, 168, 180, 168, 132, 82, 14	—
②	结构自重	30, 172, 277, 354, 380, 354, 277, 172, 30	—
③	汽车	-91, -79, -69, -58, -46, -58, -69, -79, -91 / 240, 347, 439, 470, 439, 347, 240	不计冲击
④	基本组合	-206, 13, 150, 262, 316, 262, 150, 13, -206 / 460, 760, 1136, 1441, 1545, 1441, 1136, 760, 150	$1.1 \times [1.2 \times ② + 1.4 \times ③ \times (1+\mu)]$
⑤	频遇组合	-67, 116, 228, 314, 348, 314, 228, 116, -67 / 65, 340, 520, 661, 709, 661, 520, 340, 65	$1.0 \times ② + 0.7 \times ③$
⑥	准永久组合	-39, 140, 249, 331, 361, 331, 249, 140, -39 / 50, 268, 416, 529, 568, 529, 416, 268, 50	$1.0 \times ② + 0.4 \times ③$
⑦	标准组合	-134, 58, 177, 271, 314, 271, 177, 58, -134 / 401, 518, 777, 986, 1057, 986, 777, 518, 101	$1.0 \times ② + 1.0 \times ③ \times (1+\mu)$

表2 剪力组合

编号	荷载和组合	剪力图	备注
①	裸梁自重	80, 59, 41, 20, 0, -20, -41, -59, -80	—
②	结构自重	168, 123, 87, 43, 0, -43, -87, -123, -168	—
③	汽车	304, 231, 179, 144, 112, 86, 53, 32, 275 / 0, -32, -53, -82, -112, -144, -179, -231, -304	不计冲击
④	基本组合	896, 675, 511, 376, 250, 134, 22, 629 / 159, 65, -22, -134, -250, -377, -511, -675, -896 / -629	$1.1 \times [1.2 \times ② + 1.4 \times ③ \times (1+\mu)]$
⑤	频遇组合	381, 285, 212, 144, 79, 14, 207 / 168, 50, -14, -79, -144, -212, -285, -381 / -207	$1.0 \times ② + 0.7 \times ③$
⑥	准永久组合	290, 216, 158, 101, 45, 125 / 168, 113, -45, -101, -158, -216, -290 / -125	$1.0 \times ② + 0.4 \times ③$
⑦	标准组合	606, 456, 344, 251, 162, 75, 411 / 151, 70, 10, -10, -75, -162, -251, -344, -456, -606 / -411	$1.0 \times ② + 1.0 \times ③ \times (1+\mu)$

表3 结果验算

	验算内容	计算值	范围限值
持久状况承载能力验算	抗弯承载能力	460, 760, 1136, 1441, 1545, 1441, 1136, 760, 150 / 1426, 1611, 1783, 1868, 1868, 1868, 1783, 1611, 1426	$\gamma_0 M_d \leq M_R$ 计算值 <1868 kN·m
	抗剪承载能力	896 kN	$\gamma_0 Q_d \leq Q_R$ 计算值 <1451 kN
持久状况正常使用验算	频遇组合正截面上下缘拉应力	1.43, 1.53, 1.36, 1.49, 1.75, 1.49, 1.36, 1.53, 1.43 / 3.97, 2.06, 1.67, 0.90, 0.40, 0.90, 1.67, 2.06, 3.97	$\sigma_{st} - \sigma_{pc} \leq 0.7 f_{tk}$ 计算值 ≥ −1.86 MPa
	准永久组合正截面上下缘拉应力	2.25, 2.26, 1.98, 2.07, 2.34, 2.07, 1.98, 2.26, 2.25 / 5.71, 4.84, 5.07, 4.68, 4.25, 4.68, 5.07, 4.84, 5.71	$\sigma_{lt} - \sigma_{pc} \leq 0$ 计算值 ≥ 0 MPa
	频遇组合斜截面主拉应力	-0.24, -0.13, -0.12, -0.21, -0.07, -0.21, -0.12, -0.13, -0.24 / -0.57, ..., -0.57	$\sigma_{st} - \sigma_{pc} \leq 0.7 f_{tk}$ 计算值 ≥ −1.86 MPa
	频遇组合挠度（考虑长期增长系数）	0, -3, -3, -4, -3, -3, 0	$y \leq (1/600) L$ 挠度计算值 ≤ 17 mm
持久状况应力验算	标准组合正截面最大压应力	4.04, 7.14, 8.27, 9.51, 10.13, 9.51, 8.27, 7.14, 4.04 / 6.70, 6.56, 6.86, 6.65, 6.20, 6.65, 6.86, 6.56, 6.70	$\sigma_{kc} + \sigma_{pt} \leq 0.5 f_{ck}$ 计算值 ≤ 16.20 MPa
	预应力钢筋最大拉应力	1042 MPa	$\sigma_{pe} + \sigma_p \leq 0.65 f_{pk}$ 计算值 ≤ 1209 MPa
	标准组合混凝土最大主压应力	6.70, 7.14, 8.27, 9.51, 10.13, 9.51, 8.27, 7.14, 6.70	$\sigma_{cp} \leq 0.6 f_{ck}$ 计算值 ≤ 19.44 MPa
短暂状况应力验算	不利状态上下缘应力	2.82, 2.71, 2.50, 2.42, 2.65, 2.42, 2.39, 2.71, 2.82 / 6.13, 7.76, 9.41, 10.05, 9.92, 10.05, 9.41, 7.76, 6.13	$\sigma_{ct}^t \leq 0.7 f_{tk}^t$ 计算值 ≥ −1.86 MPa / $\sigma_{cc}^t \leq 0.7 f_{ck}^t$ 计算值 ≤ 22.68 MPa
其他	张拉阶段跨中挠度	0, 3, 4, 6, 6, 6, 4, 3, 0	存梁上拱值（30d、60d、90d）：8、9、9

注：1. 单位：弯矩（kN·m）、剪力（kN）、应力（MPa）、位移（mm）。
2. 效应方向：应力（压为正、拉为负）、位移（上拱为正，下挠为负）。

主要计算结果（10m 边梁）设计荷载：公路－Ⅰ级 / 城－A 级

图集号 2024沪Q004

主要计算结果

跨径：10m 边梁
设计荷载：公路-Ⅱ级/城-B级

表1 弯矩组合

编号	荷载和组合	弯矩图	备注
①	裸梁自重	-4／82 132 168 180 168 132 82／14	—
②	结构自重	-30／172 277 354 380 354 277 172／37	—
③	汽车	-68 -59 -52 -43 -34 -43 -52 -59 -68／180 260 329 353 329 260 180	不计冲击
④	基本组合	-156／-422 57 189 293 341 293 189 57 -122／627 943 1197 1284 1197 943 627／-156	1.1×[1.2×②+1.4×③×(1+μ)]
⑤	频遇组合	-51／-56 130 240 324 336 324 240 130 -56／298 459 584 627 584 459 298／-51	1.0×②+0.7×③
⑥	准永久组合	-30／-45 148 236 337 366 337 236 148 -45／244 381 486 521 486 381 244／-30	1.0×②+0.4×③
⑦	标准组合	-101／-84 104 202 292 330 292 202 104 -84／432 652 828 888 828 652 432／-101	1.0×②+1.0×③×(1+μ)

表2 剪力组合

编号	荷载和组合	剪力图	备注
①	裸梁自重	80 59 41 20 0 -20 -41 -59 -80	—
②	结构自重	168 123 87 43 0 -43 -87 -123 -168	—
③	汽车	228 173 134 108 84 61 40 24 0／-206 -24 -40 -61 -84 -108 -134 -173 -228／206	不计冲击
④	基本组合	727 547 412 297 187 89 0／163 82 7 -7 -82 -163／-477 -89 -187 -297 -412 -547 -727／477	1.1×[1.2×②+1.4×③×(1+μ)]
⑤	频遇组合	328 245 180 119 59 0／162 107 59 7 -7 -59 -107 -162／-159 -59 -119 -180 -245 -328／159	1.0×②+0.7×③
⑥	准永久组合	259 193 140 87 34 0／168 114 74 34 -34 -74 -114 -168／-97 -34 -87 -140 -193 -259／97	1.0×②+0.4×③
⑦	标准组合	496 373 280 199 122 45 0／153 89 29 -29 -89 -153／-312 -45 -122 -199 -280 -373 -496／312	1.0×②+1.0×③×(1+μ)

表3 结果验算

	验算内容	计算值	范围限值
持久状况承载能力验算	抗弯承载能力	-422 627 943 1197 1284 1197 943 627 -122／1384 1547 1696 1760 1760 1760 1696 1547 1384	$\gamma_0 M_d \leq M_R$ 计算值<1760kN·m
	抗剪承载能力	727kN	$\gamma_0 Q_d \leq Q_R$ 计算值<1432kN
持久状况正常使用验算	频遇组合正截面上下缘拉应力	0.98 1.26 1.23 1.45 1.70 1.45 1.23 1.26 0.98／3.86 2.21 1.84 1.12 0.67 1.12 1.84 2.21 3.86	$\sigma_{st}-\sigma_{pc} \leq 0.7f_{tk}$ 计算值≥-1.86MPa
	准永久组合正截面上下缘拉应力	1.74 1.95 1.85 2.05 2.31 2.05 1.85 1.95 1.74／5.59 4.72 4.82 4.37 3.97 4.37 4.82 4.72 5.59	$\sigma_{lt}-\sigma_{pc} \leq 0$ 计算值≥0MPa
	频遇组合斜截面主拉应力	0.19 -0.11 -0.10 -0.16 -0.04 -0.16 -0.10 -0.11 0.19／-0.43 -0.43	$\sigma_{st}-\sigma_{pc} \leq 0.7f_{tk}$ 计算值≥-1.86MPa
	频遇组合挠度（考虑长期增长系数）	0 -1 -2 -3 -3 -3 -2 -1 0	$y \leq (1/600)L$ 挠度计算值≤17mm
	标准组合正截面最大压应力	3.51 6.03 6.97 8.03 8.55 8.03 6.97 6.03 3.51／6.20 5.87 6.02 5.71 5.31 5.71 6.02 5.87 6.20	$\sigma_{kc}+\sigma_{pt} \leq 0.5f_{ck}$ 计算值≤16.20MPa
	预应力钢筋最大拉应力	1045MPa	$\sigma_{pe}+\sigma_p \leq 0.65f_{pk}$ 计算值≤1209MPa
	标准组合混凝土最大主压应力	6.20 6.03 6.97 8.03 8.55 8.03 6.97 6.03 6.20	$\sigma_{cp} \leq 0.6f_{ck}$ 计算值≤19.44MPa
短暂状况应力验算	不利状态上下缘应力	2.17 2.32 2.17 2.33 2.56 2.33 2.17 2.32 2.17／5.99 7.29 8.65 9.08 8.95 9.08 8.65 7.29 5.99	$\sigma_{ct}^t \leq 0.7f_{tk}'$ 计算值≥-1.86MPa $\sigma_{cc}^t \leq 0.7f_{ck}'$ 计算值≤22.68MPa
其他	张拉阶段跨中挠度	0 2 4 5 6 5 4 2 0	存梁上拱值（30d、60d、90d）：8、8、8

注：1. 单位：弯矩（kN·m）、剪力（kN）、应力（MPa）、位移（mm）。
2. 效应方向：应力（压为正、拉为负）、位移（上拱为正、下挠为负）。

主要计算结果

跨径：13m 中梁
设计荷载：公路-Ⅰ级/城-A级

表1 弯矩组合

编号	荷载和组合	弯矩图	备注
①	裸梁自重	21/163/269/328/340/328/269/163/21	—
②	结构自重	42/328/541/660/683/660/541/328/42	—
③	汽车	-98/-84/-71/-58/-49/-58/-71/-84/-98；-55/350/493/601/621/601/493/350/-55	不计冲击
④	基本组合	-211/-183/444/604/647/604/444/-183/-211；471/1173/1756/2141/2215/2141/1756/1173/471	$1.1 \times [1.2 \times ② + 1.4 \times ③ \times (1+\mu)]$
⑤	频遇组合	-72/269/491/620/649/620/491/269/-72；-90/573/886/1081/1118/1081/886/573/-90	$1.0 \times ② + 0.7 \times ③$
⑥	准永久组合	-42/234/512/637/663/637/512/234/-42；-64/468/738/901/932/901/738/468/-64	$1.0 \times ② + 0.4 \times ③$
⑦	标准组合	-137/212/443/581/616/581/443/212/-137；417/809/1217/1485/1536/1485/1217/809/417	$1.0 \times ② + 1.0 \times ③ \times (1+\mu)$

表2 剪力组合

编号	荷载和组合	剪力图	备注
①	裸梁自重	114/90/61/31/0/-31/-61/-90/-114	—
②	结构自重	227/181/123/62/0/-62/-123/-181/-227	—
③	汽车	333/262/183/142/109/78/49/26/0；0/-26/-49/-78/-109/-142/-183/-262/-295；295/100/-333	不计冲击
④	基本组合	1003/792/550/382/231/96/0；219/145/31/-96/-231/-382/-550/-792/-1003；644/-41/-145/-644	$1.1 \times [1.2 \times ② + 1.4 \times ③ \times (1+\mu)]$
⑤	频遇组合	460/364/252/161/76/0；221/163/89/-76/-89/-163/-221；222/-161/-252/-364/-460；-222	$1.0 \times ② + 0.7 \times ③$
⑥	准永久组合	360/286/197/118/44/0；-133/-44/-118/-197/-286/-360；133/-89/-163	$1.0 \times ② + 0.4 \times ③$
⑦	标准组合	684/540/375/257/150/45/0；214/146/56/-45/-150/-257/-375/-540/-684；420/-45/-146/-420	$1.0 \times ② + 1.0 \times ③ \times (1+\mu)$

表3 结果验算

验算内容		计算值	范围限值
持久状况承载能力验算	抗弯承载能力	411/897/1587/2049/2215/2049/1587/897/171；1875/2059/2358/2511/2516/2511/2358/2059/1875	$\gamma_0 M_d \leq M_R$ 计算值 < 2516kN·m
	抗剪承载能力	1003kN	$\gamma_0 Q_d \leq Q_R$ 计算值 < 1672kN
持久状况正常使用验算	频遇组合正截面上下缘拉应力	1.36/1.78/1.82/2.02/2.37/2.02/1.82/1.78/1.36；4.78/2.77/1.93/1.06/0.40/1.06/1.93/2.77/4.78	$\sigma_{st} - \sigma_{pc} \leq 0.7 f_{tk}$ 计算值 ≥ -1.86MPa
	准永久组合正截面上下缘拉应力	2.22/2.57/2.47/2.74/2.98/2.61/2.47/2.57/2.22；6.47/5.32/5.23/4.75/4.17/4.75/5.23/5.32/6.47	$\sigma_{lt} - \sigma_{pc} \leq 0$ 计算值 ≥ 0MPa
	频遇组合斜截面主拉应力	-0.28/-0.18/-0.07/-0.17/-0.04/-0.17/-0.07/-0.18/-0.26；-0.45/-0.15	$\sigma_{st} - \sigma_{pc} \leq 0.7 f_{tk}$ 计算值 ≥ -1.86MPa
	频遇组合挠度（考虑长期增长系数）	-4/-5/-5/-5/-4	$y \leq (1/600) L$ 挠度计算值 ≤ 22mm
持久状况应力验算	标准组合正截面最大压应力	4.13/6.84/8.36/9.57/10.28/9.57/8.36/6.84/4.13；7.14/6.69/6.80/6.51/5.98/6.51/6.80/6.69/7.14	$\sigma_{kc} + \sigma_{pt} \leq 0.5 f_{ck}$ 计算值 ≤ 16.20MPa
	预应力钢筋最大拉应力	1089MPa	$\sigma_{pe} + \sigma_p \leq 0.65 f_{pk}$ 计算值 ≤ 1209MPa
	标准组合混凝土最大主压应力	7.14/6.84/8.36/9.57/10.28/9.57/8.36/6.84/7.14	$\sigma_{cp} \leq 0.6 f_{ck}$ 计算值 ≤ 19.44MPa
短暂状况应力验算	不利状态上下缘应力	2.71/3.03/2.88/3.22/3.31/2.88/3.03/2.71；6.98/8.25/10.16/10.48/10.99/10.16/8.25/6.98	$\sigma_{ct}^t \leq 0.7 f_{tk}^\prime$ 计算值 ≥ -1.86MPa $\sigma_{cc}^t \leq 0.7 f_{ck}^\prime$ 计算值 ≤ 22.68MPa
其他	张拉阶段跨中挠度	0/3/7/9/10/9/7/3/0	存梁上拱值（30d、60d、90d）：15、15、15

注：1. 单位：弯矩（kN·m）、剪力（kN）、应力（MPa）、位移（mm）。
2. 效应方向：应力（压为正、拉为负）、位移（上拱为正、下挠为负）。

图集号	2024沪Q004
主要计算结果（13m中梁）设计荷载：公路-Ⅰ级/城-A级	页 13

主要计算结果

跨径：13m 中梁
设计荷载：公路–Ⅱ级 / 城–B 级

表1 弯矩组合

编号	荷载和组合	弯矩图	备注
①	裸梁自重	-21 ... 163 269 328 340 328 269 163 ... 24	—
②	结构自重	-42 ... 328 541 660 683 660 541 328 ... 42	—
③	汽车	-73 -63 -54 -44 -37 -44 -54 -63 -73 / 41 263 370 451 466 451 370 263 44	不计冲击
④	基本组合	-159 / 442 247 482 634 673 634 482 247 -142 / 988 1495 1824 1886 1824 1495 988	1.1×[1.2×② +1.4×③ ×(1+μ)]
⑤	频遇组合	-54 / 270 512 503 630 657 630 503 512 284 / 73 800 976 1009 976 800	1.0×② +0.7×③
⑥	准永久组合	-32 / 38 302 433 519 643 668 643 519 302 58 / 433 689 841 870 841 689	1.0×② +0.4×③
⑦	标准组合	-104 / 241 467 601 632 601 467 241 -104 / 688 1048 1279 1323 1279 1048 688	1.0×② +1.0×③ ×(1+μ)

表2 剪力组合

编号	荷载和组合	剪力图	备注
①	裸梁自重	114 90 61 31 0 -31 -61 -90 -114	—
②	结构自重	227 181 123 62 0 -62 -123 -181 -227	—
③	汽车	250 196 137 107 82 58 37 19 7 / 0 -19 -37 -58 -82 -107 -137 -196 -221 / 221 -250	不计冲击
④	基本组合	828 654 453 307 173 55 / 235 159 -55 -173 -307 -453 -654 488 / -47 169 16 / -488 -828	1.1×[1.2×② +1.4×③ ×(1+μ)]
⑤	频遇组合	402 319 219 136 57 / 224 170 15 / -57 -136 -219 -319 -402	1.0×② +0.7×③
⑥	准永久组合	327 260 178 104 33 / 178 108 / -33 -104 -178 -260 -324	1.0×② +0.4×③
⑦	标准组合	570 451 312 208 112 18 / 319 15 / -18 -112 -208 -312 -451 -570	1.0×② +1.0×③ ×(1+μ)

表3 结果验算

验算内容		计算值	范围限值
持久状况承载能力验算	抗弯承载能力	442 732 1348 1746 1866 1746 1348 732 142 / 1705 1892 2179 2332 2323 2332 2179 1892 1705	$\gamma_0 M_d \le M_R$ 计算值 <2323kN·m
	抗剪承载能力	828kN	$\gamma_0 Q_d \le Q_R$ 计算值 <1665kN
持久状况正常使用验算	频遇组合正截面上下缘拉应力	1.50 1.96 2.06 2.22 2.60 2.06 1.96 1.50 / 2.23 1.55 0.87 0.28 0.87 1.55 2.23 / 3.90 5.44 4.43 4.35 3.98 3.43 3.98 4.35 4.43 5.44 3.90	$\sigma_{st} - \sigma_{pc} \le 0.7 f_{tk}$ 计算值 ≥ -1.86MPa
	准永久组合正截面上下缘拉应力	2.40 2.81 2.78 2.91 3.27 2.91 2.78 2.81 2.40 / 5.44 4.43 4.35 3.98 3.43 3.98 4.35 4.43 5.44	$\sigma_{lt} - \sigma_{pc} \le 0$ 计算值 ≥ 0MPa
	频遇组合斜截面主拉应力	-0.22 -0.13 -0.04 -0.13 -0.03 -0.13 -0.04 -0.13 -0.22 / -0.36 -0.36	$\sigma_{st} - \sigma_{pc} \le 0.7 f_{tk}$ 计算值 ≥ -1.86MPa
	频遇组合挠度（考虑长期增长系数）	-3 -4 -4 -4 -3	$y \le (1/600) L$ 挠度计算值 ≤ 22mm
持久状况应力验算	标准组合正截面最大压应力	4.21 6.39 7.59 8.54 9.15 8.54 7.59 6.39 4.21 / 5.96 5.46 5.50 5.25 4.75 5.25 5.50 5.46 5.96	$\sigma_{kc} + \sigma_{pt} \le 0.5 f_{ck}$ 计算值 ≤ 16.20MPa
	预应力钢筋最大拉应力	1095MPa	$\sigma_{pe} + \sigma_p \le 0.65 f_{pk}$ 计算值 ≤ 1209MPa
	标准组合混凝土最大主压应力	5.96 6.39 7.59 8.54 9.15 8.54 7.59 6.39 5.96	$\sigma_{cp} \le 0.6 f_{ck}$ 计算值 ≤ 19.44MPa
短暂状况应力验算	不利状态上下缘应力	2.81 3.19 3.12 3.22 3.55 3.22 3.12 3.19 2.81 / 5.84 6.90 8.25 8.54 9.28 8.54 8.25 6.90 5.84 / 8.68 9.48 9.28 9.48 8.68	$\sigma_{ct}^t \le 0.7 f_{tk}'$ 计算值 ≥ -1.86MPa / $\sigma_{cc}^t \le 0.7 f_{ck}'$ 计算值 ≤ 22.68MPa
其他	张拉阶段跨中挠度	0 3 5 7 8 7 5 3 0	存梁上拱值（30d、60d、90d）: 11、12、12

注：1. 单位：弯矩（kN·m）、剪力（kN）、应力（MPa）、位移（mm）。
2. 效应方向：应力（压为正、拉为负）、位移（上拱为正、下挠为负）。

图集号：2024沪Q004
主要计算结果（13m 中梁）设计荷载：公路–Ⅱ级 / 城–B 级
页 14

主要计算结果

跨径：13m 边梁
设计荷载：公路－Ⅰ级 / 城－A级

表1 弯矩组合

编号	荷载和组合	弯矩图	备注
①	裸梁自重	-21 ... 162 267 326 337 326 267 162 ... 24	—
②	结构自重	-41 ... 326 538 656 679 656 538 326 ... 44	—
③	汽车	-93 -80 -68 -55 -47 -55 -68 -80 -93 / -53 347 506 616 637 616 506 347 58	不计冲击
④	基本组合	-201 -189 ... -189 -201 / -466 1165 1780 2170 2245 2170 1780 1165 448 605 648 605 448	$1.1 \times [1.2 \times ② + 1.4 \times ③ \times (1+\mu)]$
⑤	频遇组合	-68 -270 ... -270 -68 / -78 569 892 1088 1125 1088 892 569 490 618 646 618 490 78	$1.0 \times ② + 0.7 \times ③$
⑥	准永久组合	-40 -294 ... -294 -40 / -62 463 740 903 934 903 740 463 510 634 660 634 510 62	$1.0 \times ② + 0.4 \times ③$
⑦	标准组合	-131 -414 216 444 580 615 580 444 216 -131 / 74 803 1232 1503 1555 1503 1232	$1.0 \times ② + 1.0 \times ③ \times (1+\mu)$

表2 剪力组合

编号	荷载和组合	剪力图	备注
①	裸梁自重	113 90 61 30 0 / -30 -61 -90 -113	—
②	结构自重	226 180 122 61 0 / -61 -122 -180 -226	—
③	汽车	319 256 187 146 112 80 50 25 280 / -49 -25 -50 -80 -112 -146 -187 -256 90 -319	不计冲击
④	基本组合	973 780 556 390 237 101 614 / 229 145 -101 -237 -390 -556 -780 -973	$1.1 \times [1.2 \times ② + 1.4 \times ③ \times (1+\mu)]$
⑤	频遇组合	449 360 253 163 78 212 / 219 163 87 -78 -163 -253 -360 -449	$1.0 \times ② + 0.7 \times ③$
⑥	准永久组合	353 283 197 120 45 128 / 162 102 47 -45 -120 -197 -283 -353	$1.0 \times ② + 0.4 \times ③$
⑦	标准组合	664 532 379 262 154 48 401 / 213 146 54 -48 -154 -262 -379 -532 -664	$1.0 \times ② + 1.0 \times ③ \times (1+\mu)$

表3 结果验算

验算内容		计算值	范围限值
持久状况承载能力验算	抗弯承载能力	-450 760 1136 1441 1545 1441 1136 760 -450 / 1426 1611 1783 1868 1868 1868 1783 1611 1426	$\gamma_0 M_d \leq M_R$ 计算值 <2499kN·m
	抗剪承载能力	973kN	$\gamma_0 Q_d \leq Q_R$ 计算值 <1672kN
持久状况正常使用验算	频遇组合正截面上下缘拉应力	1.43 1.53 1.36 1.49 1.75 1.49 1.36 1.53 1.43 / 3.97 2.06 1.67 0.90 0.40 0.90 1.67 2.06 3.97	$\sigma_{st} - \sigma_{pc} \leq 0.7 f_{tk}$ 计算值 ≥ -1.86MPa
	准永久组合正截面上下缘拉应力	2.25 2.26 1.98 2.07 2.26 2.07 1.98 2.26 2.25 / 5.71 4.84 5.07 4.68 4.68 4.68 5.07 4.84 5.71	$\sigma_{lt} - \sigma_{pc} \leq 0$ 计算值 ≥ 0MPa
	频遇组合斜截面主拉应力	-0.24 -0.13 -0.12 -0.21 -0.07 -0.21 -0.12 -0.13 -0.24 / -0.57 -0.57	$\sigma_{st} - \sigma_{pc} \leq 0.7 f_{tk}$ 计算值 ≥ -1.86MPa
	频遇组合挠度（考虑长期增长系数）	0 -1 -3 -3 -4 -3 -3 -1 0	$y \leq (1/600) L$ 挠度计算值 ≤ 22mm
持久状况应力验算	标准组合正截面最大压应力	4.04 7.14 8.27 9.51 10.13 9.51 8.27 7.14 4.04 / 6.70 6.56 6.86 6.65 6.65 6.65 6.86 6.56 6.70	$\sigma_{kc} + \sigma_{pt} \leq 0.5 f_{ck}$ 计算值 ≤ 16.20MPa
	预应力钢筋最大拉应力	1089MPa	$\sigma_{pe} + \sigma_p \leq 0.65 f_{pk}$ 计算值 ≤ 1209MPa
	标准组合混凝土最大主压应力	6.70 7.14 8.27 9.51 10.13 9.51 8.27 7.14 6.70	$\sigma_{cp} \leq 0.6 f_{ck}$ 计算值 ≤ 19.44MPa
短暂状况应力验算	不利状态上下缘应力	2.82 2.71 2.39 2.42 2.65 2.42 2.39 2.71 2.82 / 6.13 7.76 9.41 10.05 9.92 10.05 9.41 7.76 6.13	$\sigma_{ct}^t \leq 0.7 f_{tk}$ 计算值 ≥ -1.86MPa $\sigma_{cc}^t \leq 0.7 f_{ck}$ 计算值 ≤ 22.68MPa
其他	张拉阶段跨中挠度	0 3 4 6 6 6 4 3 0	存梁上拱值（30d、60d、90d）：14、15、15

注：1. 单位：弯矩（kN·m）、剪力（kN）、应力（MPa）、位移（mm）。
2. 效应方向：应力（压为正、拉为负）、位移（上拱为正、下挠为负）。

主要计算结果（13m边梁）设计荷载：公路－Ⅰ级 / 城－A级	图集号 2024沪Q004
	页 15

主要计算结果

跨径：13m 边梁
设计荷载：公路−Ⅱ级 / 城−B 级

表1 弯矩组合

编号	荷载和组合	弯矩图	备注
①	裸梁自重	−21 ... 162 267 326 337 326 267 162 ... 24	—
②	结构自重	−41 ... 326 538 656 679 656 538 326 ... 44	—
③	汽车	−70 −60 −51 −41 −35 −41 −51 −60 −70 / −40 260 379 462 478 462 379 260 −40	不计冲击
④	基本组合	−152 ... −152 / 231 438 484 634 673 634 484 231 133 / 981 1512 1844 1908 1844 1512 981	1.1×[1.2×②+1.4×③×(1+μ)]
⑤	频遇组合	−52 ... −52 / 60 284 508 627 654 627 508 284 60 / 803 980 1014 980 803	1.0×②+0.7×③
⑥	准永久组合	−31 ... −31 / 37 243 436 617 640 665 640 617 436 243 54 / 689 841 870 841 689	1.0×②+0.4×③
⑦	标准组合	−99 ... −99 / 96 243 468 599 631 599 468 243 96 / 683 1059 1291 1336 1291 1059 683	1.0×②+1.0×③×(1+μ)

表2 剪力组合

编号	荷载和组合	剪力图	备注
①	裸梁自重	113 90 61 30 0 / −30 −61 −90 −113	—
②	结构自重	226 180 122 61 0 / −61 −122 −180 −226	—
③	汽车	239 192 140 109 84 60 38 19 210 / −4 −19 −38 −60 −84 −109 −140 −192 −239 / −210	不计冲击
④	基本组合	804 644 458 312 178 59 465 / 231 144 / −4 −59 −178 −312 −458 −644 −804 / −465 −168 −394	1.1×[1.2×②+1.4×③×(1+μ)]
⑤	频遇组合	393 315 220 138 59 163 / 221 166 98 19 / −19 −59 −138 −220 −315 −393 / −163 −66	1.0×②+0.7×③
⑥	准永久组合	322 257 178 105 34 100 / 178 107 / −34 −105 −178 −257 −322 / −15	1.0×②+0.4×③
⑦	标准组合	554 444 315 212 115 21 304 / 216 81 / −21 −115 −212 −315 −444 −554 / −304 −154 −81	1.0×②+1.0×③×(1+μ)

表3 结果验算

验算内容		计算值	范围限值
持久状况承载能力验算	抗弯承载能力	438 742 1357 1765 1908 1765 1357 742 438 / 1688 1872 2163 2306 2306 2306 2163 1872 1688	$\gamma_0 M_d \le M_R$ 计算值<2306kN·m
	抗剪承载能力	804kN	$\gamma_0 Q_d \le Q_R$ 计算值<1665kN
持久状况正常使用验算	频遇组合正截面上下缘拉应力	1.52 2.00 2.12 2.32 2.68 2.32 2.12 2.00 1.52 / 1.47 0.75 0.15 0.75 1.47 / 3.85 2.20 4.31 3.90 3.35 3.90 4.31 2.20 3.85	$\sigma_{st}-\sigma_{pc} \le 0.7 f_{tk}$ 计算值≥ −1.86MPa
	准永久组合正截面上下缘拉应力	2.42 2.87 2.88 3.04 3.41 3.04 2.88 2.87 2.42 / 5.43 4.43 4.31 3.90 3.35 3.90 4.31 4.43 5.43	$\sigma_{lt}-\sigma_{pc} \le 0$ 计算值≥ 0MPa
	频遇组合斜截面主拉应力	−0.20 −0.13 −0.04 −0.14 −0.03 −0.14 −0.04 −0.13 −0.20 / −0.35 ... −0.35	$\sigma_{st}-\sigma_{pc} \le 0.7 f_{tk}$ 计算值≥ −1.86MPa
	频遇组合挠度（考虑长期增长系数）	−1 −3 −4 −4 −4 −3 −1	$y \le (1/600) L$ 挠度计算值≤ 22mm
	标准组合正截面最大压应力	4.25 6.55 7.95 9.03 9.68 9.03 7.95 6.55 4.25 / 5.87 5.38 4.43 3.90 4.70 3.90 4.43 5.38 5.87	$\sigma_{kc}+\sigma_{pt} \le 0.5 f_{ck}$ 计算值≤ 16.20MPa
持久状况应力验算	预应力钢筋最大拉应力	1095MPa	$\sigma_{pe}+\sigma_p \le 0.65 f_{pk}$ 计算值≤ 1209MPa
	标准组合混凝土最大主压应力	5.87 6.55 7.95 9.03 9.68 9.03 7.95 6.55 5.87	$\sigma_{cp} \le 0.6 f_{ck}$ 计算值≤ 19.44MPa
短暂状况应力验算	不利状态上下缘应力	2.84 3.19 3.15 3.26 3.61 3.26 3.15 3.19 2.84 / 5.83 6.90 8.69 9.49 9.29 9.49 8.69 6.90 5.83	$\sigma_{ct}^t \le 0.7 f_{tk}^t$ 计算值≥ −1.86MPa / $\sigma_{cc}^t \le 0.7 f_{ck}^t$ 计算值≤ 22.68MPa
其他	张拉阶段跨中挠度	0 5 7 8 7 5 0	存梁上拱值（30d、60d、90d）：11、12、12

注：1. 单位：弯矩（kN·m）、剪力（kN）、应力（MPa）、位移（mm）。
2. 效应方向：应力（压为正、拉为负）、位移（上拱为正、下挠为负）。

主要计算结果（13m 边梁）设计荷载：公路−Ⅱ级 / 城−B 级

图集号 2024沪Q004

主要计算结果

跨径：16m 中梁
设计荷载：公路-Ⅰ级/城-A级

表1 弯矩组合

编号	荷载和组合	弯矩图	备注
①	裸梁自重	(图)	—
②	结构自重	(图)	—
③	汽车	(图)	不计冲击
④	基本组合	(图)	$1.1 \times [1.2 \times ② + 1.4 \times ③ \times (1+\mu)]$
⑤	频遇组合	(图)	$1.0 \times ② + 0.7 \times ③$
⑥	准永久组合	(图)	$1.0 \times ② + 0.4 \times ③$
⑦	标准组合	(图)	$1.0 \times ② + 1.0 \times ③ \times (1+\mu)$

表2 剪力组合

编号	荷载和组合	剪力图	备注
①	裸梁自重	(图)	—
②	结构自重	(图)	—
③	汽车	(图)	不计冲击
④	基本组合	(图)	$1.1 \times [1.2 \times ② + 1.4 \times ③ \times (1+\mu)]$
⑤	频遇组合	(图)	$1.0 \times ② + 0.7 \times ③$
⑥	准永久组合	(图)	$1.0 \times ② + 0.4 \times ③$
⑦	标准组合	(图)	$1.0 \times ② + 1.0 \times ③ \times (1+\mu)$

表3 结果验算

	验算内容	计算值	范围限值
持久状况承载能力验算	抗弯承载能力	(图)	$\gamma_0 M_d \leq M_R$ 计算值 <3411 kN·m
	抗剪承载能力	1110 kN	$\gamma_0 Q_d \leq Q_R$ 计算值 <2054 kN
持久状况正常使用验算	频遇组合正截面上下缘拉应力	(图)	$\sigma_{st} - \sigma_{pc} \leq 0.7 f_{tk}$ 计算值 ≥ -1.86 MPa
	准永久组合正截面上下缘拉应力	(图)	$\sigma_{lt} - \sigma_{pc} \leq 0$ 计算值 ≥ 0 MPa
	频遇组合斜截面主拉应力	(图)	$\sigma_{st} - \sigma_{pc} \leq 0.7 f_{tk}$ 计算值 ≥ -1.86 MPa
	频遇组合挠度（考虑长期增长系数）	(图)	$y \leq (1/600)L$ 挠度计算值 ≤ 27 mm
持久状况应力验算	标准组合正截面最大压应力	(图)	$\sigma_{kc} + \sigma_{pt} \leq 0.5 f_{ck}$ 计算值 ≤ 16.20 MPa
	预应力钢筋最大拉应力	1118 MPa	$\sigma_{pe} + \sigma_p \leq 0.65 f_{pk}$ 计算值 ≤ 1209 MPa
	标准组合混凝土最大主压应力	(图)	$\sigma_{cp} \leq 0.6 f_{ck}$ 计算值 ≤ 19.44 MPa
短暂状况应力验算	不利状态上下缘应力	(图)	$\sigma'_{ct} \leq 0.7 f'_{tk}$ 计算值 ≥ -1.86 MPa $\sigma'_{cc} \leq 0.7 f'_{ck}$ 计算值 ≤ 22.68 MPa
其他	张拉阶段跨中挠度	(图)	存梁上拱值（30d、60d、90d）：17、19、19

注：
1. 单位：弯矩(kN·m)、剪力(kN)、应力(MPa)、位移(mm)。
2. 效应方向：应力（压为正、拉为负），位移（上拱为正、下挠为负）。

图集号：2024沪Q004

主要计算结果（16m中梁）设计荷载：公路-Ⅰ级/城-A级

页 17

主要计算结果

跨径：16m 中梁

设计荷载：公路-Ⅱ级/城-B级

表1 弯矩组合

编号	荷载和组合	弯矩图	备注
①	裸梁自重	-29 / 230 384 527 575 527 384 230 / -29	—
②	结构自重	-56 / 445 745 1025 1118 1025 745 445 / -56	—
③	汽车	-75 -67 -59 -48 -38 -48 -59 -67 -75 / 44 294 428 553 603 553 428 294 44	不计冲击
④	基本组合	-158 / -163 343 698 1028 1152 1028 698 343 -163 / -158 / 1192 1862 2488 2713 2488 1862 1192	$1.1×[1.2×②+1.4×③×(1+\mu)]$
⑤	频遇组合	-56 / -52 332 703 991 1081 991 703 332 -56 / 651 1044 1412 1540 1412 1044 651	$1.0×②+0.7×③$
⑥	准永久组合	-33 / 419 563 771 1005 1103 1005 771 563 419 / -33 / 916 1246 1359 1246 916	$1.0×②+0.4×③$
⑦	标准组合	-103 / -96 336 666 960 1058 960 666 336 -96 / -103 / 838 1315 1762 1922 1762 1315 838	$1.0×②+1.0×③×(1+\mu)$

表2 剪力组合

编号	荷载和组合	剪力图	备注
①	裸梁自重	155 118 76 33 -0 -33 -76 -118 -155	—
②	结构自重	299 229 149 64 -0 -64 -149 -229 -299	—
③	汽车	261 197 132 103 83 64 39 17 226 / 0 -46 -22 -39 -64 -83 -103 -132 -197 -261	不计冲击
④	基本组合	931 707 468 296 171 61 486 / 316 207 129 -61 -129 -207 -316 / -486 -296 -468 -707 -931	$1.1×[1.2×②+1.4×③×(1+\mu)]$
⑤	频遇组合	482 367 241 136 58 175 / 282 214 121 -58 -136 -241 -367 -482	$1.0×②+0.7×③$
⑥	准永久组合	403 308 202 107 / 296 221 133 58 33 -58 -133 -221 -296 -403	$1.0×②+0.4×③$
⑦	标准组合	647 492 325 202 111 21 318 / -318 -492 -647	$1.0×②+1.0×③×(1+\mu)$

表3 结果验算

验算内容		计算值	范围限值
持久状况承载能力验算	抗弯承载能力	(弯矩图) 2328 2699 3121 3225 3224 3121 2699 2328	$\gamma_0 M_d \leq M_R$ 计算值<3225kN·m
	抗剪承载能力	931kN	$\gamma_0 Q_d \leq Q_R$ 计算值<2029kN
持久状况正常使用验算	频遇组合正截面上下缘拉应力	1.27 1.81 2.02 2.70 2.95 2.70 2.02 1.81 1.27 / 4.43 2.69 2.14 0.87 0.47 0.87 2.14 2.69 4.43	$\sigma_{st}-\sigma_{pc} \leq 0.7f_{tk}$ 计算值 ≥ -1.86MPa
	准永久组合正截面上下缘拉应力	2.21 2.66 2.73 3.44 3.70 3.44 2.73 2.66 2.21 / 5.89 4.87 4.88 3.80 3.42 3.80 4.88 4.87 5.89	$\sigma_{st}-\sigma_{pc} \leq 0$ 计算值 ≤ 0MPa
	频遇组合斜截面主拉应力	-0.08 -0.09 -0.02 -0.09 -0.04 -0.08 / -7.34 -0.68	$\sigma_{st}-\sigma_{pc} \leq 0.7f_{tk}$ 计算值 ≥ -1.86MPa
	频遇组合挠度（考虑长期增长系数）	-2 -4 -5 -4 -2	$y \leq (1/600)L$ 挠度计算值 ≤ 27mm
持久状况应力验算	标准组合正截面最大压应力	4.23 6.49 7.60 9.00 9.40 9.00 7.60 6.49 4.23 / 6.21 5.68 5.72 4.91 4.56 4.91 5.72 5.68 6.21	$\sigma_{kc}+\sigma_{pt} \leq 0.5f_{ck}$ 计算值 ≤ 16.20MPa
	预应力钢筋最大拉应力	1122MPa	$\sigma_{pe}+\sigma_p \leq 0.65f_{pk}$ 计算值 ≤ 1209MPa
	标准组合混凝土最大主压应力	6.21 6.49 7.60 9.00 9.40 9.00 7.60 6.49 6.21	$\sigma_{cp} \leq 0.6f_{ck}$ 计算值 ≤ 19.44MPa
短暂状况应力验算	不利状态上下缘应力	2.56 2.98 3.02 3.69 3.94 3.69 3.02 2.98 2.56 / 6.35 7.81 9.27 9.88 9.73 9.88 9.87 7.81 6.35	$\sigma_{ct}^l \leq 0.7f_{tk}^l$ 计算值 ≥ -1.86MPa / $\sigma_{cc}^l \leq 0.7f_{ck}^l$ 计算值 ≤ 22.68MPa
其他	张拉阶段跨中挠度	0 4 7 10 11 10 7 4 0	存梁上拱值（30d、60d、90d）：16、17、17

注：
1. 单位：弯矩（kN·m）、剪力（kN）、应力（MPa）、位移（mm）。
2. 效应方向：应力（压为正、拉为负）、位移（上拱为正、下挠为负）。

图集号：2024沪Q004

主要计算结果（16m中梁）设计荷载：公路-Ⅱ级/城-B级

页 18

主要计算结果

跨径：16m 边梁

设计荷载：公路–Ⅰ级/城–A级

表1 弯矩组合

编号	荷载和组合	弯矩图	备注
①	裸梁自重	-29 / 229, 382, 524, 572, 524, 426, 229 / -29	—
②	结构自重	437, 730, 1004, 1096, 1004, 730, 437	—
③	汽车	-95, -84, -75, -61, -48, -61, -75, -84, -95 / 385, 575, 752, 820, 752, 575, 385	不计冲击
④	基本组合	-200 / -487, -307, 649, 979, 1107, 979, 649, -307, -123 / 1368, 2145, 2872, 3133, 2872, 2145, 1368	$1.1 \times [1.2 \times ② + 1.4 \times ③ \times (1+\mu)]$
⑤	频遇组合	-70 / -43, 706, 1133, 1531, 1670, 1531, 1133, 706, -54 / 618, 961, 1082, 961, 618	$1.0 \times ② + 0.7 \times ③$
⑥	准永久组合	-41 / -43, 591, 960, 1305, 1424, 1305, 960, 591, -43 / 700, 1143, 1071, 1143, 700 / -41	$1.0 \times ② + 0.4 \times ③$
⑦	标准组合	-130 / -429, 951, 1497, 2009, 2191, 2009, 1497, 951, -197 / 630, 922, 1032, 922, 630 / -130	$1.0 \times ② + 1.0 \times ③ \times (1+\mu)$

表2 剪力组合

编号	荷载和组合	剪力图	备注
①	裸梁自重	154, 117, 76, 33, 0, -33, -76, -117, -154	—
②	结构自重	293, 225, 146, 63, 0, -63, -146, -225, -293	—
③	汽车	334, 257, 180, 141, 113, 87, 54, 28, 286 / 0 / -48, -28, -54, -87, -113, -141, -180, -257, -334	不计冲击
④	基本组合	1073, 826, 562, 372, 233, 110, 610 / 30, -16 / -110, -233, -372, -562, -826, -1073	$1.1 \times [1.2 \times ② + 1.4 \times ③ \times (1+\mu)]$
⑤	频遇组合	526, 405, 272, 161, 79, 217 / 238, 109 / -79, -161, -272, -405, -526 / -217	$1.0 \times ② + 0.7 \times ③$
⑥	准永久组合	426, 328, 218, 119, 45, 131 / 290, 214, 16 / -45, -119, -218, -328, -426 / -131	$1.0 \times ② + 0.4 \times ③$
⑦	标准组合	738, 568, 386, 250, 151, 53, 398 / 238, 187, 16 / -53, -151, -250, -386, -568, -738 / -398	$1.0 \times ② + 1.0 \times ③ \times (1+\mu)$

表3 结果验算

验算内容		计算值	范围限值
持久状况承载能力验算	抗弯承载能力	-487, 1363, 2340, 2986, 3133, 2986, 2340, 1363, -137 / 2368, 2770, 3274, 3396, 3400, 3396, 3274, 2770, 2368	$\gamma_0 M_d \le M_R$ 计算值 < 3400 kN·m
	抗剪承载能力	1073 kN	$\gamma_0 Q_d \le Q_R$ 计算值 < 2054 kN
持久状况正常使用验算	频遇组合正截面上下缘拉应力	1.77, 2.10, 2.05, 2.67, 2.93, 2.67, 2.05, 2.10, 1.77 / 2.60, 2.11, 0.78, 0.33, 0.78, 2.11, 2.60 / 4.43, 4.43	$\sigma_{st} - \sigma_{pc} \le 0.7 f_{tk}$ 计算值 ≥ -1.86 MPa
	准永久组合正截面上下缘拉应力	2.78, 3.01, 2.81, 3.44, 3.72, 3.44, 2.81, 3.01, 2.78 / 5.93, 5.04, 4.32, 4.28, 3.88, 4.28, 4.32, 5.04, 5.93	$\sigma_{lt} - \sigma_{pc} \le 0$ 计算值 ≥ 0 MPa
	频遇组合斜截面主拉应力	-0.18, -0.08, -0.04, -0.11, -0.03, -0.11, -0.04, -0.08, -0.18 / -0.41, -0.41	$\sigma_{st} - \sigma_{pc} \le 0.7 f_{tk}$ 计算值 ≥ -1.86 MPa
	频遇组合挠度（考虑长期增长系数）	-2, -4, -6, -7, -6, -4, -2	$y \le (1/600) L$ 挠度计算值 ≤ 27 mm
持久状况应力验算	标准组合正截面最大压应力	4.82, 7.59, 8.75, 10.27, 11.14, 10.27, 8.75, 7.59, 4.82 / 6.37, 6.17, 6.56, 6.13, 5.53, 6.13, 6.56, 6.17, 6.37	$\sigma_{kc} + \sigma_{pt} \le 0.5 f_{ck}$ 计算值 ≤ 16.20 MPa
	预应力钢筋最大拉应力	1117 MPa	$\sigma_{pe} + \sigma_p \le 0.65 f_{pk}$ 计算值 ≤ 1209 MPa
	标准组合混凝土最大主压应力	6.37, 7.59, 8.75, 10.27, 11.14, 10.27, 8.75, 7.59, 6.37	$\sigma_{cp} \le 0.6 f_{ck}$ 计算值 ≤ 19.44 MPa
短暂状况应力验算	不利状态上下缘应力	3.23, 3.32, 3.15, 3.45, 3.90, 3.45, 3.15, 3.32, 3.23 / 6.39, 8.26, 10.37, 11.16, 10.88, 11.16, 10.37, 8.26, 6.39	$\sigma_{ct}^t \le 0.7 f_{tk}^t$ 计算值 ≥ -1.86 MPa $\sigma_{cc}^t \le 0.7 f_{ck}^t$ 计算值 ≤ 22.68 MPa
其他	张拉阶段跨中挠度	0, 5, 8, 12, 13, 12, 8, 5, 0	存梁上拱值（30d、60d、90d）：17、19、19

注：1. 单位：弯矩（kN·m）、剪力（kN）、应力（MPa）、位移（mm）。
2. 效应方向：应力（压为正、拉为负）、位移（上拱为正、下挠为负）。

	图集号	2024沪Q004
主要计算结果（16m边梁）设计荷载：公路–Ⅰ级/城–A级	页	19

主要计算结果

跨径：16m 边梁
设计荷载：公路-Ⅱ级 / 城-B 级

表1 弯矩组合

编号	荷载和组合	弯矩图	备注
①	裸梁自重	-29 / 229 382 524 572 524 382 229 / -29	—
②	结构自重	437 730 1004 1096 1004 730 437	—
③	汽车	-71 -63 -56 -46 -36 -46 -56 -63 -71 / 289 431 564 615 564 431 289	不计冲击
④	基本组合	-151 / -455 638 1010 1132 1010 638 -455 / 1170 1850 2486 2711 2486 1850 1170 / -151	1.1×[1.2×②+1.4×③×(1+μ)]
⑤	频遇组合	-53 / 639 912 1071 912 691 639 / 1032 1399 1526 1399 1032 / -53	1.0×②+0.7×③
⑥	准永久组合	-32 / 411 706 936 1008 936 708 411 / 552 903 1230 1342 1230 903 552 / -32	1.0×②+0.4×③
⑦	标准组合	-98 / 822 1306 1758 1917 1758 1306 822 / 943 1048 943 / -98	1.0×②+1.0×③×(1+μ)

表2 剪力组合

编号	荷载和组合	剪力图	备注
①	裸梁自重	154 117 76 33 0 -33 -76 -117 -154	—
②	结构自重	293 225 146 63 0 -63 -146 -225 -293	—
③	汽车	250 193 135 105 85 65 40 21 0 / 0 -21 -40 -65 -85 -106 -135 -193 -250 / 215 / -215	不计冲击
④	基本组合	901 693 470 300 175 65 -78 -300 -470 -693 -901 / 463 / -463	1.1×[1.2×②+1.4×③×(1+μ)]
⑤	频遇组合	468 360 240 142 118 59 -77 -118 -210 -360 -468 / 166 / -166	1.0×②+0.7×③
⑥	准永久组合	393 302 200 105 37 -34 -105 -200 -302 -393 / 102 / -102	1.0×②+0.4×③
⑦	标准组合	627 482 326 203 92 24 -93 -203 -326 -482 -627 / 303 / -303	1.0×②+1.0×③×(1+μ)

表3 结果验算

验算内容		计算值	范围限值
持久状况承载能力验算	抗弯承载能力	458 1170 2024 2584 2711 2584 2024 1170 458 / 2305 2674 3104 3209 3198 3209 3104 2674 2305	$\gamma_0 M_d \leq M_R$ 计算值 <3198kN·m
	抗剪承载能力	901kN	$\gamma_0 Q_d \leq Q_R$ 计算值 <2029kN
持久状况正常使用验算	频遇组合正截面上下缘拉应力	1.27 1.82 2.02 2.72 2.97 2.72 2.02 1.82 1.27 / 0.86 0.45 0.86 / 4.38 2.70 2.12 2.12 2.70 4.38	$\sigma_{st} - \sigma_{pc} \leq 0.7 f_{tk}$ 计算值 ≥ −1.86MPa
	准永久组合正截面上下缘拉应力	2.23 2.70 2.79 3.51 3.79 3.51 2.79 2.70 2.23 / 5.88 4.90 4.90 3.83 3.45 3.83 4.90 4.90 5.88	$\sigma_{lt} - \sigma_{pc} \leq 0$ 计算值 ≥ 0MPa
	频遇组合斜截面主拉应力	-0.07 -0.07 -0.04 -0.08 -0.02 -0.08 -0.04 -0.07 -0.16 / -0.33 -0.33	$\sigma_{st} - \sigma_{pc} \leq 0.7 f_{tk}$ 计算值 ≥ −1.86MPa
	频遇组合挠度（考虑长期增长系数）	0 -3 -5 -5 -5 -3 0	$y \leq (1/600) L$ 挠度计算值 ≤ 27mm
	标准组合正截面最大压应力	4.27 6.64 7.90 9.40 9.82 9.40 7.90 6.64 4.27 / 6.12 5.65 5.74 4.95 4.61 4.95 5.74 5.65 6.12	$\sigma_{kc} + \sigma_{pt} \leq 0.5 f_{ck}$ 计算值 ≤ 16.20MPa
持久状况应力验算	预应力钢筋最大拉应力	1120MPa	$\sigma_{pe} + \sigma_p \leq 0.65 f_{pk}$ 计算值 ≤ 1209MPa
	标准组合混凝土最大主压应力	6.12 6.64 7.90 9.40 9.82 9.40 7.90 6.64 6.12	$\sigma_{cp} \leq 0.6 f_{ck}$ 计算值 ≤ 19.44MPa
短暂状况应力验算	不利状态上下缘应力	2.57 2.96 3.00 3.68 3.93 3.68 3.00 2.96 2.57 / 6.34 7.81 9.87 9.89 9.74 9.89 9.87 7.81 6.34	$\sigma_{ct}^t \leq 0.7 f_{tk}'$ 计算值 ≥ −1.86MPa / $\sigma_{cc}^t \leq 0.7 f_{ck}'$ 计算值 ≤ 22.68MPa
其他	张拉阶段跨中挠度	0 4 7 10 11 10 7 4 0	存梁上拱值（30d、60d、90d）：16、17、17

注：
1. 单位：弯矩（kN·m）、剪力（kN）、应力（MPa）、位移（mm）。
2. 效应方向：应力（压为正、拉为负）、位移（上拱为正、下挠为负）。

		图集号	2024沪Q004
主要计算结果（16m边梁）设计荷载：公路-Ⅱ级/城-B级		页	20

主要计算结果

跨径：18m 中梁
设计荷载：公路－Ⅰ级／城－A 级

表1 弯矩组合

编号	荷载和组合	弯矩图	备注
①	裸梁自重	33 268 513 684 741 684 513 268 33	—
②	结构自重	61 518 997 1332 1444 1332 997 518 61	—
③	汽车	−101 −91 −79 −65 −51 −65 −79 −91 −101 / 60 416 672 857 928 857 672 416 60	不计冲击
④	基本组合	−206 ... 1510 2651 3460 3749 3460 2651 1510 ... −206	1.1×[1.2×②+1.4×③×(1+μ)]
⑤	频遇组合	−74 ... 809 1467 1932 2093 1932 1467 809 ... −74	1.0×②+0.7×③
⑥	准永久组合	−44 ... 684 1266 1675 1815 1675 1266 684 ... −44	1.0×②+0.4×③
⑦	标准组合	−134 ... 1055 1864 2437 2641 2437 1864 1055 ... −134	1.0×②+1.0×③×(1+μ)

表2 剪力组合

编号	荷载和组合	剪力图	备注
①	裸梁自重	179 139 95 48 −0 −48 −95 −139 −179	—
②	结构自重	343 271 187 93 −0 −93 −187 −271 −343	—
③	汽车	359 278 194 147 111 78 49 26 0 / 0 −26 −49 −78 −111 −147 −194 −278 −305 / 305 ... −359	不计冲击
④	基本组合	1165 909 631 415 221 52 ... 629 ... −1165	1.1×[1.2×②+1.4×③×(1+μ)]
⑤	频遇组合	594 465 322 196 78 ... 231 ... −594	1.0×②+0.7×③
⑥	准永久组合	487 382 264 152 62 45 ... 140 ... −487	1.0×②+0.4×③
⑦	标准组合	806 629 437 283 144 7 ... 411 ... −806	1.0×②+1.0×③×(1+μ)

表3 结果验算

验算内容		计算值	范围限值
持久状况承载能力验算	抗弯承载能力	204 1850 2864 3587 3749 3587 2864 1850 204 / 2745 3394 3996 4151 4158 4151 3996 3394 2745	$\gamma_0 M_d \leq M_R$ 计算值<4158kN·m
	抗剪承载能力	1165kN	$\gamma_0 Q_d \leq Q_R$ 计算值<2100kN
持久状况正常使用验算	频遇组合正截面上下缘拉应力	2.51 2.78 2.84 3.13 3.13 2.84 2.78 2.51 / 4.85 3.48 3.16 2.24 1.35 2.24 3.16 3.48 4.85	$\sigma_{st}-\sigma_{pc} \leq 0.7 f_{tk}$ 计算值≥−1.86MPa
	准永久组合正截面上下缘拉应力	3.62 3.73 3.54 3.73 4.29 3.73 3.54 3.73 3.62 / 6.12 5.80 5.71 6.24 5.41 6.24 5.71 5.80 6.12	$\sigma_{lt}-\sigma_{pc} \leq 0$ 计算值≥0MPa
	频遇组合斜截面主拉应力	−0.10 −0.03 −0.10 −0.02 −0.12 −0.03 −0.10 / −0.49 ... −0.99	$\sigma_{st}-\sigma_{pc} \leq 0.7 f_{tk}$ 计算值≥−1.86MPa
	频遇组合挠度（考虑长期增长系数）	−6 −9 −10 −9 −6	$y \leq (1/600)L$ 挠度计算值≤30mm
持久状况应力验算	标准组合正截面最大压应力	5.52 8.13 9.66 10.98 11.89 9.66 8.13 5.52 / 6.78 6.99 7.89 7.62 6.93 7.62 7.89 6.99 6.78	$\sigma_{kc}+\sigma_{pt} \leq 0.5 f_{ck}$ 计算值≤16.20MPa
	预应力钢筋最大拉应力	1111MPa	$\sigma_{pe}+\sigma_p \leq 0.65 f_{pk}$ 计算值≤1209MPa
	标准组合混凝土最大主压应力	6.78 8.13 9.66 10.98 11.89 10.98 9.66 8.13 6.78	$\sigma_{cp} \leq 0.6 f_{ck}$ 计算值≤19.44MPa
短暂状况应力验算	不利状态上下缘应力	4.13 3.90 4.03 4.56 4.03 3.90 4.13 / 6.64 9.30 13.46 14.78 14.78 13.46 9.30 6.64	$\sigma^t_{ct} \leq 0.7 f'_{tk}$ 计算值≥−1.86MPa / $\sigma^l_{cc} \leq 0.7 f'_{ck}$ 计算值≤22.68MPa
其他	张拉阶段跨中挠度	0 7 15 20 22 20 15 7 0	存梁上拱值（30d、60d、90d）：30、32、33

注：1. 单位：弯矩（kN·m）、剪力（kN）、应力（MPa）、位移（mm）。
2. 效应方向：应力（压为正、拉为负）、位移（上拱为正、下挠为负）。

主要计算结果

跨径：18m 中梁
设计荷载：公路-Ⅱ级 / 城-B 级

表1 弯矩组合

编号	荷载和组合	弯矩图	备注
①	裸梁自重	-33 / 268 513 684 741 684 513 268 / -33	—
②	结构自重	-64 / 518 997 1332 1444 1332 997 518 / -64	—
③	汽车	-76 -68 -59 -49 -38 -49 -59 -68 -76 / 312 504 642 696 642 504 312	不计冲击
④	基本组合	-155 / 1304 1979 1358 3035 3288 3035 1358 1979 1304 / -155	$1.1 \times [1.2 \times ② + 1.4 \times ③ \times (1+\mu)]$
⑤	频遇组合	-57 / 736 955 1298 1782 1417 1931 1782 1298 955 736 / -57	$1.0 \times ② + 0.7 \times ③$
⑥	准永久组合	-34 / 643 1199 1589 1722 1589 1199 643 / -34	$1.0 \times ② + 0.4 \times ③$
⑦	标准组合	-101 / 920 1647 1269 2161 1394 2342 2161 1269 920 / -101	$1.0 \times ② + 1.0 \times ③ \times (1+\mu)$

表2 剪力组合

编号	荷载和组合	剪力图	备注
①	裸梁自重	179 139 95 48 0 -48 -95 -139 -179	—
②	结构自重	343 271 187 93 0 -93 -187 -271 -343	—
③	汽车	269 208 145 110 84 59 37 20 229 / -20 -37 -59 -84 -110 -145 -208 -269	不计冲击
④	基本组合	987 771 535 342 166 14 478 / -14 -166 -342 -535 -771 -987	$1.1 \times [1.2 \times ② + 1.4 \times ③ \times (1+\mu)]$
⑤	频遇组合	532 416 289 171 59 178 / -59 -171 -289 -416 -532	$1.0 \times ② + 0.7 \times ③$
⑥	准永久组合	451 354 245 137 33 109 / -33 -137 -245 -354 -451	$1.0 \times ② + 0.4 \times ③$
⑦	标准组合	690 539 374 236 108 313 / -108 -236 -374 -539 -690	$1.0 \times ② + 1.0 \times ③ \times (1+\mu)$

表3 结果验算

	验算内容	计算值	范围限值
持久状况承载能力验算	抗弯承载能力	474 1602 2590 3136 3611 3737 3744 3737 3611 3136 2590 1602 171	$\gamma_0 M_d \le M_R$ 计算值 <3744 kN·m
	抗剪承载能力	987 kN	$\gamma_0 Q_d \le Q_R$ 计算值 <2058 kN
持久状况正常使用验算	频遇组合正截面上下缘拉应力	1.75 2.36 2.83 3.34 3.85 3.34 2.83 2.36 1.75 / 4.54 3.14 2.53 1.50 0.67 1.50 2.53 3.14 4.54	$\sigma_{st} - \sigma_{pc} \le 0.7 f_{tk}$ 计算值 ≥ -1.86 MPa
	准永久组合正截面上下缘拉应力	2.76 3.27 3.57 4.02 4.58 4.02 3.57 3.27 2.76 / 5.80 5.19 5.52 4.78 3.99 4.78 5.52 5.19 5.80	$\sigma_{lt} - \sigma_{pc} \le 0$ 计算值 ≤ 0 MPa
	频遇组合斜截面主拉应力	-0.18 -0.10 -0.04 -0.11 -0.01 -0.11 -0.04 -0.10 -0.18 / -0.38 -0.68	$\sigma_{st} - \sigma_{pc} \le 0.7 f_{tk}$ 计算值 ≥ -1.86 MPa
	频遇组合挠度（考虑长期增长系数）	0 -2 -5 -7 -7 -7 -5 -2 0	$y \le (1/600) L$ 挠度计算值 ≤ 30 mm
持久状况应力验算	标准组合正截面最大压应力	4.72 7.07 8.63 9.92 10.72 9.92 8.63 7.07 4.72 / 6.28 6.05 6.35 5.81 5.13 5.81 6.35 6.05 6.28	$\sigma_{kc} + \sigma_{pt} \le 0.5 f_{ck}$ 计算值 ≤ 16.20 MPa
	预应力钢筋最大拉应力	1128 MPa	$\sigma_{pe} + \sigma_p \le 0.65 f_{pk}$ 计算值 ≤ 1209 MPa
	标准组合混凝土最大主压应力	6.28 7.07 8.63 9.92 10.72 9.92 8.63 7.07 6.28	$\sigma_{cp} \le 0.6 f_{ck}$ 计算值 ≤ 19.44 MPa
短暂状况应力验算	不利状态上下缘应力	3.14 3.60 3.87 4.28 4.81 4.28 3.87 3.60 3.14 / 6.28 8.28 11.46 12.30 11.97 12.30 11.46 8.28 6.28	$\sigma_{ct}^t \le 0.7 f_{tk}'$ 计算值 ≥ -1.86 MPa / $\sigma_{cc}^t \le 0.7 f_{ck}'$ 计算值 ≤ 22.68 MPa
其他	张拉阶段跨中挠度	0 6 12 16 18 16 12 6 0	存梁上拱值（30d、60d、90d）：24、26、27

注：1. 单位：弯矩（kN·m）、剪力（kN）、应力（MPa）、位移（mm）。
2. 效应方向：应力（压为正、拉为负）、位移（上拱为正、下挠为负）。

主要计算结果

跨径：18m 边梁
设计荷载：公路-Ⅰ级 / 城-A级

表1 弯矩组合

编号	荷载和组合	弯矩图	备注
①	裸梁自重	（弯矩图：-33…266 510 680 737 680 510 266…-33）	—
②	结构自重	（弯矩图：-62…503 968 1293 1401 1293 968 503…-62）	—
③	汽车	（弯矩图：-96 -87 -75 -62 -48 -62 -75 -87 -96；406 676 869 941 869 676 406）	不计冲击
④	基本组合	（弯矩图：-196…915 1299 1445 1299 915…-196；1472 2621 3434 3721 3434 2621 1472）	$1.1 \times [1.2 \times ② + 1.4 \times ③ \times (1+\mu)]$
⑤	频遇组合	（弯矩图：-71…787 1441 1250 1367 1250 1441 787…-71；1901 2060 1901）	$1.0 \times ② + 0.7 \times ③$
⑥	准永久组合	（弯矩图：-42…665 1238 1640 1778 1640 1238 665…-42；1352）	$1.0 \times ② + 0.4 \times ③$
⑦	标准组合	（弯矩图：-128…1027 1840 2414 2616 2414 1840 1027…-128；591 871 1213 1369 1213 871）	$1.0 \times ② + 1.0 \times ③ \times (1+\mu)$

表2 剪力组合

编号	荷载和组合	剪力图	备注
①	裸梁自重	178 138 95 47 / -47 -95 -138 -178	—
②	结构自重	333 263 181 91 / -91 -181 -263 -333	—
③	汽车	343 271 195 149 113 79 49 26 290 / -290 -26 -49 -79 -113 -149 -195 -271 -343	不计冲击
④	基本组合	1123 886 627 416 225 58 599 / -599 -58 -225 -416 -627 -886 -1123	$1.1 \times [1.2 \times ② + 1.4 \times ③ \times (1+\mu)]$
⑤	频遇组合	574 452 318 195 79 220 / -220 -79 -195 -318 -452 -574	$1.0 \times ② + 0.7 \times ③$
⑥	准永久组合	471 371 259 150 45 133 / -133 -45 -150 -259 -371 -471	$1.0 \times ② + 0.4 \times ③$
⑦	标准组合	777 613 433 283 146 12 392 / -392 -12 -146 -283 -433 -613 -777	$1.0 \times ② + 1.0 \times ③ \times (1+\mu)$

表3 结果验算

验算内容		计算值	范围限值
持久状况承载能力验算	抗弯承载能力	2713 3371 3973 4114 4114 4114 3973 3371 2713	$\gamma_0 M_d \leq M_R$ 计算值 <4114 kN·m
	抗剪承载能力	1123 kN	$\gamma_0 Q_d \leq Q_R$ 计算值 <2100 kN
持久状况正常使用验算	频遇组合正截面上下缘拉应力	2.56 2.80 2.82 3.09 3.62 3.09 2.82 2.80 2.56 / 4.79 3.51 3.20 2.28 1.39 2.28 3.20 3.51 4.79	$\sigma_{st} - \sigma_{pc} \leq 0.7 f_{tk}$ 计算值 ≥ -1.86 MPa
	准永久组合正截面上下缘拉应力	3.65 3.76 3.58 3.77 4.33 3.77 3.58 3.76 3.65 / 6.11 5.86 6.81 5.53 6.81 5.86 6.11	$\sigma_{lt} - \sigma_{pc} \leq 0$ 计算值 ≥ 0 MPa
	频遇组合斜截面主拉应力	-0.15 -0.08 -0.03 -0.12 -0.02 -0.12 -0.03 -0.08 -0.15 / -0.47 -0.01	$\sigma_{st} - \sigma_{pc} \leq 0.7 f_{tk}$ 计算值 ≥ -1.86 MPa
	频遇组合挠度（考虑长期增长系数）	-6 -9 -10 -9 -6	$y \leq (1/600) L$ 挠度计算值 ≤ 30 mm
持久状况应力验算	标准组合正截面最大压应力	5.61 8.31 10.00 11.44 12.40 11.44 10.00 8.31 5.61 / 6.67 6.96 7.94 7.73 7.06 7.73 7.94 6.96 6.67	$\sigma_{kc} + \sigma_{pt} \leq 0.5 f_{ck}$ 计算值 ≤ 16.20 MPa
	预应力钢筋最大拉应力	1109 MPa	$\sigma_{pe} + \sigma_p \leq 0.65 f_{pk}$ 计算值 ≤ 1209 MPa
	标准组合混凝土最大主压应力	6.67 8.31 10.00 11.44 12.40 11.44 10.00 8.31 6.67	$\sigma_{cp} \leq 0.6 f_{ck}$ 计算值 ≤ 19.44 MPa
短暂状况应力验算	不利状态上下缘应力	4.18 4.09 3.85 4.00 4.51 4.00 3.85 4.09 4.18 / 6.62 9.29 13.47 14.29 14.47 14.29 13.47 9.29 6.62	$\sigma_{ct}^t \leq 0.7 f_{tk}'$ 计算值 ≥ -1.86 MPa; $\sigma_{cc}^t \leq 0.7 f_{ck}'$ 计算值 ≤ 22.68 MPa
其他	张拉阶段跨中挠度	0 15 20 22 20 15 0	存梁上拱值（30d、60d、90d）：30、32、34

注：
1. 单位：弯矩（kN·m）、剪力（kN）、应力（MPa）、位移（mm）。
2. 效应方向：应力（压为正、拉为负）、位移（上拱为正、下挠为负）。

主要计算结果（18m 边梁）设计荷载：公路-Ⅰ级 / 城-A级	图集号 2024沪Q004
	页 23

主要计算结果

跨径：18m 边梁
设计荷载：公路-Ⅱ级/城-B级

表1 弯矩组合

编号	荷载和组合	弯矩图（关键值）	备注
①	裸梁自重	-23, 266, 510, 680, 737, 680, 510, 266, -23	—
②	结构自重	-62, 503, 968, 1293, 1401, 1293, 968, 503, -62	—
③	汽车	-72, -65, -56, -46, -36, -46, -56, -65, -72 / 305, 507, 652, 706, 652, 507, 305	不计冲击
④	基本组合	-148 … -148 / 768, 1270, 2285, 952, 3002, 1350, 3253, 1469, 3002, 1380, 2285, 952, 1270, 768	1.1×[1.2×② +1.4×③ ×（1+μ）]
⑤	频遇组合	-54 … -54 / 716, 1322, 1749, 1260, 1376, 1895, 1749, 1322, 716	1.0×② +0.7×③
⑥	准永久组合	-32 … -32 / 625, 1170, 1553, 1367, 1684, 1553, 1170, 625	1.0×② +0.4×③
⑦	标准组合	-97 … -97 / 896, 895, 1283, 1622, 1354, 2134, 1283, 2313, 895, 2134, 896, 1622	1.0×② +1.0×③ ×（1+μ）

表2 剪力组合

编号	荷载和组合	剪力图（关键值）	备注
①	裸梁自重	178, 138, 95, 47, -47, -95, -138, -178	—
②	结构自重	333, 263, 181, 91, 0, -91, -181, -263, -333	—
③	汽车	258, 203, 146, 112, 85, 57, 37, 19, 218 / -218, -19, -37, -59, -85, -112, -146, -203, -258	不计冲击
④	基本组合	952, 751, 530, 342, 169, 18, 455 / -455, -18, -169, -342, -530, -751, -952	1.1×[1.2×② +1.4×③ ×（1+μ）]
⑤	频遇组合	514, 405, 284, 169, 59, 169 / -169, -59, -169, -284, -405, -514	1.0×② +0.7×③
⑥	准永久组合	436, 344, 240, 167, 67, 34, 104 / -104, -34, -67, -135, -240, -344, -431	1.0×② +0.4×③
⑦	标准组合	666, 525, 370, 235, 110, 298 / -298, -110, -235, -370, -525, -666	1.0×② +1.0×③ ×（1+μ）

表3 结果验算

验算内容		计算值	范围限值
持久状况承载能力验算	抗弯承载能力	-488, 1554, 2803, 3119, 3263, 3119, 2803, 1554, -486 / 2563, 3100, 3590, 3702, 3705, 3702, 3590, 3100, 2563	$\gamma_0 M_d \leq M_R$ 计算值＜3705kN·m
	抗剪承载能力	952kN	$\gamma_0 Q_d \leq Q_R$ 计算值＜2058kN
持久状况正常使用验算	频遇组合正截面上下缘拉应力	1.78, 2.36, 2.80, 3.31, 3.83, 3.31, 2.80, 2.36, 1.78 / 4.49, 3.18, 2.59, 1.57, 0.75, 1.57, 2.59, 3.18, 4.49	$\sigma_{st}-\sigma_{pc} \leq 0.7 f_{tk}$ 计算值≥ －1.86MPa
	准永久组合正截面上下缘拉应力	2.78, 3.29, 3.60, 4.06, 4.62, 4.06, 3.60, 3.29, 2.78 / 5.79, 5.25, 4.25, 4.91, 4.13, 4.91, 5.63, 5.25, 5.79	$\sigma_{lt}-\sigma_{pc} \leq 0$ 计算值≤ 0MPa
	频遇组合斜截面主拉应力	-0.16, -0.09, -0.03, -0.10, -0.01, -0.10, -0.03, -0.09, -0.36	$\sigma_{st}-\sigma_{pc} \leq 0.7 f_{tk}$ 计算值≥ －1.86MPa
	频遇组合挠度（考虑长期增长系数）	跨中挠度值 -5, -7, -8, -7, -5	$y \leq (1/600) L$ 挠度计算值≤ 30mm
持久状况应力验算	标准组合正截面最大压应力	4.78, 7.20, 8.88, 10.26, 11.11, 10.26, 8.88, 7.20, 4.78 / 6.20, 6.04, 6.42, 5.93, 5.28, 5.93, 6.42, 6.04, 6.20	$\sigma_{kc}+\sigma_{pt} \leq 0.5 f_{ck}$ 计算值≤ 16.20MPa
	预应力钢筋最大拉应力	1125MPa	$\sigma_{pe}+\sigma_{p} \leq 0.65 f_{pk}$ 计算值≤ 1209MPa
	标准组合混凝土最大主压应力	6.20, 7.20, 8.88, 10.26, 11.11, 10.26, 8.88, 7.20, 6.20	$\sigma_{cp} \leq 0.6 f_{ck}$ 计算值≤ 19.44MPa
短暂状况应力验算	不利状态上下缘应力	3.18, 3.56, 3.81, 4.22, 4.75, 4.22, 3.81, 3.56, 3.18 / 6.25, 8.28, 11.47, 12.32, 11.99, 12.32, 11.47, 8.28, 6.25	$\sigma^t_{ct} \leq 0.7 f'_{tk}$ 计算值≥ －1.86MPa $\sigma^t_{cc} \leq 0.7 f'_{ck}$ 计算值≤ 22.68MPa
其他	张拉阶段跨中挠度	0, 6, 12, 16, 18, 16, 12, 6, 0	存梁上拱值（30d、60d、90d）：24、26、27

注：
1. 单位：弯矩（kN·m）、剪力（kN）、应力（MPa）、位移（mm）。
2. 效应方向：应力（压为正、拉为负）、位移（上拱为正、下挠为负）。

图集号 2024沪Q004 页 24

主要计算结果

跨径：20m 中梁
设计荷载：公路-Ⅰ级/城-A级

表1 弯矩组合

编号	荷载和组合	弯矩图	备注
①	裸梁自重	-39 399 685 882 970 882 685 399 -39	—
②	结构自重	-74 756 1303 1681 1850 1681 1303 756 -74	—
③	汽车	-103 -91 -79 -67 -52 -67 -79 -91 -103; -62 534 781 970 1067 970 781 534 -62	不计冲击
④	基本组合	-206 553 1277 1718 1934 1718 1277 553 -206; -210 2044 3250 4121 4534 4121 3250 2044 -210	$1.1 \times [1.2 \times ② + 1.4 \times ③ \times (1+\mu)]$
⑤	频遇组合	-75 692 1247 1634 1814 1634 1247 692 -75; -116 1129 1849 2360 2597 2360 1849 1129 -116	$1.0 \times ② + 0.7 \times ③$
⑥	准永久组合	-45 719 1273 1653 1830 1653 1273 718 -45; -99 969 1615 2069 2277 2069 1615 969 -99	$1.0 \times ② + 0.4 \times ③$
⑦	标准组合	-134 540 1202 1596 1788 1596 1202 540 -134; -153 1435 2297 2916 3208 2916 2297 1435 -153	$1.0 \times ② + 1.0 \times ③ \times (1+\mu)$

表2 剪力组合

编号	荷载和组合	剪力图	备注
①	裸梁自重	210 156 97 49 0 -49 -97 -156 -210	—
②	结构自重	394 298 186 93 0 -93 -186 -298 -394	—
③	汽车	359 273 178 145 113 84 57 33 309; 0 -30 -55 -84 -113 -145 -178 -273 -369	不计冲击
④	基本组合	1243 927 595 407 222 61 630; -20 -61 -222 -407 -595 -927 -1243	$1.1 \times [1.2 \times ② + 1.4 \times ③ \times (1+\mu)]$
⑤	频遇组合	652 488 311 196 79 235; -235 -79 -195 -311 -488 -652	$1.0 \times ② + 0.7 \times ③$
⑥	准永久组合	541 407 258 151 45 142; -142 -45 -151 -258 -407 -541	$1.0 \times ② + 0.4 \times ③$
⑦	标准组合	863 645 413 278 144 13 412; -13 -144 -278 -413 -645 -863	$1.0 \times ② + 1.0 \times ③ \times (1+\mu)$

表3 结果验算

	验算内容	计算值	范围限值
持久状况承载能力验算	抗弯承载能力	3498 4302 4917 5044 5022 5044 4917 4302 3498	$\gamma_0 M_d \leq M_R$ 计算值 <5022 kN·m
	抗剪承载能力	1243kN	$\gamma_0 Q_d \leq Q_R$ 计算值 <2322 kN
持久状况正常使用验算	频遇组合正截面上下缘拉应力	1.78 2.43 2.62 3.44 3.36 3.44 2.62 2.43 1.78; 5.91 4.36 3.84 2.31 1.64 2.31 3.84 4.36 5.91	$\sigma_{st} - \sigma_{pc} \leq 0.7 f_{tk}$ 计算值 ≥ -1.86 MPa
	准永久组合正截面上下缘拉应力	2.81 3.31 3.24 4.09 4.54 4.09 3.24 3.31 2.81; 7.23 6.92 6.18 5.56 6.18 7.48 6.92 7.23	$\sigma_{lt} - \sigma_{pc} \leq 0$ 计算值 ≥ 0 MPa
	频遇组合斜截面主拉应力	-0.42 -0.12 -0.05 -0.09 -0.02 -0.09 -0.05 -0.12 -0.42	$\sigma_{st} - \sigma_{pc} \leq 0.7 f_{tk}$ 计算值 ≥ -1.86 MPa
	频遇组合挠度（考虑长期增长系数）	-4 -7 -9 -10 -9 -7 -4	$y \leq (1/600)L$ 挠度计算值 ≤ 33 mm
持久状况应力验算	标准组合正截面最大压应力	4.93 8.05 9.43 10.88 11.97 10.88 9.43 8.05 4.93; 7.65 7.85 8.37 7.76 6.94 7.76 8.37 7.85 7.65	$\sigma_{kc} + \sigma_{pt} \leq 0.5 f_{ck}$ 计算值 ≤ 16.20 MPa
	预应力钢筋最大拉应力	1120 MPa	$\sigma_{pe} + \sigma_p \leq 0.65 f_{pk}$ 计算值 ≤ 1209 MPa
	标准组合混凝土最大主压应力	7.65 8.05 9.43 10.88 11.97 10.88 9.43 8.05 7.65	$\sigma_{cp} \leq 0.6 f_{ck}$ 计算值 ≤ 19.44 MPa
短暂状况应力验算	不利状态上下缘应力	3.22 3.66 3.63 4.14 4.77 4.14 3.63 3.66 3.22; 7.87 11.14 14.54 15.25 14.54 11.14 7.87	$\sigma'_{ct} \leq 0.7 f'_{tk}$ 计算值 ≥ -1.86 MPa $\sigma'_{cc} \leq 0.7 f'_{ck}$ 计算值 ≤ 22.68 MPa
其他	张拉阶段跨中挠度	0 10 18 23 26 23 18 10 0	存梁上拱值（30d、60d、90d）：35、38、39

注：1. 单位：弯矩（kN·m）、剪力（kN）、应力（MPa）、位移（mm）。
2. 效应方向：应力（压为正、拉为负）、位移（上拱为正、下挠为负）。

主要计算结果（20m中梁）设计荷载：公路-Ⅰ级/城-A级	图集号	2024沪Q004
	页	25

主要计算结果

跨径：20m 中梁
设计荷载：公路–Ⅱ级 / 城–B 级

表1 弯矩组合

编号	荷载和组合	弯矩图	备注
①	裸梁自重	−39 / 399 685 882 970 882 685 399 / −39	—
②	结构自重	−74 / 756 1303 1681 1850 1681 1303 756 / −74	—
③	汽车	−77 −68 −60 −50 −39 −50 −60 −68 −77 / 47 400 586 728 800 728 586 400 47	不计冲击
④	基本组合	−156 / 139 692 1316 1751 1959 1751 1316 692 139 / 1782 2868 3646 4011 3646 2868 1782 / −156	$1.1 \times [1.2 \times ② + 1.4 \times ③ \times (1+\mu)]$
⑤	频遇组合	−57 / 107 769 1361 1646 1823 1646 1361 769 107 / 1036 1713 2191 2410 2191 1713 1036 / −57	$1.0 \times ② + 0.7 \times ③$
⑥	准永久组合	−34 / 127 787 1393 1661 1865 1661 1393 787 127 / 916 1537 1972 2170 1972 1537 916 / −34	$1.0 \times ② + 0.4 \times ③$
⑦	标准组合	−102 / 134 856 1527 1801 1617 1801 1617 856 134 / 1265 2048 2608 2869 2608 2048 1265 / −102	$1.0 \times ② + 1.0 \times ③ \times (1+\mu)$

表2 剪力组合

编号	荷载和组合	剪力图	备注
①	裸梁自重	210 156 97 49 −0 −49 −97 −156 −210	—
②	结构自重	394 298 186 93 −0 −93 −186 −298 −394	—
③	汽车	277 205 133 109 85 63 41 23 232 / 0 −23 −41 −63 −85 −109 −133 −205 5 / −232 −277	不计冲击
④	基本组合	1062 794 508 336 167 20 479 / 427 / −20 −167 −336 −508 −794 −1062 / −479	$1.1 \times [1.2 \times ② + 1.4 \times ③ \times (1+\mu)]$
⑤	频遇组合	588 441 280 169 60 180 / 399 213 152 67 −49 −169 −280 −441 −588 / −180	$1.0 \times ② + 0.7 \times ③$
⑥	准永久组合	505 379 240 137 34 111 / 392 170 94 −18 −34 −137 −240 −379 −505 / −111	$1.0 \times ② + 0.4 \times ③$
⑦	标准组合	746 558 356 232 108 14 313 / 335 175 −14 −108 −232 −356 −558 −746 / −313	$1.0 \times ② + 1.0 \times ③ \times (1+\mu)$

表3 结果验算

验算内容		计算值	范围限值
持久状况承载能力验算	抗弯承载能力	−139 / 2058 3076 3777 4011 3777 3076 2058 / −139 / 3202 3909 4440 4539 4551 4539 4440 3909 3202	$\gamma_0 M_d \leq M_R$ 计算值 <4551 kN·m
	抗剪承载能力	1062 kN	$\gamma_0 Q_d \leq Q_R$ 计算值 <2290 kN
持久状况正常使用验算	频遇组合正截面上下缘拉应力	1.44 2.35 2.78 3.68 4.09 3.68 2.78 2.35 1.44 / 5.13 3.62 2.99 1.51 0.89 1.51 2.99 3.62 5.13	$\sigma_{st} - \sigma_{pc} \leq 0.7 f_{tk}$ 计算值 ≥ −1.86 MPa
	准永久组合正截面上下缘拉应力	2.44 3.25 3.47 4.41 4.85 4.41 3.47 3.25 2.44 / 6.38 5.82 4.68 4.08 4.68 5.82 6.03 6.38	$\sigma_{lt} - \sigma_{pc} \leq 0$ 计算值 ≥ 0 MPa
	频遇组合斜截面主拉应力	−0.18 −0.12 −0.05 −0.01 −0.08 −0.05 −0.12 −0.18 / −0.34 −0.04	$\sigma_{st} - \sigma_{pc} \leq 0.7 f_{tk}$ 计算值 ≥ −1.86 MPa
	频遇组合挠度（考虑长期增长系数）	0 −3 −5 −7 −8 −7 −5 −3 0	$y \leq (1/600) L$ 挠度计算值 ≤ 33 mm
持久状况应力验算	标准组合正截面最大压应力	4.56 7.30 8.58 9.92 10.90 9.92 8.58 7.30 4.56 / 6.73 6.51 5.94 5.13 5.94 6.69 6.73	$\sigma_{kc} + \sigma_{pt} \leq 0.5 f_{ck}$ 计算值 ≤ 16.20 MPa
	预应力钢筋最大拉应力	1135 MPa	$\sigma_{pe} + \sigma_p \leq 0.65 f_{pk}$ 计算值 ≤ 1209 MPa
	标准组合混凝土最大主压应力	6.73 7.30 8.58 9.92 10.90 9.92 8.58 7.30 6.73	$\sigma_{cp} \leq 0.6 f_{ck}$ 计算值 ≤ 19.44 MPa
短暂状况应力验算	不利状态上下缘应力	2.78 3.55 3.73 4.63 5.06 4.63 3.73 3.55 2.78 / 6.92 9.52 12.77 12.56 12.30 12.56 12.77 9.52 6.92	$\sigma_{ct}^t \leq 0.7 f_{tk}^t$ 计算值 ≥ −1.86 MPa / $\sigma_{cc}^t \leq 0.7 f_{ck}^t$ 计算值 ≤ 22.68 MPa
其他	张拉阶段跨中挠度	0 8 14 19 21 19 14 8 0	存梁上拱值（30d、60d、90d）：29、31、32

注：1. 单位：弯矩（kN·m）、剪力（kN）、应力（MPa）、位移（mm）。
2. 效应方向：应力（压为正、拉为负）、位移（上拱为正、下挠为负）。

主要计算结果（20m中梁）设计荷载：公路–Ⅱ级/城–B级	图集号	2024沪Q004
	页	26

主要计算结果

跨径：20m 边梁
设计荷载：公路－Ⅰ级／城－A级

表1 弯矩组合

编号	荷载和组合	弯矩图	备注
①	裸梁自重	-39 / 397 681 877 965 877 681 397 / -39	—
②	结构自重	-72 / 731 1261 1627 1790 1627 1261 731 / -72	—
③	汽车	-98 -86 -76 -64 -49 -64 -76 -86 -98 / 522 784 980 1078 980 784 522	不计冲击
④	基本组合	-196 / -212 635 1239 1664 1873 1664 1239 635 -212 / 1989 3201 4069 4477 4069 3201 1989 / -196	1.1×[1.2×②+1.4×③×(1+μ)]
⑤	频遇组合	-72 / -174 1097 1809 2313 2545 2313 1809 1097 -174 / 1582 1756 1582 / -72	1.0×②+0.7×③
⑥	准永久组合	-43 / -96 940 1574 2019 2222 2019 1574 940 -96 / 1230 1601 1771 1601 1230 / -43	1.0×②+0.4×③
⑦	标准组合	-128 / -148 1396 2258 2875 3163 2875 2258 1396 -148 / 1164 1546 1728 1546 1164 / -128	1.0×②+1.0×③×(1+μ)

表2 剪力组合

编号	荷载和组合	剪力图	备注
①	裸梁自重	209 155 97 48 0 -48 -97 -155 -209	—
②	结构自重	381 288 180 90 0 -90 -180 -288 -381	—
③	汽车	353 267 180 147 115 84 56 30 294 / -26 -30 -56 -84 -115 -147 -180 -267 -353 / 60 -294	不计冲击
④	基本组合	1196 903 591 406 225 66 600 / 407 259 189 / -66 -225 -406 -591 -903 -1196 / 18 -259 -407	1.1×[1.2×②+1.4×③×(1+μ)]
⑤	频遇组合	629 474 306 193 76 223 / 377 241 141 80 18 / -80 -193 -306 -474 -629 / -18 -241 -377	1.0×②+0.7×③
⑥	准永久组合	523 394 252 149 46 135 / 329 185 125 18 / -46 -149 -252 -394 -523 / -18 -135 -329	1.0×②+0.4×③
⑦	标准组合	831 627 410 277 146 17 392 / 377 109 18 / -17 -146 -277 -410 -627 -831 / -18 -109 -377 -392	1.0×②+1.0×③×(1+μ)

表3 结果验算

	验算内容	计算值	范围限值
持久状况承载能力验算	抗弯承载能力	212 2330 3512 4216 4431 4216 3512 2330 212 / 3471 4264 4864 4984 4988 4984 4864 4264 3471	$\gamma_0 M_d \leq M_R$ 计算值<4988kN·m
	抗剪承载能力	1196kN	$\gamma_0 Q_d \leq Q_R$ 计算值<2322kN
持久状况正常使用验算	频遇组合正截面上下缘拉应力	1.80 2.55 2.55 3.38 3.80 3.38 2.55 2.55 1.80 / 5.85 4.31 3.91 2.41 1.75 2.41 3.91 4.31 5.85	$\sigma_{st} - \sigma_{pc} \leq 0.7 f_{tk}$ 计算值≥-1.86MPa
	准永久组合正截面上下缘拉应力	2.83 3.42 3.25 4.10 4.55 4.10 3.25 3.42 2.83 / 7.22 5.72 4.61 3.34 2.72 3.34 4.61 5.72 7.22	$\sigma_{lt} - \sigma_{pc} \leq 0$ 计算值≥0MPa
	频遇组合斜截面主拉应力	-0.16 -0.09 -0.05 -0.05 -0.02 -0.05 -0.05 -0.09 -0.16 / -0.40 -0.31	$\sigma_{st} - \sigma_{pc} \leq 0.7 f_{tk}$ 计算值≥-1.86MPa
	频遇组合挠度（考虑长期增长系数）	-4 -10 -11 -10 -4	$y \leq (1/600) L$ 挠度计算值≤33mm
持久状况应力验算	标准组合正截面最大压应力	5.00 8.20 9.72 11.26 12.40 11.26 9.72 8.20 5.00 / 7.55 7.86 8.47 7.90 7.11 7.90 8.47 7.86 7.55	$\sigma_{kc} + \sigma_{pt} \leq 0.5 f_{ck}$ 计算值≤16.20MPa
	预应力钢筋最大拉应力	1119MPa	$\sigma_{pe} + \sigma_p \leq 0.65 f_{pk}$ 计算值≤1209MPa
	标准组合混凝土最大主压应力	7.55 8.20 9.72 11.26 12.40 11.26 9.72 8.20 7.55	$\sigma_{cp} \leq 0.6 f_{ck}$ 计算值≤19.44MPa
短暂状况应力验算	不利状态上下缘应力	3.26 3.61 3.56 4.08 4.72 4.08 3.56 3.61 3.26 / 7.86 11.14 14.55 15.27 14.85 15.27 14.55 11.14 7.86	$\sigma'_{ct} \leq 0.7 f'_{tk}$ 计算值≥-1.86MPa / $\sigma'_{cc} \leq 0.7 f'_{ck}$ 计算值≤22.68MPa
其他	张拉阶段跨中挠度	0 10 18 24 26 24 18 10 0	存梁上拱值（30d、60d、90d）：36、38、40

注：
1. 单位：弯矩（kN·m）、剪力（kN）、应力（MPa）、位移（mm）。
2. 效应方向：应力（压为正、拉为负）、位移（上拱为正、下挠为负）。

主要计算结果（20m边梁）设计荷载：公路－Ⅰ级／城－A级

图集号 2024沪Q004

主要计算结果

跨径：20m 边梁
设计荷载：公路–Ⅱ级 / 城–B级

表1 弯矩组合

编号	荷载和组合	弯矩图	备注
①	裸梁自重	−39, 397, 681, 877, 965, 877, 681, 397, −39	—
②	结构自重	−72, 731, 1261, 1627, 1790, 1627, 1261, 731, −72	—
③	汽车	−73, −65, −57, −48, −37, −48, −57, −65, −73 / 392, 588, 735, 809, 735, 588, 392	不计冲击
④	基本组合	−148, −183, 671/1733, 1276/2817, 1696/3589, 1897/3948, 1696/3589, 1276/2817, 671/1733, −183, −148	$1.1 \times [1.2 \times ② + 1.4 \times ③ \times (1+\mu)]$
⑤	频遇组合	−55, −103, 688/1005, 1221/1672, 1593/2141, 1763/2356, 1593/2141, 1221/1672, 688/1005, −103, −55	$1.0 \times ② + 0.7 \times ③$
⑥	准永久组合	−33, −60, 490/888, 1038/1496, 1409/1921, 1551/2114, 1409/1921, 1038/1496, 490/888, −60, −33	$1.0 \times ② + 0.4 \times ③$
⑦	标准组合	−97, −125, 1230/2009, 1566/2563, 1743/2820, 1566/2563, 1230/2009, −125, −97	$1.0 \times ② + 1.0 \times ③ \times (1+\mu)$

表2 剪力组合

编号	荷载和组合	剪力图	备注
①	裸梁自重	209, 155, 97, 48, 0, −48, −97, −155, −209	—
②	结构自重	381, 288, 180, 90, 0, −90, −180, −288, −381	—
③	汽车	265, 200, 135, 110, 86, 63, 42, 22, 0 / −22, −42, −63, −86, −110, −135, −200, −221, 221, −265	不计冲击
④	基本组合	1023, 772, 503, 335, 169, 25, −25, −169, −335, −503, −772, −1023, 456	$1.1 \times [1.2 \times ② + 1.4 \times ③ \times (1+\mu)]$
⑤	频遇组合	567, 428, 275, 167, 91, 46, 60, −46, −91, −167, −275, −428, −567, 172, −172, −378	$1.0 \times ② + 0.7 \times ③$
⑥	准永久组合	487, 368, 234, 134, 52, 18, −18, −52, −134, −234, −368, −487, 106	$1.0 \times ② + 0.4 \times ③$
⑦	标准组合	719, 542, 352, 230, 109, 18, −18, −109, −230, −352, −542, −719, 298, −298	$1.0 \times ② + 1.0 \times ③ \times (1+\mu)$

表3 结果验算

验算内容		计算值	范围限值
持久状况承载能力验算	抗弯承载能力	1683, 2055, 3022, 3718, 3948, 3718, 3022, 2055, 1683 / 3172, 3880, 4435, 4508, 4530, 4508, 4435, 3880, 3172	$\gamma_0 M_d \leq M_R$ 计算值 <4530kN·m
	抗剪承载能力	1023kN	$\gamma_0 Q_d \leq Q_R$ 计算值 <2290kN
持久状况正常使用验算	频遇组合正截面上下缘拉应力	1.45, 2.33, 2.72, 3.62, 4.04, 3.62, 2.72, 2.33, 1.45 / 5.09, 3.69, 1.64, 1.03, 1.61, 3.09, 3.69, 5.09	$\sigma_{st} - \sigma_{pc} \leq 0.7 f_{tk}$ 计算值 ≥ −1.86MPa
	准永久组合正截面上下缘拉应力	2.46, 3.26, 3.48, 4.42, 4.87, 4.42, 3.48, 3.26, 2.46 / 6.37, 5.91, 6.17, 4.86, 4.27, 6.17, 5.91, 6.37	$\sigma_{lt} - \sigma_{pc} \leq 0$ 计算值 ≤ 0MPa
	频遇组合斜截面主拉应力	−0.15, −0.10, −0.05, −0.01, −0.07, −0.05, −0.10, −0.15 / −0.33	$\sigma_{st} - \sigma_{pc} \leq 0.7 f_{tk}$ 计算值 ≥ −1.86MPa
	频遇组合挠度（考虑长期增长系数）	0, −3, −5, −7, −8, −7, −5, −3, 0	$y \leq (1/600) L$ 挠度计算值 ≤ 33mm
	标准组合正截面最大压应力	4.61, 7.42, 8.96, 10.57, 11.22, 10.57, 8.96, 7.42, 4.61 / 6.65, 6.53, 6.81, 5.82, 5.32, 5.82, 6.81, 6.53, 6.65	$\sigma_{kc} + \sigma_{pt} \leq 0.5 f_{ck}$ 计算值 ≤ 16.20MPa
持久状况应力验算	预应力钢筋最大拉应力	1132MPa	$\sigma_{pe} + \sigma_p \leq 0.65 f_{pk}$ 计算值 ≤ 1209MPa
	标准组合混凝土最大主压应力	6.65, 7.42, 8.79, 10.21, 11.22, 10.21, 8.79, 7.42, 6.65	$\sigma_{cp} \leq 0.6 f_{ck}$ 计算值 ≤ 19.44MPa
短暂状况应力验算	不利状态上下缘应力	2.81, 3.49, 3.65, 4.55, 4.97, 4.55, 3.65, 3.49, 2.81 / 6.90, 9.52, 12.78, 12.32, 12.58, 12.78, 9.52, 6.90	$\sigma'_{ct} \leq 0.7 f_{tk}$ 计算值 ≥ −1.86MPa $\sigma'_{cc} \leq 0.7 f'_{ck}$ 计算值 ≤ 22.68MPa
其他	张拉阶段跨中挠度	0, 8, 14, 19, 21, 19, 14, 8, 0	存梁上拱值 (30d、60d、90d)：29、31、32

注：1. 单位：弯矩（kN·m）、剪力（kN）、应力（MPa）、位移（mm）。
2. 效应方向：应力（压为正、拉为负）、位移（上拱为正、下挠为负）。

主要计算结果

跨径：22m 中梁
设计荷载：公路－Ⅰ级／城－A 级

表1 弯矩组合

编号	荷载和组合	弯矩图	备注
①	裸梁自重	−46 … 467 886 1152 1241 1152 886 467 … −46	—
②	结构自重	−85 … 868 1652 2151 2318 2151 1652 868 … −85	—
③	汽车	−104 −93 −80 −66 −52 −66 −80 −93 −104 / 565 894 1127 1213 1127 894 565	不计冲击
④	基本组合	−206 … 236 771 1663 2238 2448 2238 1663 771 236 / 2239 3911 5021 5408 5021 3911 2239 … −206	$1.1×[1.2×②+1.4×③×(1+\mu)]$
⑤	频遇组合	−77 … 130 523 1594 2103 2281 2103 1594 523 130 / 1263 2278 2940 3167 2940 2278 1263 … −77	$1.0×②+0.7×③$
⑥	准永久组合	−45 … 110 440 1620 2125 2297 2125 1620 440 110 / 1094 2010 2602 2803 2602 2010 1094 … −45	$1.0×②+0.4×③$
⑦	标准组合	−134 … 165 550 1552 2068 2252 2068 1552 550 165 / 1578 2776 3568 3843 3568 2776 1578 … −134	$1.0×②+1.0×③×(1+\mu)$

表2 剪力组合

编号	荷载和组合	剪力图	备注
①	裸梁自重	243 186 125 63 0 / −63 −125 −186 −243	—
②	结构自重	446 347 234 117 0 / −117 −234 −347 −446	—
③	汽车	379 288 196 151 115 82 52 28 0 / 0 −52 −82 −115 −151 −196 −288 −313 / −379	不计冲击
④	基本组合	1323 1016 688 448 223 29 / 480 −29 −223 −448 −688 −1016 −1323 / −631	$1.1×[1.2×②+1.4×③×(1+\mu)]$
⑤	频遇组合	712 549 371 223 81 / 413 −60 / 238 −81 −223 −371 −549 −712 / −238	$1.0×②+0.7×③$
⑥	准永久组合	598 462 313 178 46 / 144 / −46 −178 −313 −462 −598 / −144	$1.0×②+0.4×③$
⑦	标准组合	923 709 480 307 145 / 413 / 18 −145 −307 −480 −709 −923 / −413	$1.0×②+1.0×③×(1+\mu)$

表3 结果验算

验算内容		计算值	范围限值
持久状况承载能力验算	抗弯承载能力	图：206 2239 3911 5021 5408 5021 3911 2239 206 / 4132 4851 5658 5964 5964 5964 5658 4851 4132	$\gamma_0 M_d \leq M_R$ 计算值 <5964kN·m
	抗剪承载能力	1323kN	$\gamma_0 Q_d \leq Q_R$ 计算值 <2554kN
持久状况正常使用验算	频遇组合正截面上下缘拉应力	1.71 2.49 2.84 3.57 4.11 3.57 2.84 2.49 1.71 / 6.17 4.74 2.65 1.81 2.65 4.07 4.74 6.17	$\sigma_{st}-\sigma_{pc} \leq 0.7 f_{tk}$ 计算值 ≥ −1.86MPa
	准永久组合正截面上下缘拉应力	2.77 3.42 3.54 4.24 4.82 4.24 3.54 3.42 2.77 / 7.44 7.14 7.49 6.38 5.59 6.38 7.49 7.14 7.44	$\sigma_{lt}-\sigma_{pc} \leq 0$ 计算值 ≥ 0MPa
	频遇组合斜截面主拉应力	−0.18 −0.13 −0.03 −0.09 −0.01 −0.09 −0.03 −0.13 −0.18 / −0.37 … −0.37	$\sigma_{st}-\sigma_{pc} \leq 0.7 f_{tk}$ 计算值 ≥ −1.86MPa
	频遇组合挠度（考虑长期增长系数）	0 … −4 −7 −10 −11 −10 −7 −4 … 0	$y \leq (1/600)L$ 挠度计算值 ≤ 37mm
	标准组合正截面最大压应力	4.99 7.95 9.62 11.27 12.14 11.27 9.62 7.95 4.99 / 7.78 7.93 8.27 7.55 6.90 8.35 7.93 7.78	$\sigma_{kc}+\sigma_{pt} \leq 0.5 f_{ck}$ 计算值 ≤ 16.20MPa
	预应力钢筋最大拉应力	1129MPa	$\sigma_{pe}+\sigma_p \leq 0.65 f_{pk}$ 计算值 ≤ 1209MPa
	标准组合混凝土最大主压应力	7.78 7.95 9.62 11.27 12.14 11.27 9.62 7.95 7.78	$\sigma_{cp} \leq 0.6 f_{ck}$ 计算值 ≤ 19.44MPa
短暂状况应力验算	不利状态上下缘应力	3.15 3.75 3.82 4.52 5.04 4.52 3.82 3.75 3.15 / 8.11 11.19 14.86 15.44 15.09 14.86 11.19 8.11	$\sigma_{ct}^t \leq 0.7 f_{tk}^{'}$ 计算值 ≥ −1.86MPa / $\sigma_{cc}^t \leq 0.7 f_{ck}^{'}$ 计算值 ≤ 22.68MPa
其他	张拉阶段跨中挠度	0 10 20 27 29 27 20 10 0	存梁上拱值（30d、60d、90d）：40、43、44

注：1. 单位：弯矩（kN·m）、剪力（kN）、应力（MPa）、位移（mm）。
2. 效应方向：应力（压为正、拉为负）、位移（上拱为正、下挠为负）。

主要计算结果（22m中梁） 设计荷载：公路－Ⅰ级／城－A级 图集号 2024沪Q004

主要计算结果

跨径：22m 中梁
设计荷载：公路–Ⅱ级 / 城–B 级

表1 弯矩组合

编号	荷载和组合	弯矩图	备注
①	裸梁自重		—
②	结构自重		—
③	汽车		不计冲击
④	基本组合		1.1×[1.2×②+1.4×③×(1+μ)]
⑤	频遇组合		1.0×②+0.7×③
⑥	准永久组合		1.0×②+0.4×③
⑦	标准组合		1.0×②+1.0×③×(1+μ)

表2 剪力组合

编号	荷载和组合	剪力图	备注
①	裸梁自重		—
②	结构自重		—
③	汽车		不计冲击
④	基本组合		1.1×[1.2×②+1.4×③×(1+μ)]
⑤	频遇组合		1.0×②+0.7×③
⑥	准永久组合		1.0×②+0.4×③
⑦	标准组合		1.0×②+1.0×③×(1+μ)

表3 结果验算

验算内容		计算值	范围限值
持久状况承载能力验算	抗弯承载能力		$\gamma_0 M_d \leq M_R$ 计算值 < 5373 kN·m
	抗剪承载能力	1140 kN	$\gamma_0 Q_d \leq Q_R$ 计算值 < 2526 kN
持久状况正常使用验算	频遇组合正截面上下缘拉应力		$\sigma_{st} - \sigma_{pc} \leq 0.7 f_{tk}$ 计算值 ≥ −1.86 MPa
	准永久组合正截面上下缘拉应力		$\sigma_{lt} - \sigma_{pc} \leq 0$ 计算值 ≤ 0 MPa
	频遇组合斜截面主拉应力		$\sigma_{st} - \sigma_{pc} \leq 0.7 f_{tk}$ 计算值 ≥ −1.86 MPa
	频遇组合挠度（考虑长期增长系数）		$y \leq (1/600)L$ 挠度计算值 ≤ 37 mm
持久状况应力验算	标准组合正截面最大压应力		$\sigma_{kc} + \sigma_{pt} \leq 0.5 f_{ck}$ 计算值 ≤ 16.20 MPa
	预应力钢筋最大拉应力	1145 MPa	$\sigma_{pe} + \sigma_p \leq 0.65 f_{pk}$ 计算值 ≤ 1209 MPa
	标准组合混凝土最大主压应力		$\sigma_{cp} \leq 0.6 f_{ck}$ 计算值 ≤ 19.44 MPa
短暂状况应力验算	不利状态上下缘应力		$\sigma^t_{ct} \leq 0.7 f'_{tk}$ 计算值 ≥ −1.86 MPa $\sigma^t_{cc} \leq 0.7 f'_{ck}$ 计算值 ≤ 22.68 MPa
其他	张拉阶段跨中挠度		存梁上拱值（30d、60d、90d）：31、33、34

注：
1. 单位：弯矩（kN·m）、剪力（kN）、应力（MPa）、位移（mm）。
2. 效应方向：应力（压为正、拉为负）、位移（上拱为正、下挠为负）。

主要计算结果（22m 中梁）设计荷载：公路–Ⅱ级 / 城–B 级

图集号 2024沪Q004

主要计算结果

跨径：22m 边梁
设计荷载：公路-Ⅰ级/城-A级

表1 弯矩组合

编号	荷载和组合	弯矩图	备注
①	裸梁自重	-46, 465, 881, 1146, 1234, 1146, 881, 465, -46	—
②	结构自重	-82, 838, 1595, 2077, 2238, 2077, 1595, 838, -82	—
③	汽车	-99, -89, -76, -63, -50, -63, -76, -89, -99 / 551, 895, 1135, 1222, 1135, 895, 551	不计冲击
④	基本组合	-196, -227, 1608, 2172, 2163, 2365, 2163, 1608, -227, -196 / 3839, 4939, 5319, 4939, 3839	$1.1 \times [1.2 \times ② + 1.4 \times ③ \times (1+\mu)]$
⑤	频遇组合	-73, -125, 776, 1223, 1542, 2053, 2093, 2053, 1542, 1223, 776, -125, -73 / 2222, 2872, 3093, 2872, 2222	$1.0 \times ② + 0.7 \times ③$
⑥	准永久组合	-43, 106, 1058, 1555, 2052, 2216, 2052, 1555, 1058, 106, -43 / 1954, 2531, 2727, 2531, 1954	$1.0 \times ② + 0.4 \times ③$
⑦	标准组合	-128, -159, 1500, 1998, 2175, 1998, 1500, -159, -128 / 1530, 2721, 3504, 3774, 3504, 2721, 1530	$1.0 \times ② + 1.0 \times ③ \times (1+\mu)$

表2 剪力组合

编号	荷载和组合	剪力图	备注
①	裸梁自重	241, 185, 124, 62, 0, -62, -124, -185, -241	—
②	结构自重	431, 335, 226, 113, 0, -113, -226, -335, -431	—
③	汽车	363, 281, 196, 153, 116, 82, 52, 27, 0 / -26, -52, -82, -116, -153, -196, -281, -363, 298 / -298	不计冲击
④	基本组合	1272, 986, 678, 445, 225, 35, / 464, 315, -35, -225, -445, -679, -986, -1272, 601, -601	$1.1 \times [1.2 \times ② + 1.4 \times ③ \times (1+\mu)]$
⑤	频遇组合	686, 532, 364, 220, 81, / 429, 319, 190, 56, -81, -220, -364, -532, -686, 227, -227	$1.0 \times ② + 0.7 \times ③$
⑥	准永久组合	577, 447, 305, 174, 47, / 429, 324, 206, 92, -47, -174, -305, -447, -577, 137, -137	$1.0 \times ② + 0.4 \times ③$
⑦	标准组合	888, 688, 473, 305, 146, / 429, 161, -10, -146, -305, -473, -688, -888, 393, -393	$1.0 \times ② + 1.0 \times ③ \times (1+\mu)$

表3 结果验算

验算内容		计算值	范围限值
持久状况承载能力验算	抗弯承载能力	4094, 4810, 5631, 5922, 5922, 5922, 5631, 4810, 4094	$\gamma_0 M_d \leq M_R$ 计算值 <5922 kN·m
	抗剪承载能力	1272kN	$\gamma_0 Q_d \leq Q_R$ 计算值 <2554kN
持久状况正常使用验算	频遇组合正截面上下缘拉应力	1.72, 2.47, 2.77, 3.48, 4.03, 3.48, 2.77, 2.47, 1.72 / 6.11, 4.81, 3.28, 2.79, 1.97, 2.79, 3.28, 4.81, 6.11	$\sigma_{st} - \sigma_{pc} \leq 0.7 f_{tk}$ 计算值 ≥ -1.86MPa
	准永久组合正截面上下缘拉应力	2.79, 3.42, 3.54, 4.24, 4.82, 4.24, 3.54, 3.42, 2.79 / 7.43, 7.23, 6.58, 5.80, 4.79, 5.80, 6.58, 7.23, 7.43	$\sigma_{lt} - \sigma_{pc} \leq 0$ 计算值 ≥ 0MPa
	频遇组合斜截面主拉应力	-0.15, -0.11, -0.02, -0.09, -0.01, -0.09, -0.02, -0.11, -0.15 / -0.35, -0.35	$\sigma_{st} - \sigma_{pc} \leq 0.7 f_{tk}$ 计算值 ≥ -1.86MPa
	频遇组合挠度（考虑长期增长系数）	-4, -8, -11, -12, -11, -8, -4	$y \leq (1/600)L$ 挠度计算值 = 37mm
持久状况应力验算	标准组合正截面最大压应力	5.06, 8.09, 9.87, 11.61, 12.51, 11.61, 9.87, 8.09, 5.06 / 7.68, 7.94, 8.47, 7.73, 7.10, 7.73, 8.47, 7.94, 7.68	$\sigma_{kc} + \sigma_{pt} \leq 0.5 f_{ck}$ 计算值 ≤ 16.20MPa
	预应力钢筋最大拉应力	1128MPa	$\sigma_{pe} + \sigma_p \leq 0.65 f_{pk}$ 计算值 = 1209MPa
	标准组合混凝土最大主压应力	7.68, 8.09, 9.87, 11.61, 12.51, 11.61, 9.87, 8.09, 7.68	$\sigma_{cp} \leq 0.6 f_{ck}$ 计算值 ≤ 19.44MPa
短暂状况应力验算	不利状态上下缘应力	3.19, 3.69, 3.75, 4.45, 4.97, 4.45, 3.75, 3.69, 3.19 / 8.10, 11.35, 14.87, 15.46, 15.11, 15.46, 14.87, 11.35, 8.10	$\sigma'_{ct} \leq 0.7 f'_{tk}$ 计算值 ≥ -1.86MPa / $\sigma'_{cc} \leq 0.7 f'_{ck}$ 计算值 ≤ 22.68MPa
其他	张拉阶段存梁跨中挠度	0, 10, 20, 27, 29, 27, 20, 10, 0	存梁上拱值（30d、60d、90d）：40、43、44

注：1. 单位：弯矩（kN·m）、剪力（kN）、应力（MPa）、位移（mm）。
2. 效应方向：应力（压为正、拉为负）、位移（上拱为正、下挠为负）。

主要计算结果（22m边梁）设计荷载：公路-Ⅰ级/城-A级

图集号 2024沪Q004

主要计算结果

跨径：22m 边梁
设计荷载：公路-Ⅱ级 / 城-B 级

表1 弯矩组合

编号	荷载和组合	弯矩图	备注
①	裸梁自重	(图)	—
②	结构自重	(图)	—
③	汽车	(图)	不计冲击
④	基本组合	(图)	$1.1\times[1.2\times②+1.4\times③\times(1+\mu)]$
⑤	频遇组合	(图)	$1.0\times②+0.7\times③$
⑥	准永久组合	(图)	$1.0\times②+0.4\times③$
⑦	标准组合	(图)	$1.0\times②+1.0\times③\times(1+\mu)$

表2 剪力组合

编号	荷载和组合	剪力图	备注
①	裸梁自重	(图)	—
②	结构自重	(图)	—
③	汽车	(图)	不计冲击
④	基本组合	(图)	$1.1\times[1.2\times②+1.4\times③\times(1+\mu)]$
⑤	频遇组合	(图)	$1.0\times②+0.7\times③$
⑥	准永久组合	(图)	$1.0\times②+0.4\times③$
⑦	标准组合	(图)	$1.0\times②+1.0\times③\times(1+\mu)$

表3 结果验算

	验算内容	计算值	范围限值
持久状况承载能力验算	抗弯承载能力	(图)	$\gamma_0 M_d \leq M_R$ 计算值<5341kN·m
	抗剪承载能力	1097kN	$\gamma_0 Q_d \leq Q_R$ 计算值<2526kN
持久状况正常使用验算	频遇组合正截面上下缘拉应力	(图)	$\sigma_{st}-\sigma_{pc}\leq 0.7 f_{tk}$ 计算值≥-1.86MPa
	准永久组合正截面上下缘拉应力	(图)	$\sigma_{lt}-\sigma_{pc}\leq 0$ 计算值≥0MPa
	频遇组合斜截面主拉应力	(图)	$\sigma_{st}-\sigma_{pc}\leq 0.7 f_{tk}$ 计算值≥-1.86MPa
	频遇组合挠度（考虑长期增长系数）	(图)	$y\leq(1/600)L$ 挠度计算值≤37mm
持久状况应力验算	标准组合正截面最大压应力	(图)	$\sigma_{kc}+\sigma_{pt}\leq 0.5 f_{ck}$ 计算值≤16.20MPa
	预应力钢筋最大拉应力	1141MPa	$\sigma_{pe}+\sigma_p\leq 0.65 f_{pk}$ 计算值≤1209MPa
	标准组合混凝土最大主压应力	(图)	$\sigma_{cp}\leq 0.6 f_{ck}$ 计算值≤19.44MPa
短暂状况应力验算	不利状态上下缘应力	(图)	$\sigma_{ct}^t\leq 0.7 f_{tk}^t$ 计算值≥-1.86MPa $\sigma_{cc}^t\leq 0.7 f_{ck}^t$ 计算值≤22.68MPa
其他	张拉阶段跨中挠度	(图)	存梁上拱值（30d、60d、90d）：31、33、34

注：1. 单位：弯矩（kN·m）、剪力（kN）、应力（MPa）、位移（mm）。
2. 效应方向：应力（压为正，拉为负）、位移（上拱为正，下挠为负）。

主要计算结果（22m 边梁）设计荷载：公路-Ⅱ级 / 城-B 级

图集号 2024沪Q004

主要计算结果

跨径：25m 中梁
设计荷载：公路－Ⅰ级／城－A级

表1 弯矩组合

编号	荷载和组合	弯矩图	备注
①	裸梁自重	-55 … 800 1317 1626 1730 1626 1317 800 … -55	—
②	结构自重	-101 … 1447 2387 2951 3139 2951 2387 1447 … -101	—
③	汽车	-106 -94 -82 -69 -53 -69 -82 -94 -106 / 710 1064 1324 1447 1324 1064 710	不计冲击
④	基本组合	-207 -261 … 1447 2475 3120 3352 3120 2475 1447 … -261 -207 / 3429 5251 6484 6896 6484 5251 3429	$1.1 \times [1.2 \times ② + 1.4 \times ③ \times (1+\mu)]$
⑤	频遇组合	-78 -148 … 1382 2282 2905 3108 2905 2282 1382 … -148 -78 / 2006 3160 3904 4152 3904 3160 2006	$1.0 \times ② + 0.7 \times ③$
⑥	准永久组合	-46 -76 … 1325 2234 2818 3012 2818 2234 1325 … -76 -46 / 1767 2829 3496 3718 3496 2829 1767	$1.0 \times ② + 0.4 \times ③$
⑦	标准组合	-135 -184 … 1554 2489 3163 3371 3163 2489 1554 … -184 -135 / 2434 3751 4632 4926 4632 3751 2434	$1.0 \times ② + 1.0 \times ③ \times (1+\mu)$

表2 剪力组合

编号	荷载和组合	剪力图	备注
①	裸梁自重	295 209 140 70 0 / -70 -140 -209 -295	—
②	结构自重	529 403 279 152 0 / -152 -279 -403 -529	—
③	汽车	395 293 203 160 119 80 53 31 320 / -45 -31 -53 -80 -119 -160 -203 -293 -395	不计冲击
④	基本组合	1449 1088 755 505 225 634 / -512 -225 -505 -755 -1088 -1449	$1.1 \times [1.2 \times ② + 1.4 \times ③ \times (1+\mu)]$
⑤	频遇组合	805 608 422 264 83 243 / -243 -83 -264 -422 -608 -805	$1.0 \times ② + 0.7 \times ③$
⑥	准永久组合	687 520 361 216 47 147 / -147 -47 -216 -361 -520 -687	$1.0 \times ② + 0.4 \times ③$
⑦	标准组合	1017 764 530 350 146 414 / -414 -146 -350 -530 -764 -1017	$1.0 \times ② + 1.0 \times ③ \times (1+\mu)$

表3 结果验算

验算内容		计算值	范围限值
持久状况承载能力验算	抗弯承载能力	4886 6076 7081 7327 7295 7327 7081 6076 4886	$\gamma_0 M_d \leq M_R$ 计算值<7295kN·m
	抗剪承载能力	1449kN	$\gamma_0 Q_d \leq Q_R$ 计算值<2896kN
持久状况正常使用验算	频遇组合正截面上下缘拉应力	1.94 3.18 4.24 4.25 4.74 4.25 3.27 3.18 1.94 / 5.87 4.45 3.68 2.05 1.31 2.05 3.68 4.45 5.87	$\sigma_{st}-\sigma_{pc} \leq 0.7 f_{tk}$ 计算值 $\geq$ -1.86MPa
	准永久组合正截面上下缘拉应力	3.08 4.14 5.02 5.55 5.02 4.01 4.14 3.08 / 7.00 7.20 6.93 5.51 4.81 5.51 6.93 7.20 7.00	$\sigma_{lt}-\sigma_{pc} \leq 0$ 计算值 $\geq$ 0MPa
	频遇组合斜截面主拉应力	-0.10 -0.13 -0.08 -0.08 -0.10 / -0.31 -0.31	$\sigma_{st}-\sigma_{pc} \leq 0.7 f_{tk}$ 计算值 $\geq$ -1.86MPa
	频遇组合挠度（考虑长期增长系数）	-4 … -11 -12 -11 … -4	$y \leq (1/600)L$ 挠度计算值 $\leq$ 42mm
	标准组合正截面最大压应力	5.39 8.65 10.08 11.61 12.72 11.61 10.08 8.65 5.39 / 7.32 7.73 7.02 6.17 7.02 7.73 7.32	$\sigma_{kc}+\sigma_{pt} \leq 0.5 f_{ck}$ 计算值 $\leq$ 16.20MPa
持久状况应力验算	预应力钢筋最大拉应力	1141MPa	$\sigma_{pe}+\sigma_p \leq 0.65 f_{pk}$ 计算值 $\leq$ 1209MPa
	标准组合混凝土最大主压应力	7.32 8.65 10.08 11.61 12.72 11.61 10.08 8.65 7.32	$\sigma_{cp} \leq 0.6 f_{ck}$ 计算值 $\leq$ 19.44MPa
短暂状况应力验算	不利状态上下缘应力	3.46 4.23 5.01 5.72 4.25 5.72 5.01 4.23 3.46 / 7.63 11.35 14.28 14.94 14.46 14.94 14.28 11.35 7.63	$\sigma'_{ct} \leq 0.7 f'_{tk}$ 计算值 $\geq$ -1.86MPa / $\sigma'_{cc} \leq 0.7 f'_{ck}$ 计算值 $\leq$ 22.68MPa
其他	张拉阶段跨中挠度	0 12 21 28 31 28 21 12 0	存梁上拱值（30d、60d、90d）：42、45、47

注：1. 单位：弯矩（kN·m）、剪力（kN）、应力（MPa）、位移（mm）。
2. 效应方向：应力（压为正、拉为负）、位移（上拱为正、下挠为负）。

图集号	2024沪Q004
主要计算结果（25m中梁）设计荷载：公路－Ⅰ级／城－A级	页 33

主要计算结果

跨径：25m 中梁
设计荷载：公路－Ⅱ级／城－B级

表1 弯矩组合

编号	荷载和组合	弯矩图	备注
①	裸梁自重	(图：-56, 800, 1317, 1626, 1730, 1626, 1317, 800, -56)	—
②	结构自重	(图：-70, 1447, 2387, 2951, 3139, 2951, 2387, 1447, -70)	—
③	汽车	(图：-80, -71, -52, -40, -52, -61, -71, -80；533, 798, 993, 1085, 993, 798, 533)	不计冲击
④	基本组合	(图：-156, 1460, 2513, 3152, 3377, 3152, 2513, 1460, -156；3050, 4726, 5837, 6208, 5837, 4726, 3050)	$1.1 \times [1.2 \times ② + 1.4 \times ③ \times (1+\mu)]$
⑤	频遇组合	(图：-60, 1392, 2281, 2967, 3166, 3311, 3166, 2967, 2281, 1392, -60；1866, 3666, 3899, 3666)	$1.0 \times ② + 0.7 \times ③$
⑥	准永久组合	(图：-36, 1464, 2361, 3122, 3360, 3573, 3360, 2718, 1464, -36)	$1.0 \times ② + 0.4 \times ③$
⑦	标准组合	(图：-102, 2187, 3410, 4212, 4479, 4212, 3410, 2187, -102；2890, 3090, 2890)	$1.0 \times ② + 1.0 \times ③ \times (1+\mu)$

表2 剪力组合

编号	荷载和组合	剪力图	备注
①	裸梁自重	(图：295, 209, 140, 70, 0, -70, -140, -209, -295)	—
②	结构自重	(图：529, 403, 279, 152, 0, -152, -279, -403, -529)	—
③	汽车	(图：296, 219, 152, 120, 89, 60, 40, 23, 240；-240, -23, -40, -89, -152, -219, -296)	不计冲击
④	基本组合	(图：1261, 896, 605, 385, 169, 482；-482, -169, -385, -605, -896, -1261)	$1.1 \times [1.2 \times ② + 1.4 \times ③ \times (1+\mu)]$
⑤	频遇组合	(图：736, 556, 386, 236, 110, 62, 187；-187, -110, -236, -386, -556, -736)	$1.0 \times ② + 0.7 \times ③$
⑥	准永久组合	(图：647, 491, 340, 200, 36, 115；-115, -36, -200, -340, -491, -647)	$1.0 \times ② + 0.4 \times ③$
⑦	标准组合	(图：895, 674, 468, 300, 110, 78, 316；-316, -110, -300, -468, -674, -895)	$1.0 \times ② + 1.0 \times ③ \times (1+\mu)$

表3 结果验算

验算内容		计算值	范围限值
持久状况承载能力验算	抗弯承载能力	(图：4617, 5613, 6467, 6642, 6666, 6642, 6467, 5613, 4617；3050, 4726, 5837, 6208, 5837, 4726, 3050)	$\gamma_0 M_d \le M_R$ 计算值＜6666kN·m
	抗剪承载能力	1261kN	$\gamma_0 Q_d \le Q_R$ 计算值＜2853kN
持久状况正常使用验算	频遇组合正截面上下缘拉应力	(图上：1.33, 2.97, 3.45, 4.51, 5.00, 4.51, 3.45, 2.97, 1.33；1.21, 0.51, 1.21；图下：5.49, 3.90, 2.82, 3.90, 5.49)	$\sigma_{st}-\sigma_{pc} \le 0.7 f_{tk}$ 计算值≥−1.86MPa
	准永久组合正截面上下缘拉应力	(图上：2.40, 3.92, 4.26, 5.37, 5.90, 5.37, 4.26, 3.92, 2.40；4.05, 3.36, 4.05；图下：6.61, 6.28, 5.54, 6.28, 6.61)	$\sigma_{lt}-\sigma_{pc} \le 0$ 计算值≤0MPa
	频遇组合斜截面主拉应力	(图：−0.18, −0.11, −0.03, −0.07, −0.07, −0.03, −0.11, −0.18；−0.25)	$\sigma_{st}-\sigma_{pc} \le 0.7 f_{tk}$ 计算值≥−1.86MPa
	频遇组合挠度（考虑长期增长系数）	(图：0, −3, −6, −8, −9, −8, −6, −3, 0)	$y \le (1/600) L$ 挠度计算值≤42mm
持久状况应力验算	标准组合正截面最大压应力	(图上：4.76, 7.76, 9.30, 10.78, 11.78, 10.78, 9.30, 7.76, 4.76；图下：6.85, 6.61, 5.19, 5.27, 4.42, 5.27, 5.19, 6.61, 6.85)	$\sigma_{kc}+\sigma_{pt} \le 0.5 f_{ck}$ 计算值≤16.20MPa
	预应力钢筋最大拉应力	1160MPa	$\sigma_{pe}+\sigma_p \le 0.65 f_{pk}$ 计算值≤1209MPa
	标准组合混凝土最大主压应力	(图：6.85, 7.76, 9.30, 10.78, 11.78, 10.78, 9.30, 7.76, 6.85)	$\sigma_{cp} \le 0.6 f_{ck}$ 计算值≤19.44MPa
短暂状况应力验算	不利状态上下缘应力	(图上：2.79, 3.98, 4.48, 5.30, 6.05, 5.30, 4.48, 3.98, 2.69；图下：7.19, 10.11, 11.20, 12.20, 12.50, 12.01, 12.20, 12.20, 10.11, 7.19)	$\sigma_{ct}^t \le 0.7 f_{tk}'$ 计算值≥−1.86MPa $\sigma_{cc}^t \le 0.7 f_{ck}'$ 计算值≤22.68MPa
其他	张拉阶段跨中挠度	(图：0, 9, 17, 23, 25, 23, 17, 9, 0)	存梁上拱值（30d、60d、90d）：34、36、38

注：1. 单位：弯矩（kN·m）、剪力（kN）、应力（MPa）、位移（mm）。
2. 效应方向：应力（压为正、拉为负）、位移（上拱为正、下挠为负）。

主要计算结果
跨径：25m 边梁
设计荷载：公路-Ⅰ级/城-A级

表1 弯矩组合

编号	荷载和组合	弯矩图	备注
①	裸梁自重	-56 796 1310 1618 1721 1618 1310 796 -56	—
②	结构自重	-97 1395 2300 2844 3025 2844 2300 1395 -97	—
③	汽车	-101 -90 -78 -65 -51 -65 -78 -90 -101 / 693 1062 1328 1452 1328 1062 693	不计冲击
④	基本组合	-197 251 1358 2387 3008 3281 3008 2387 1358 251 -197 / 3328 5143 6352 6755 6352 5143 3328	$1.1 \times [1.2 \times ② + 1.4 \times ③ \times (1+\mu)]$
⑤	频遇组合	-74 173 1248 2098 2800 2960 2800 2098 1248 173 -74 / 1942 3076 3800 4041 3800 3076 1942	$1.0 \times ② + 0.7 \times ③$
⑥	准永久组合	-44 123 1248 2098 2743 2960 2743 2098 1248 123 -44 / 1707 2812 3390 3606 3390 2812 1707	$1.0 \times ② + 0.4 \times ③$
⑦	标准组合	-128 177 1248 2207 2952 3128 2952 2207 1248 177 -128 / 2380 3668 4531 4818 4531 3668 2380	$1.0 \times ② + 1.0 \times ③ \times (1+\mu)$

表2 剪力组合

编号	荷载和组合	剪力图	备注
①	裸梁自重	294 220 153 83 0 -83 -153 -220 -294	—
②	结构自重	510 388 269 147 0 -147 -269 -388 -510	—
③	汽车	378 285 203 160 119 81 53 30 304 / 0 -45 -30 -53 -81 -119 -160 -203 -285 -378	不计冲击
④	基本组合	1393 1055 742 499 226 603 / 552 370 196 -226 -499 -742 -1055 -1393	$1.1 \times [1.2 \times ② + 1.4 \times ③ \times (1+\mu)]$
⑤	频遇组合	775 588 411 259 83 232 / 269 243 -83 -259 -412 -588 -775	$1.0 \times ② + 0.7 \times ③$
⑥	准永久组合	661 502 351 211 48 140 / -48 -211 -351 -502 -661	$1.0 \times ② + 0.4 \times ③$
⑦	标准组合	977 740 520 345 147 394 / 508 -147 -345 -520 -740 -977	$1.0 \times ② + 1.0 \times ③ \times (1+\mu)$

表3 结果验算

验算内容		计算值	范围限值
持久状况承载能力验算	抗弯承载能力	441 3325 5141 6352 6352 5141 3325 441 / 4843 6021 7054 7267 7245 7267 7054 6021 4843	$\gamma_0 M_d \leq M_R$ 计算值 <7245kN·m
	抗剪承载能力	1393kN	$\gamma_0 Q_d \leq Q_R$ 计算值 <2896kN
持久状况正常使用验算	频遇组合正截面上下缘拉应力	1.96 3.14 3.16 4.63 4.14 3.16 3.14 1.96 / 5.81 4.57 3.83 3.52 3.83 4.57 5.81	$\sigma_{st} - \sigma_{pc} \leq 0.7 f_{tk}$ 计算值 ≥ -1.86MPa
	准永久组合正截面上下缘拉应力	3.10 4.13 3.98 4.98 5.52 4.98 3.98 4.13 3.10 / 6.99 7.35 7.13 5.76 5.76 7.13 7.35 6.99	$\sigma_{lt} - \sigma_{pc} \leq 0$ 计算值 ≥ 0MPa
	频遇组合斜截面主拉应力	-0.15 -0.09 -0.03 -0.07 -0 -0.07 -0.03 -0.09 -0.15 / -0.30 -0.30	$\sigma_{st} - \sigma_{pc} \leq 0.7 f_{tk}$ 计算值 ≥ -1.86MPa
	频遇组合挠度（考虑长期增长系数）	-4 -11 -13 -11 -4	$y \leq (1/600)L$ 挠度计算值 ≤ 42mm
持久状况应力验算	标准组合正截面最大压应力	5.47 8.78 10.30 11.89 13.03 11.89 10.30 8.78 5.47 / 7.23 7.67 7.89 7.24 6.43 7.24 7.89 7.67 7.23	$\sigma_{kc} + \sigma_{pt} \leq 0.5 f_{ck}$ 计算值 ≤ 16.20MPa
	预应力钢筋最大拉应力	1137MPa	$\sigma_{pe} + \sigma_p \leq 0.65 f_{pk}$ 计算值 ≤ 1209MPa
	标准组合混凝土最大主压应力	7.23 8.78 10.30 11.89 13.03 11.89 10.30 8.78 7.23	$\sigma_{cp} \leq 0.6 f_{ck}$ 计算值 ≤ 19.44MPa
短暂状况应力验算	不利状态上下缘应力	3.50 4.25 4.24 4.91 5.62 4.91 4.24 4.25 3.50 / 7.62 11.35 14.29 14.96 14.48 14.96 14.29 11.35 7.62	$\sigma'_{ct} \leq 0.7 f_{tk}$ 计算值 ≥ -1.86MPa / $\sigma'_{cc} \leq 0.7 f'_{ck}$ 计算值 ≤ 22.68MPa
其他	张拉阶段跨中挠度	0 12 22 28 31 28 22 12 0	存梁上拱值（30d、60d、90d）：42、46、47

注：1. 单位：弯矩（kN·m）、剪力（kN）、应力（MPa）、位移（mm）。
2. 效应方向：应力（压为正、拉为负）、位移（上拱为正、下挠为负）。

		图集号	2024沪Q004
主要计算结果（25m 边梁）设计荷载：公路-Ⅰ级/城-A级		页	35

主要计算结果

跨径：25m 边梁
设计荷载：公路－Ⅱ级／城－B级

表1 弯矩组合

编号	荷载和组合	弯矩图	备注
①	裸梁自重		—
②	结构自重		—
③	汽车		不计冲击
④	基本组合		$1.1 \times [1.2 \times ② + 1.4 \times ③ \times (1+\mu)]$
⑤	频遇组合		$1.0 \times ② + 0.7 \times ③$
⑥	准永久组合		$1.0 \times ② + 0.4 \times ③$
⑦	标准组合		$1.0 \times ② + 1.0 \times ③ \times (1+\mu)$

表2 剪力组合

编号	荷载和组合	剪力图	备注
①	裸梁自重		—
②	结构自重		—
③	汽车		不计冲击
④	基本组合		$1.1 \times [1.2 \times ② + 1.4 \times ③ \times (1+\mu)]$
⑤	频遇组合		$1.0 \times ② + 0.7 \times ③$
⑥	准永久组合		$1.0 \times ② + 0.4 \times ③$
⑦	标准组合		$1.0 \times ② + 1.0 \times ③ \times (1+\mu)$

表3 结果验算

验算内容		计算值	范围限值
持久状况承载能力验算	抗弯承载能力		$\gamma_0 M_d \leq M_R$ 计算值 <6617kN·m
	抗剪承载能力	1213kN	$\gamma_0 Q_d \leq Q_R$ 计算值 <2853kN
持久状况正常使用验算	频遇组合正截面上下缘拉应力		$\sigma_{st} - \sigma_{pc} \leq 0.7 f_{tk}$ 计算值 ≥ -1.86MPa
	准永久组合正截面上下缘拉应力		$\sigma_{lt} - \sigma_{pc} \leq 0$ 计算值 ≥ 0MPa
	频遇组合斜截面主拉应力		$\sigma_{st} - \sigma_{pc} \leq 0.7 f_{tk}$ 计算值 ≥ -1.86MPa
	频遇组合挠度（考虑长期增长系数）		$y \leq (1/600) L$ 挠度计算值 ≤ 42mm
持久状况应力验算	标准组合正截面最大压应力		$\sigma_{kc} + \sigma_{pt} \leq 0.5 f_{ck}$ 计算值 ≤ 16.20MPa
	预应力钢筋最大拉应力	1155MPa	$\sigma_{pe} + \sigma_p \leq 0.65 f_{pk}$ 计算值 ≤ 1209MPa
	标准组合混凝土最大主压应力		$\sigma_{cp} \leq 0.6 f_{ck}$ 计算值 ≤ 19.44MPa
短暂状况应力验算	不利状态上下缘应力		$\sigma_{ct}^l \leq 0.7 f_{tk}$ 计算值 ≥ -1.86MPa $\sigma_{cc}^l \leq 0.7 f_{ck}$ 计算值 ≤ 22.68MPa
其他	张拉阶段跨中挠度		存梁上拱值（30d、60d、90d）：34、37、38

注：1. 单位：弯矩（kN·m）、剪力（kN）、应力（MPa）、位移（mm）。
2. 效应方向：应力（压为正、拉为负）、位移（上拱为正、下挠为负）。

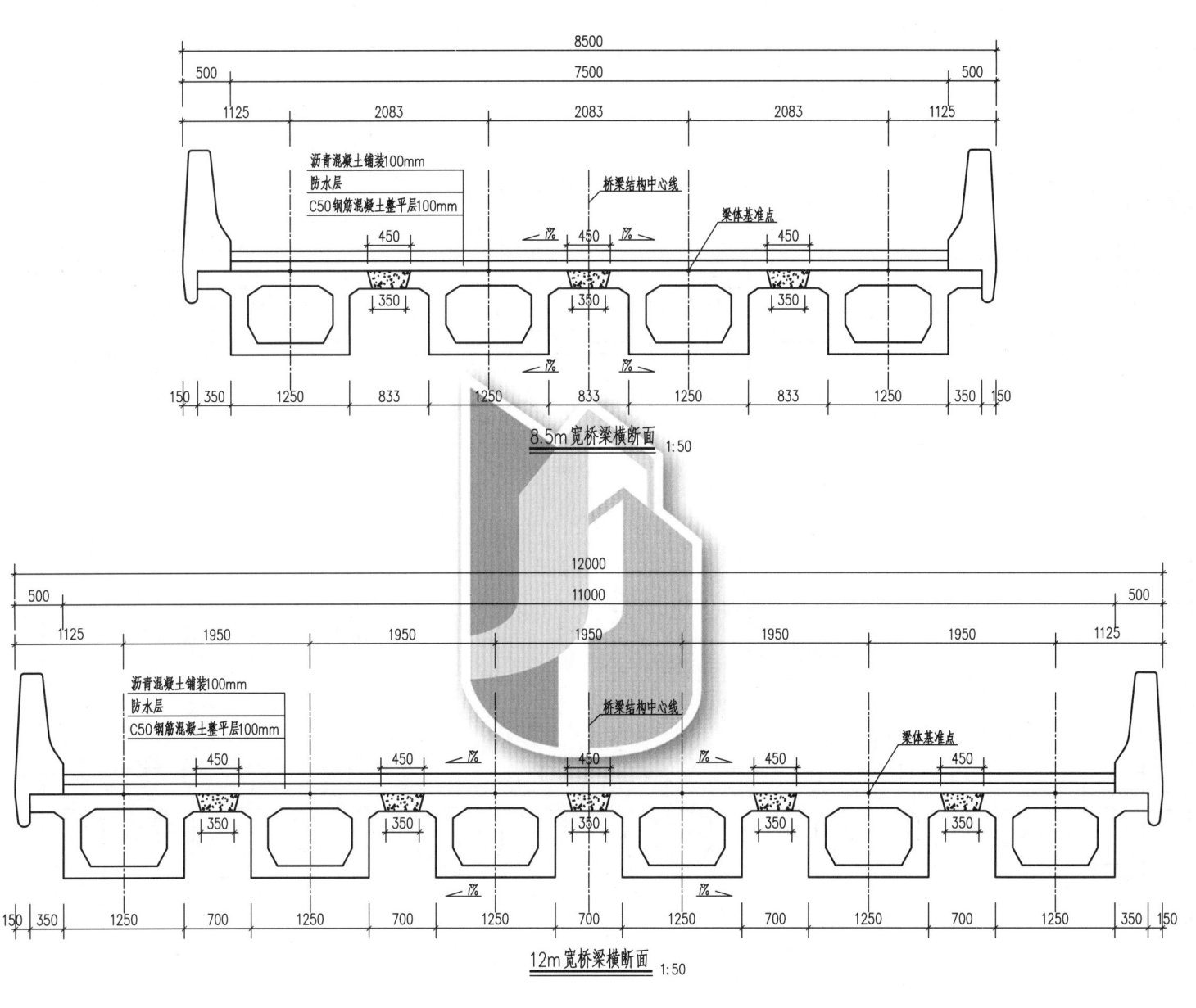

附注：
1. 本图尺寸单位除注明外，其余均以毫米计。
2. 本图为城市桥梁中桥宽分别为8.5m、12m的典型横断面布置图。

横断面布置图（一）	图集号	2024沪Q004
	页	37

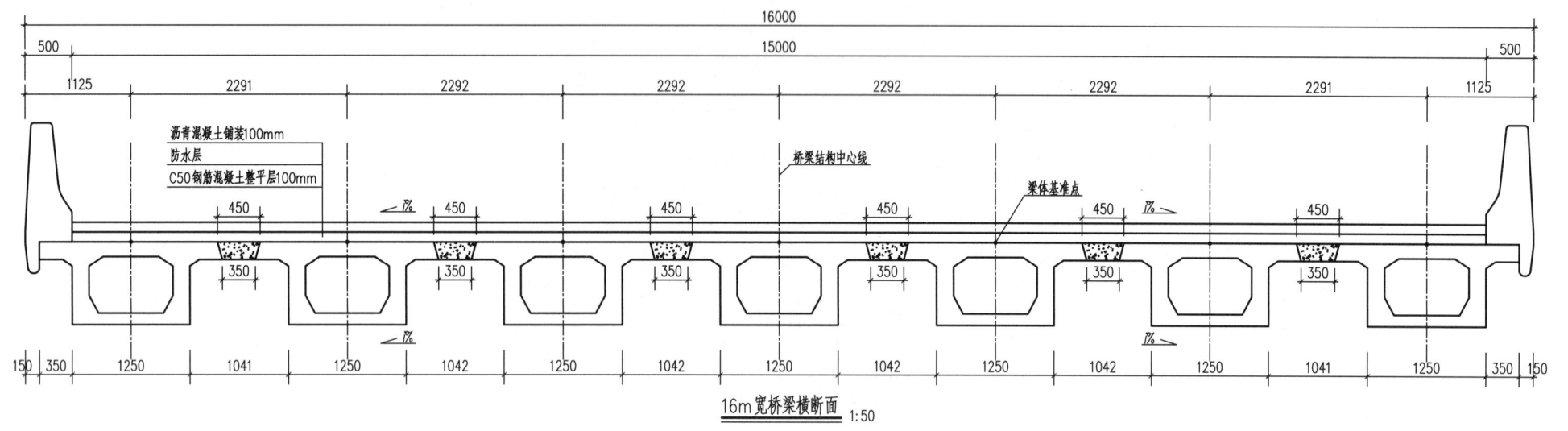

16m宽桥梁横断面 1:50

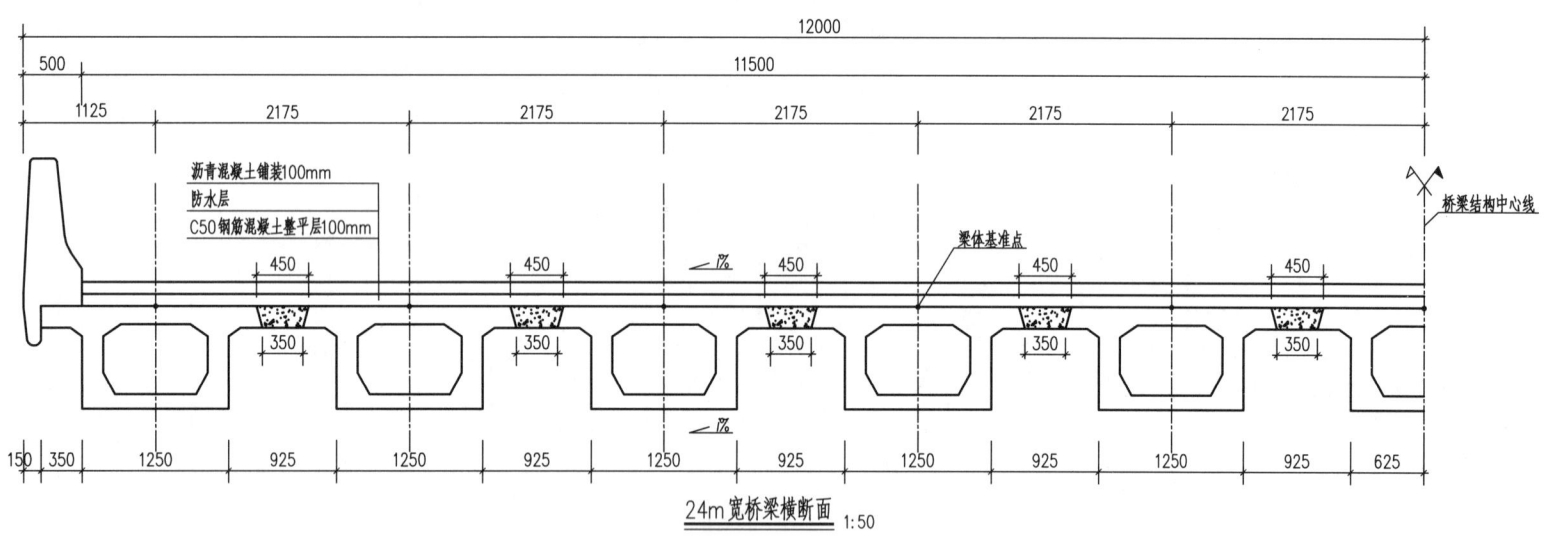

24m宽桥梁横断面 1:50

附注：
1. 本图尺寸单位除注明外，其余均以毫米计。
2. 本图为城市桥梁中桥宽分别为16m、24m的典型横断面布置图。

横断面布置图（二）

图集号 2024沪Q004

页 38

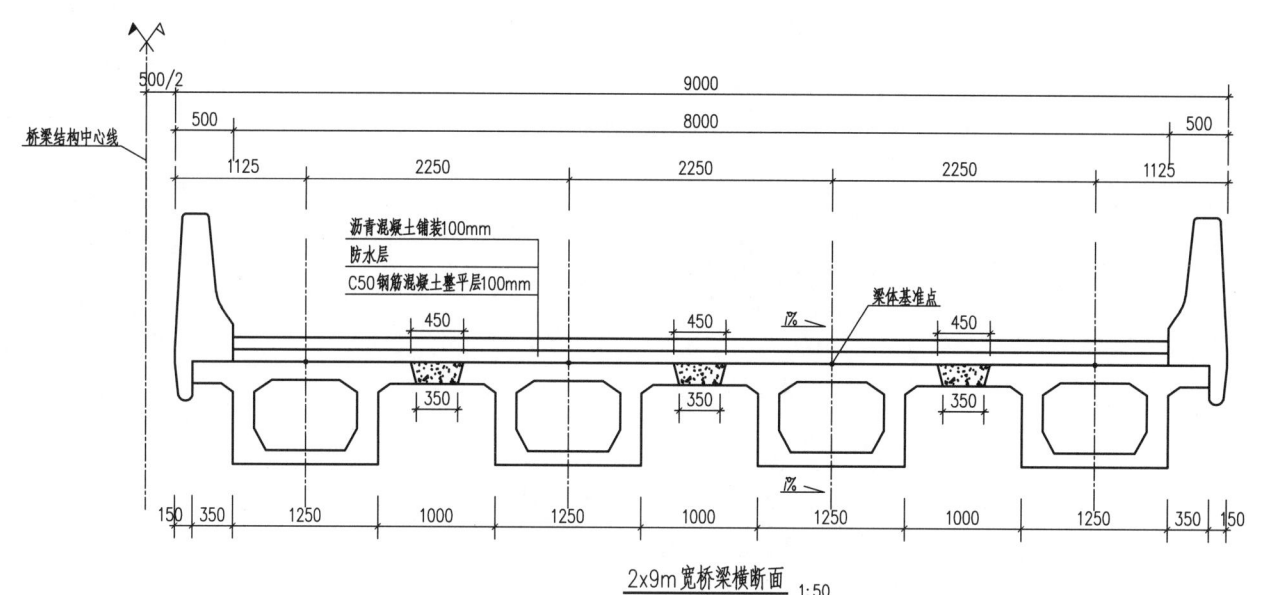

2×9m宽桥梁横断面 1:50

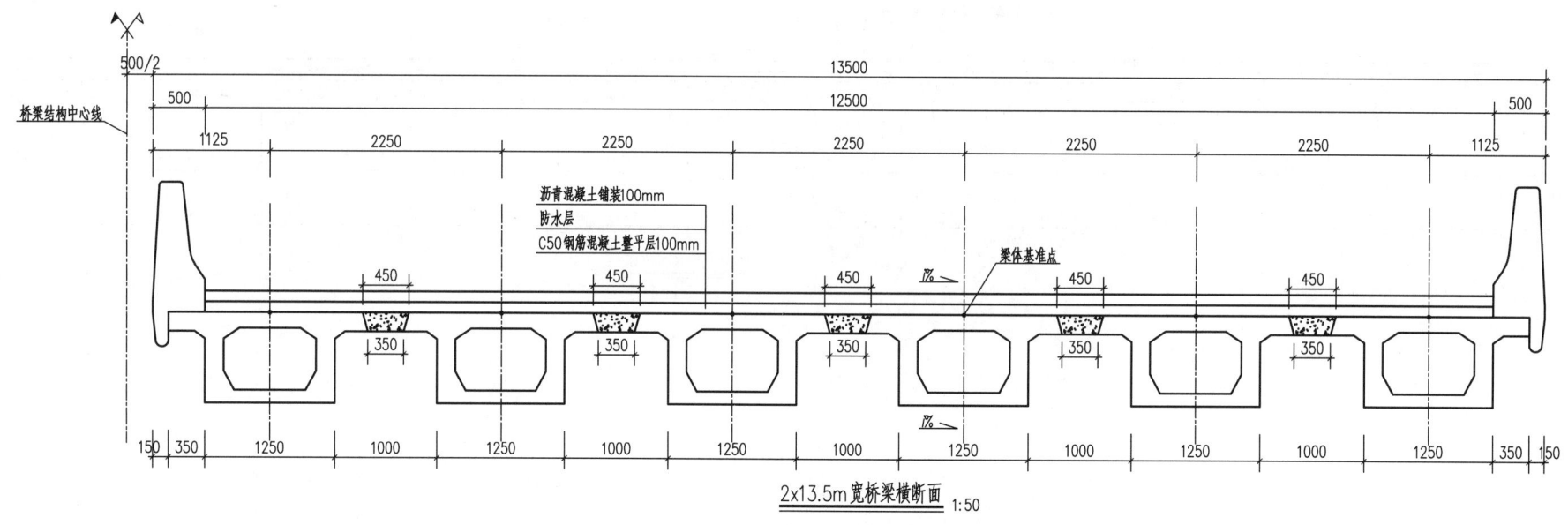

2×13.5m宽桥梁横断面 1:50

附注：
1. 本图尺寸单位除注明外，其余均以毫米计。
2. 本图为公路桥梁中桥宽分别为2×9m、2×13.5m的典型横断面布置图。

横断面布置图（三）	图集号	2024沪Q004
	页	39

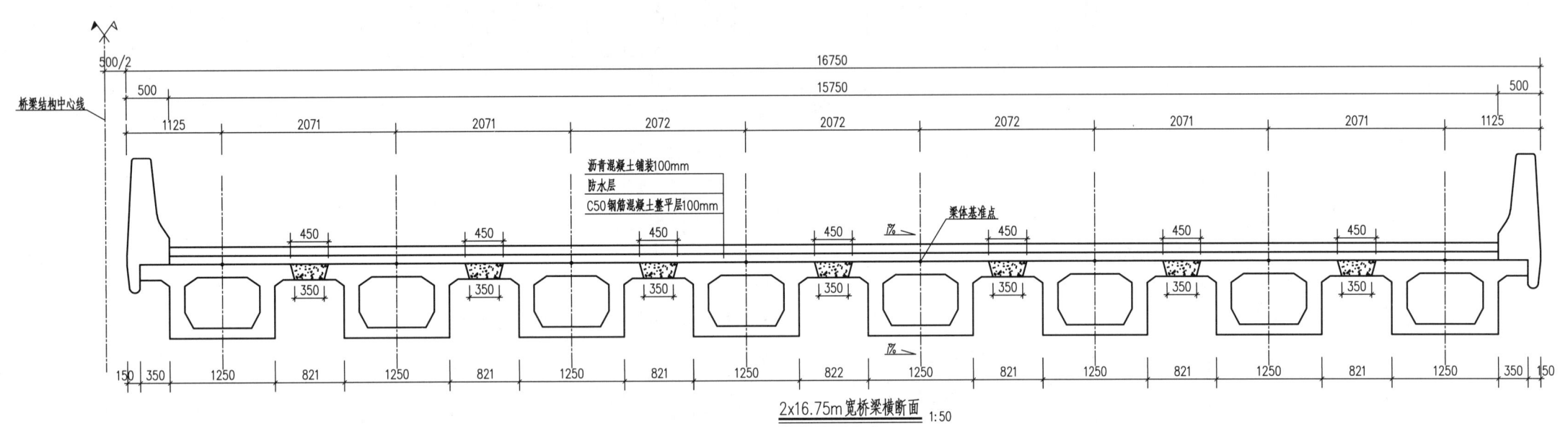

2×16.75m宽桥梁横断面 1:50

附注：
1. 本图尺寸单位除注明外，其余均以毫米计。
2. 本图为公路桥梁中桥宽为2×16.75m的典型横断面布置图。

横断面布置图（四）

图集号 2024沪Q004
页 40

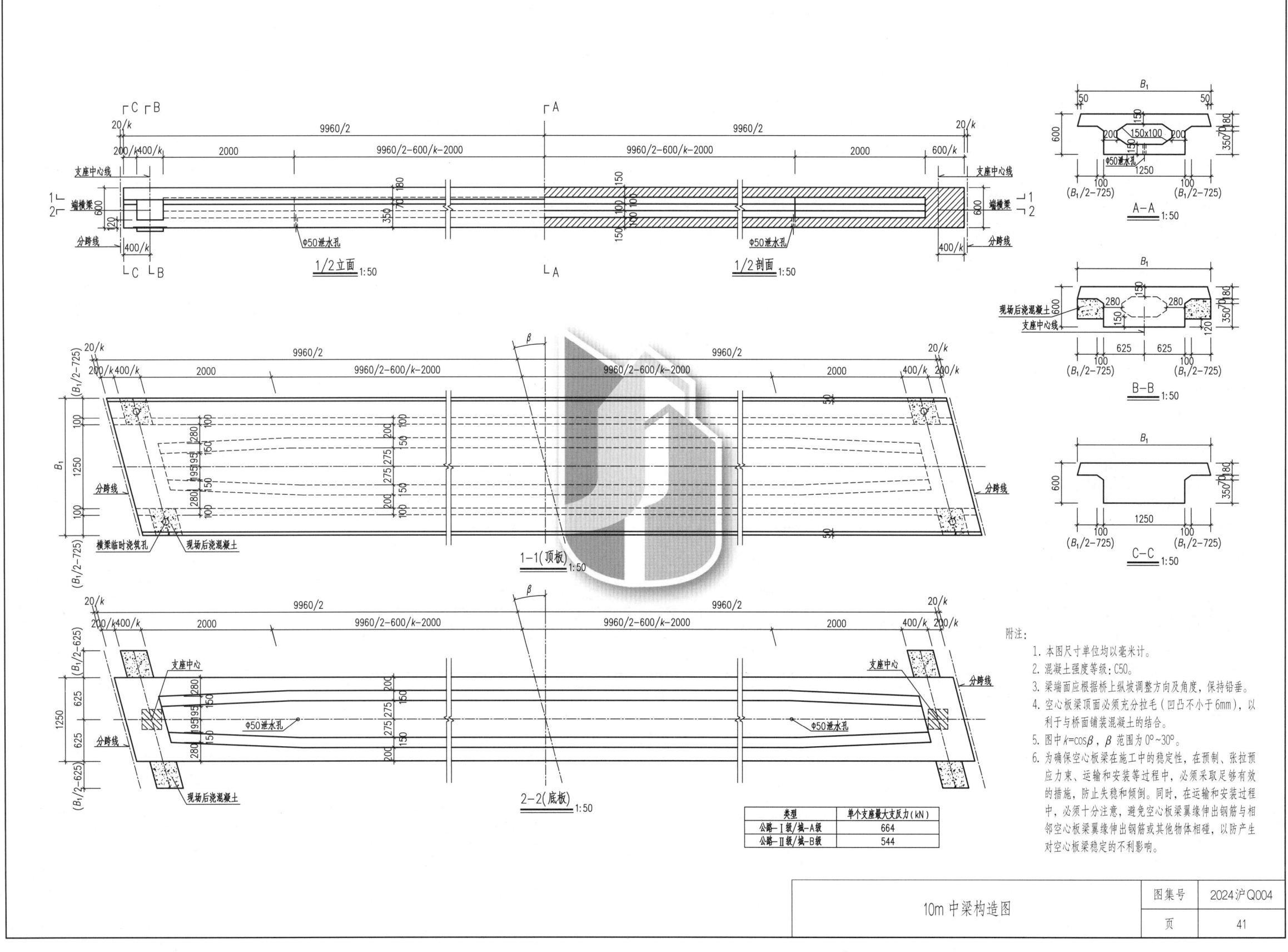

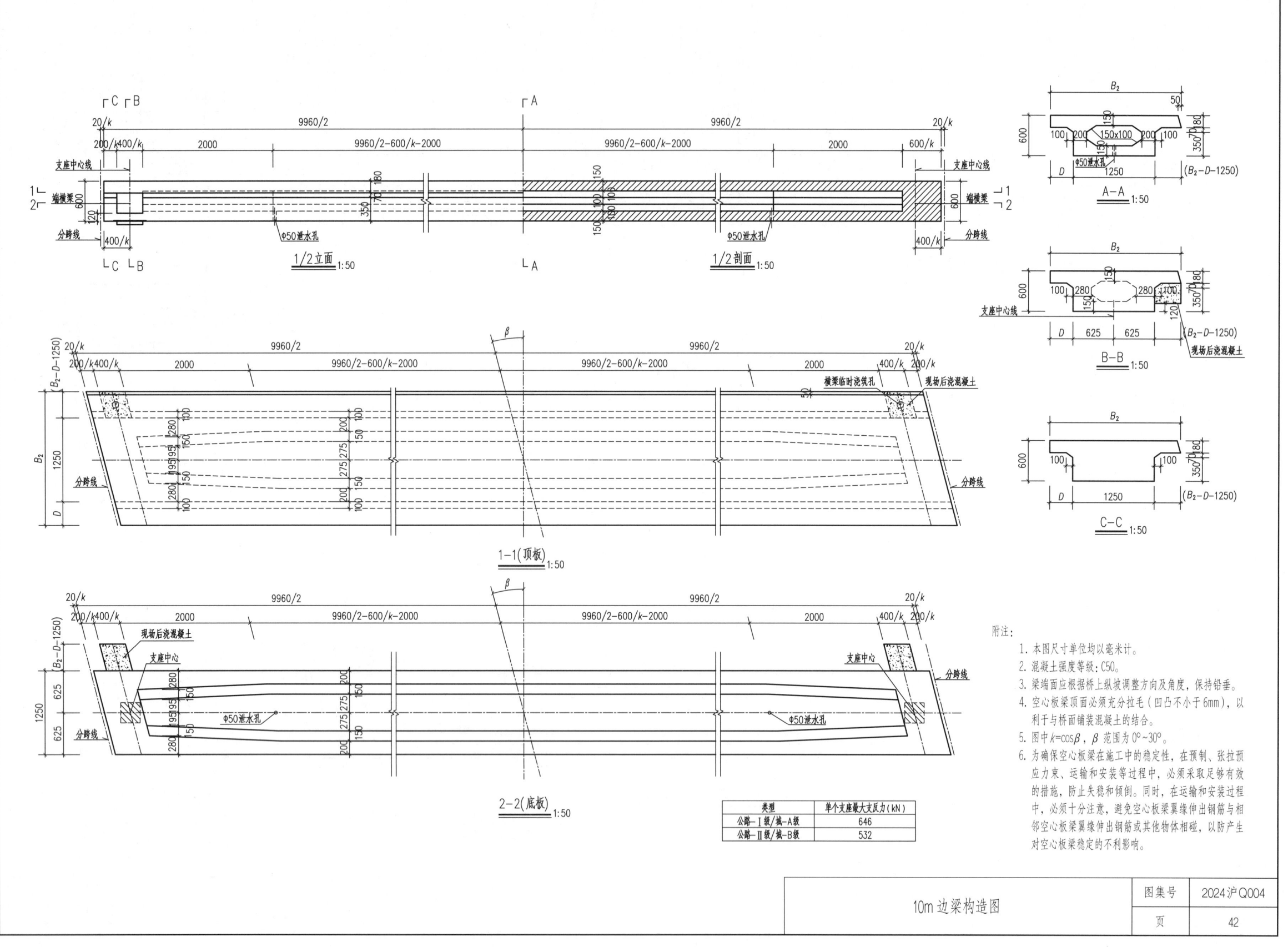

10m边梁构造图

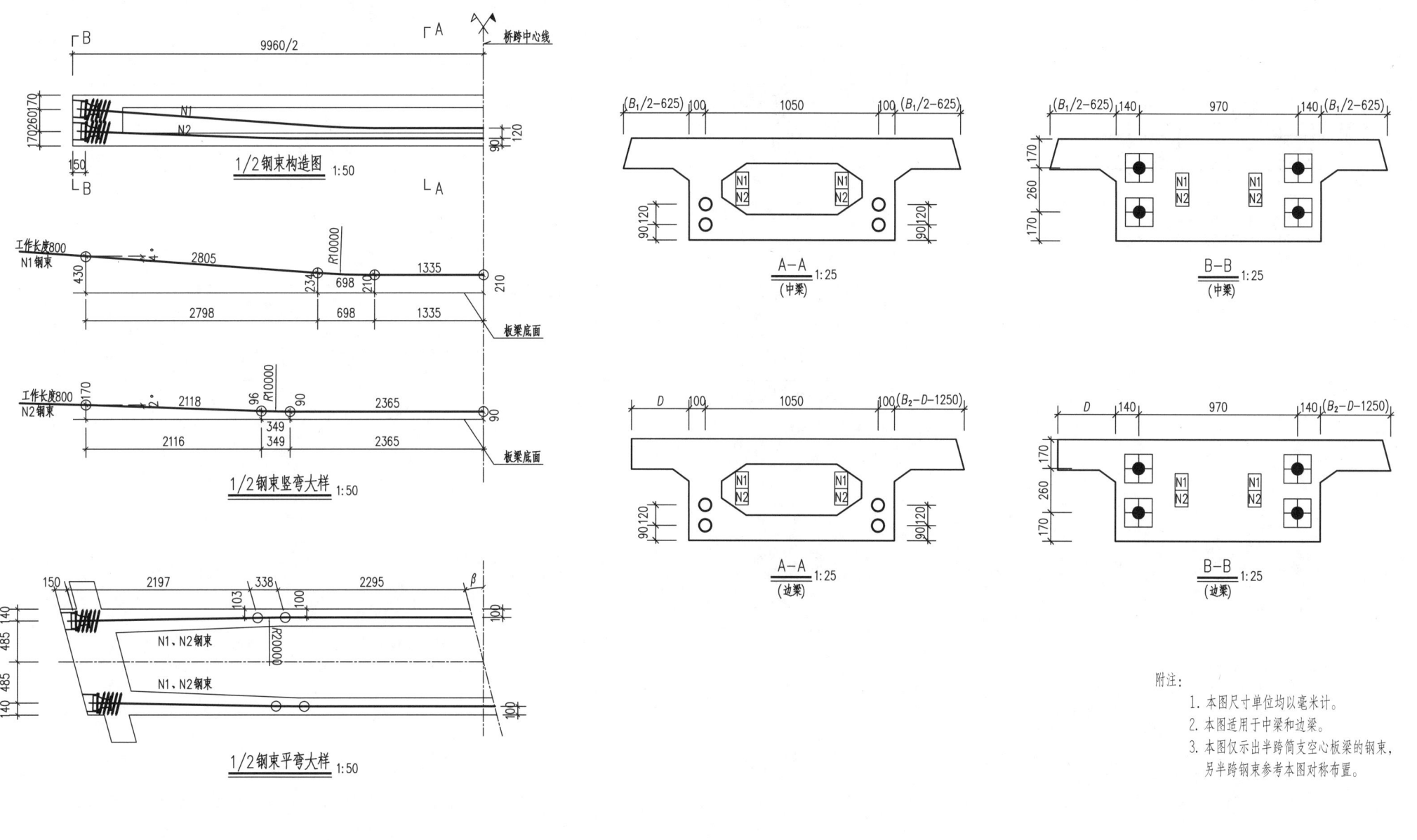

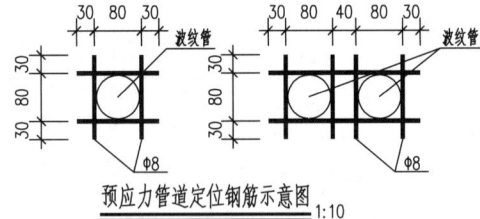

预应力管道定位钢筋示意图 1:10

预应力钢束材料表(公路－Ⅰ级/城－A级)
(边梁、中梁)

编号	型号	钢束单根长(mm)	钢束根数	钢束总长(m)	钢束总重(kg)	张拉端锚具(套) YJM15-4	YJM15-5	单根管道长(mm)	金属波纹管型号	管道数	管道总长(m)	每端引伸量 左侧/右侧(mm)	备注
N1	$\phi^S15.2-5$	11275	2	22.6	124.4		4	9675	JBG-60 Z	2	19.4	34/34	两端张拉
N2	$\phi^S15.2-5$	11263	2	22.5	123.9		4	9663	JBG-60 Z	2	19.3	34/34	两端张拉
合计				45.1	248.3		8				38.7		

注：本预应力钢束数量表按梁长9960mm计算。

预应力钢束材料表(公路－Ⅱ级/城－B级)
(边梁、中梁)

编号	型号	钢束单根长(mm)	钢束根数	钢束总长(m)	钢束总重(kg)	张拉端锚具(套) YJM15-4	YJM15-5	单根管道长(mm)	金属波纹管型号	管道数	管道总长(m)	每端引伸量 左侧/右侧(mm)	备注
N1	$\phi^S15.2-4$	11275	2	22.6	99.3	4		9675	JBG-55 Z	2	19.4	34/34	两端张拉
N2	$\phi^S15.2-5$	11263	2	22.5	123.9		4	9663	JBG-60 Z	2	19.3	34/34	两端张拉
合计				45.1	223.2	4	4				38.7		

注：本预应力钢束数量表按梁长9960mm计算。

附注：

1. 本图尺寸单位以毫米计。
2. 采用的预应力钢束应符合《预应力混凝土用钢绞线》GB/T 5224 的规定，$f_{pk}=1860MPa$，$E_p=1.95×10^5MPa$；采用的群锚体系应符合《预应力筋用锚具、夹具和连接器》GB/T 14370 和《公路桥梁预应力钢绞线用锚具、夹具和连接器》JT/T 329 的技术要求，配套锚固件须符合本工程的锚固构造及锚下局部承压强度要求。
3. 达到以下条件时方可张拉预应力束：混凝土强度与弹性模量均达到设计的90%；日平均温度≥20℃时，龄期不小于5d；日平均温度<20℃时，且龄期不小于7d后。张拉程序：0→初应力（0.1σ_{con}）→1.0σ_{con}→作持荷5min锚固，σ_{con} 为预应力钢绞线锚下张拉控制应力；张拉工艺及要求按照《公路桥涵施工技术规范》JTG/T 3650 中有关章节执行。
4. 锚垫板位置及尺寸要求准确，锚垫板必须与预应力束垂直；预应力束张拉后，应在距锚头3cm处切割，严禁采用电弧切割。
5. 预应力钢绞线锚下张拉控制应力为 0.75f_{pk}，钢束张拉次序为N1→N2，同一编号钢束宜对称张拉。采用双控，以张拉力为主，引伸量作为参考。
6. 采用的预应力管道应为符合《预应力混凝土用金属波纹管》JG/T 225 要求的增强型镀锌金属波纹管（$\mu=0.2$，$k=0.0015$），预应力管道定位钢筋直线段按0.75m设置一组，曲线段按0.5m设置一组。按梁长$L=9960mm$计，每片刚接板梁的管道定位钢筋为12.8kg。
7. 现浇混凝土时要注意保证预应力管道的通畅，预应力张拉完毕后，预应力管道内应及时真空压浆，并满足《公路桥涵施工技术规范》JTG/T 3650-2020 中表7.9.3的相关要求。
8. 预应力钢束孔道与普通钢筋位置发生冲突时，普通钢筋的位置可适当调整，但在封锚时钢筋必须焊接恢复。张拉槽处钢筋长度以实际施工放样为准。
9. 刚接板梁的施工工艺及技术要求严格按照《公路桥涵施工技术规范》JTG/T 3650 的有关规定及本图集"设计说明"执行。
10. 图中材料数量表均按标准梁长计算，当梁长变化时，应对直线段钢束作相应调整。

10m 钢束图（二）

图集号 2024沪Q004

页 44

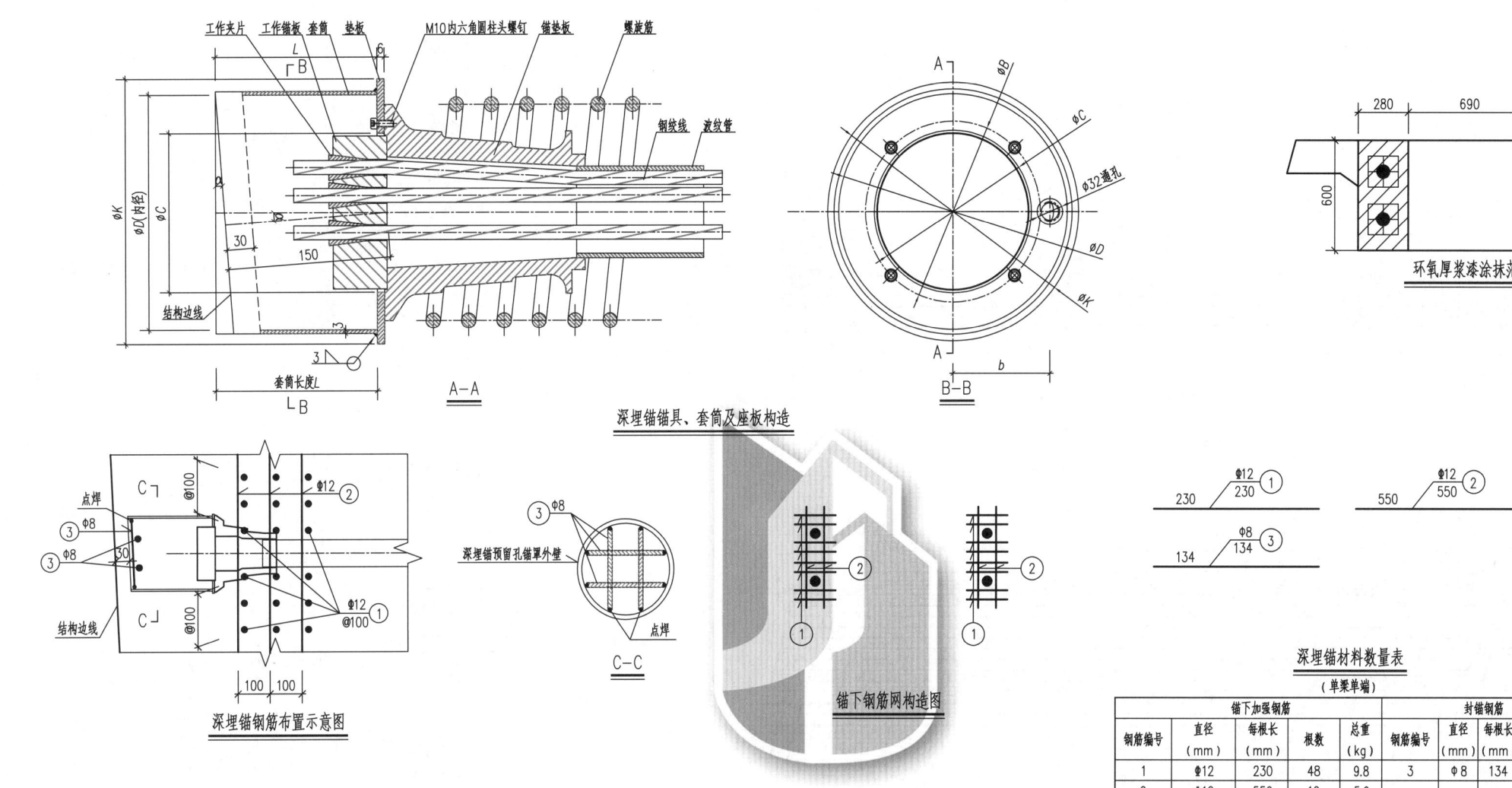

深埋锚具参数表

规格	深埋套筒(mm)						单件重(kg)	M10x35螺栓(个)
	ØB	b	ØC	ØD	ØK	L		
$\phi^S15.2-4$	Ø120	72	Ø106	Ø182	Ø200	$150/\cos\alpha+D\times\tan\alpha/2$	$(3DL+1.5K^2)\times\pi\times7850/10^9$	4
$\phi^S15.2-5$	Ø135	79	Ø119	Ø196	Ø214	$150/\cos\alpha+D\times\tan\alpha/2$	$(3DL+1.5K^2)\times\pi\times7850/10^9$	4

深埋锚材料数量表
(单梁单端)

锚下加强钢筋					封锚钢筋			
钢筋编号	直径(mm)	每根长(mm)	根数	总重(kg)	钢筋编号	直径(mm)	每根长(mm)	根数	总重(kg)
1	⌀12	230	48	9.8	3	φ8	134	16	0.8
2	⌀12	550	12	5.9					
合计				15.7					

附注：
1. 本图尺寸单位均以毫米计。
2. 钢套筒采用壁厚t=6mm的直缝电焊钢管（GB/T 13793），底板采用厚度t=6mm钢板，钢套筒及底板材料均为Q235C钢材。
3. 钢套筒底板与锚垫板之间采用4个M10×35（GB/T 5781）螺栓连接，连接前应预先在锚垫板上攻丝并在钢套筒座板相应位置上打孔。
4. 钢套筒与底板间距如太小而无法放置螺栓，可适当调整螺栓位置，但应保证螺栓对称布置。
5. 浇注主梁混凝土前应封堵钢套筒，防止混凝土进入钢套筒内。
6. 因套筒截断的箱梁钢筋应弯折后与套筒焊接，单面焊10d，双面焊5d（d为钢筋直径）。钢筋大样：与套筒焊接
7. 锚具安装孔孔距及钢套筒中心长度由现场放样确定。
8. 深埋锚钢套筒及座板构造尺寸可根据实际采购的产品进行调整。
9. 深埋锚钢套筒封锚后，在梁端面涂抹一层环氧厚浆漆，厚度为120μm。
10. 封锚混凝土建议采用细石混凝土。

10m 钢束图（三）

图集号 2024沪Q004
页 45

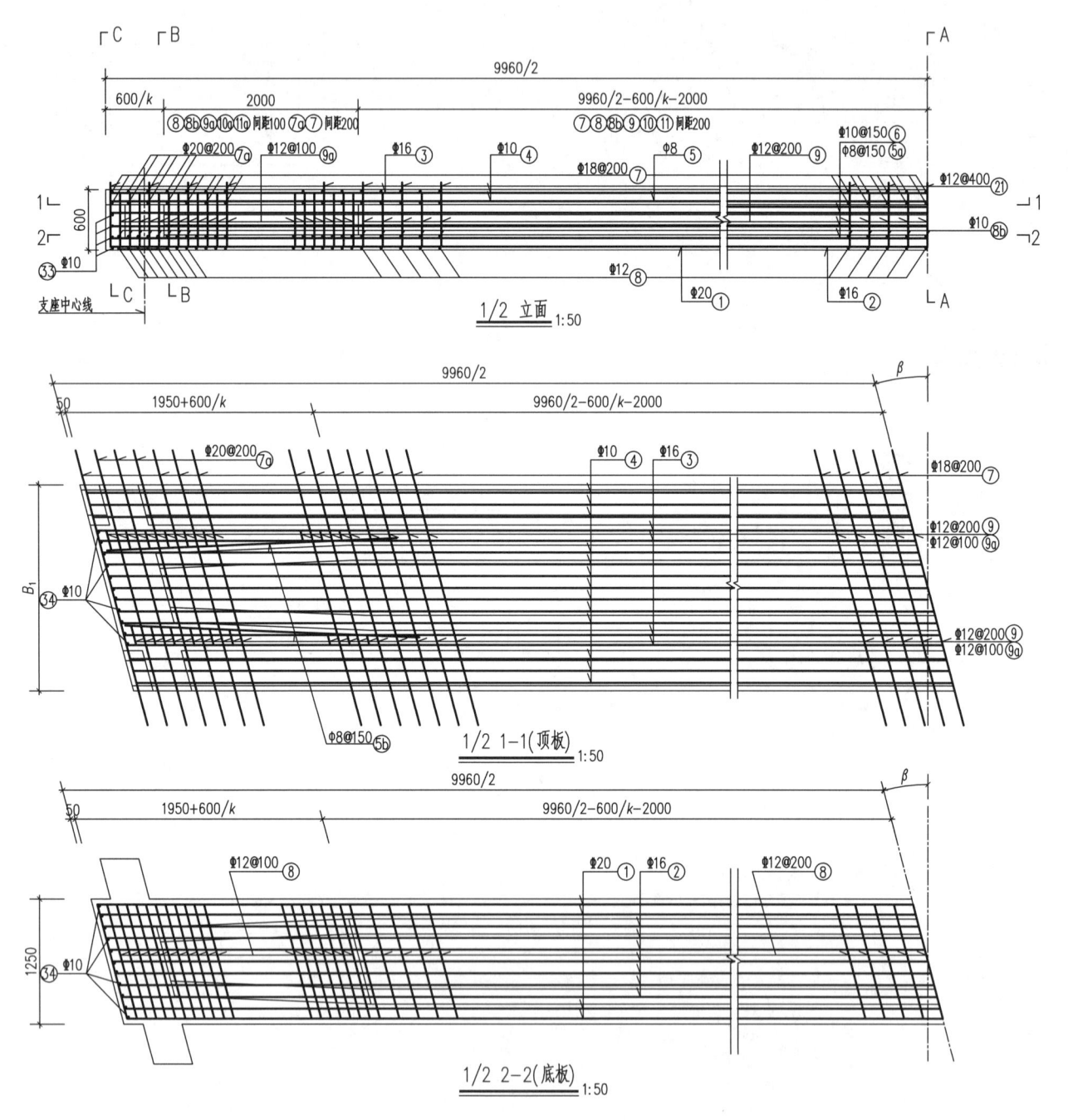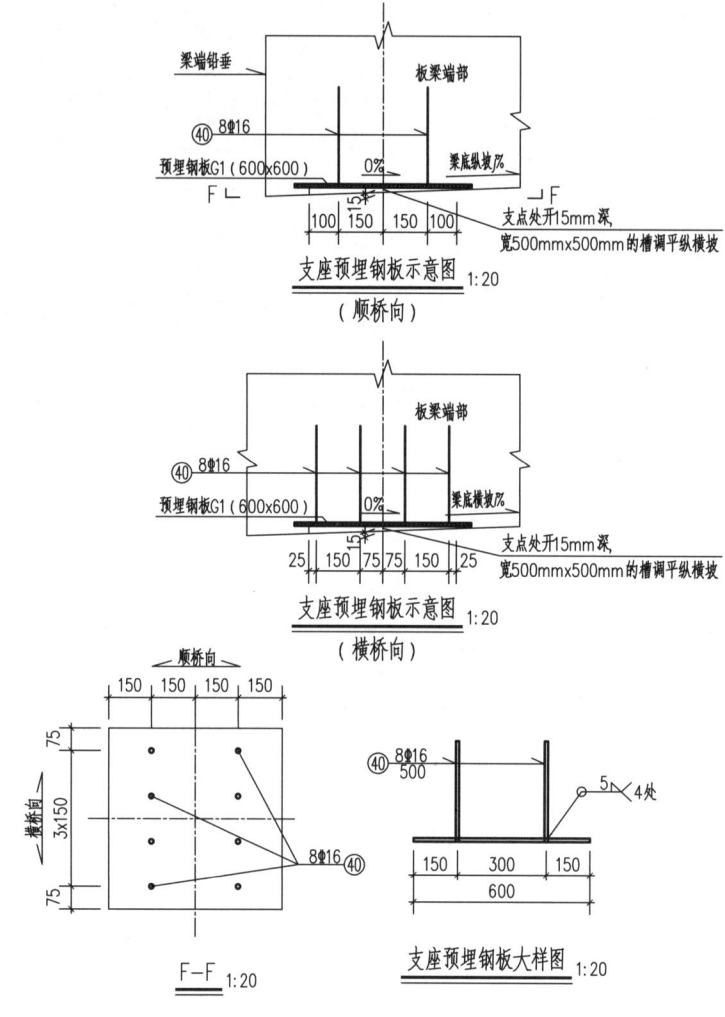

附注：
1. 本图尺寸均以毫米计。
2. 最外侧钢筋的混凝土保护层厚度不小于25mm。
3. 本图与相应的预应力混凝土空心板梁图纸配套使用。
4. 本图未示出横梁钢筋，详见横梁钢筋图。
5. 图中 $k=\cos\beta$。

10m中梁钢筋图（一）

图集号 2024沪Q004
页 46

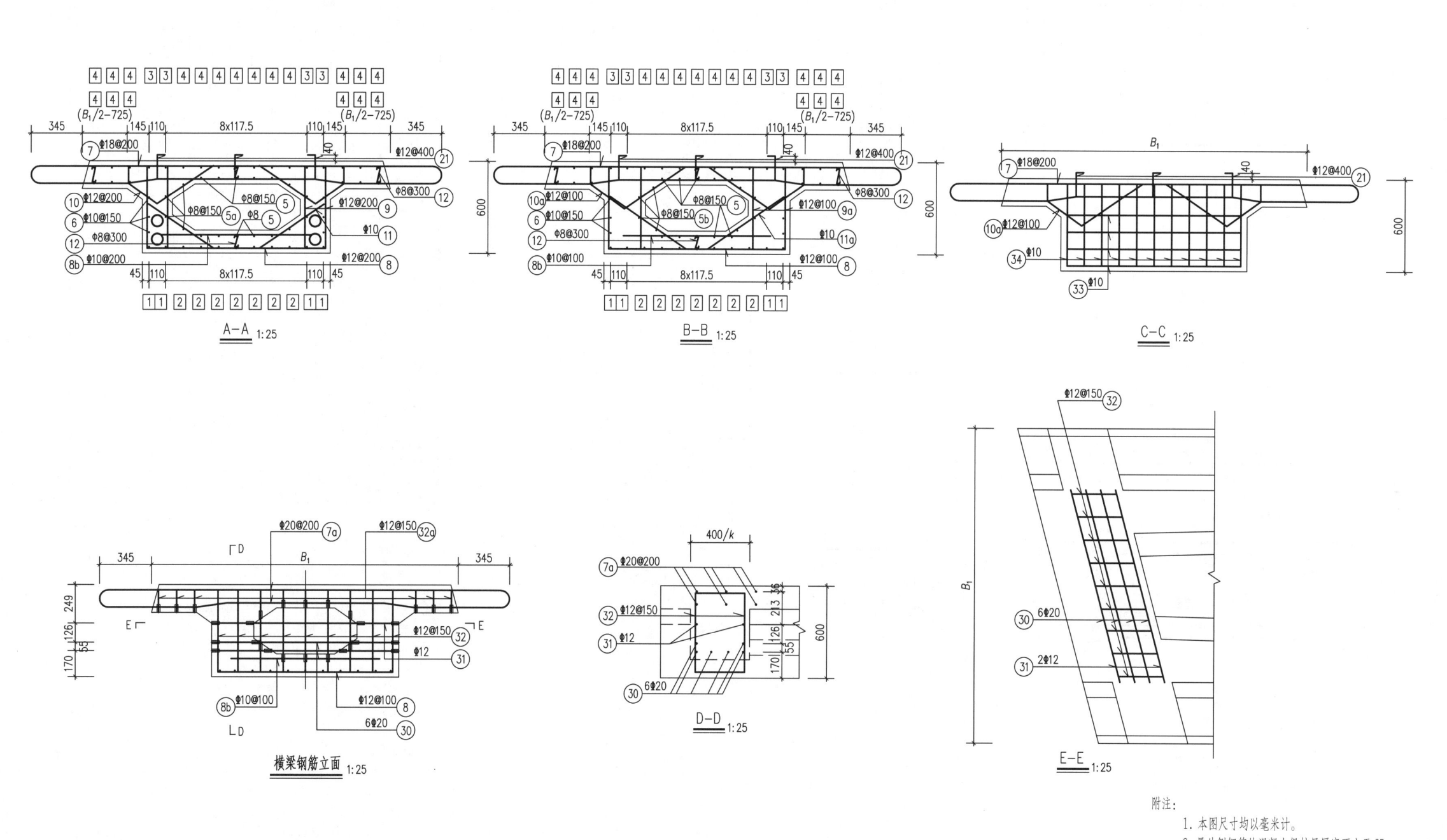

10m中梁钢筋图（二）

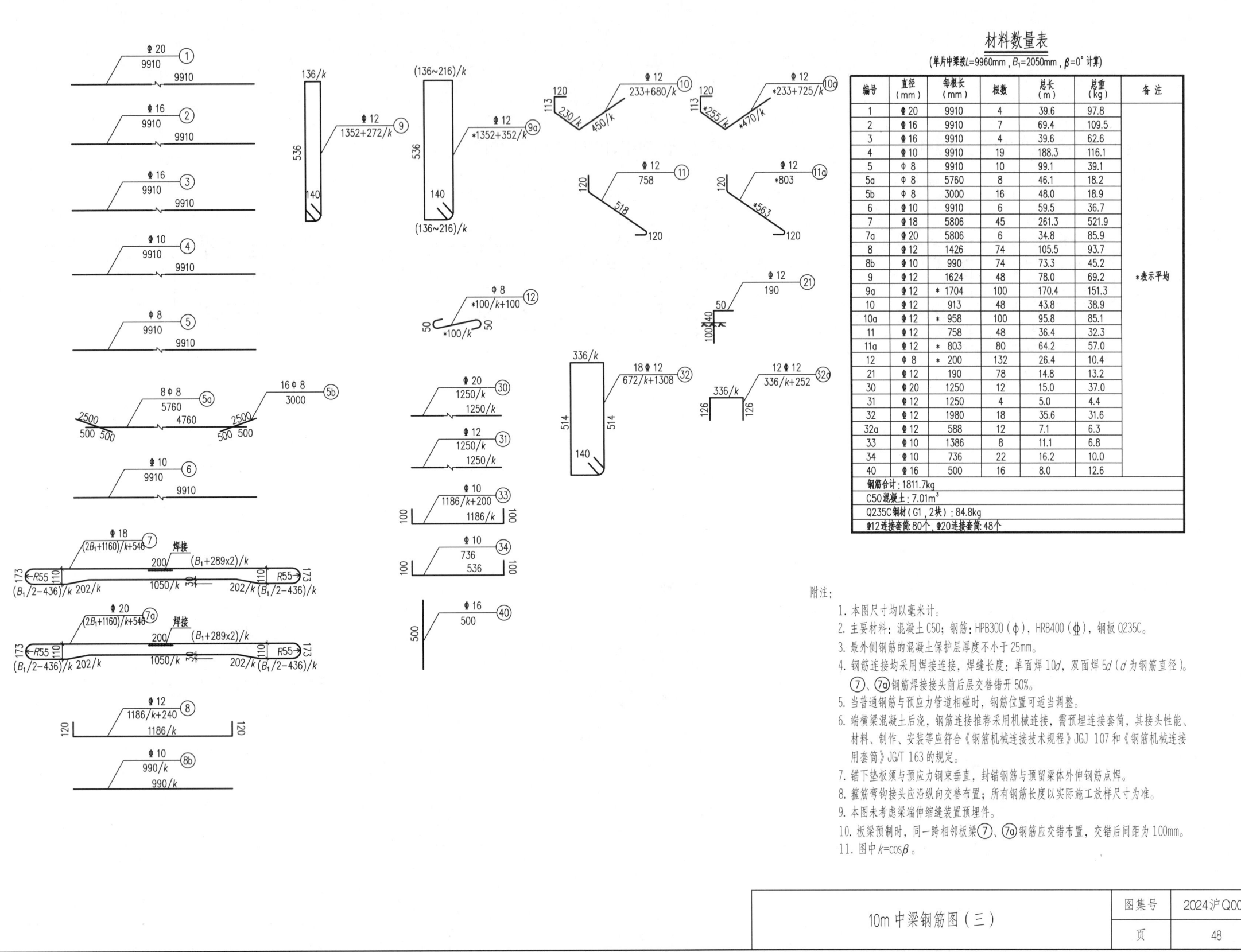

10m中梁钢筋图（三）

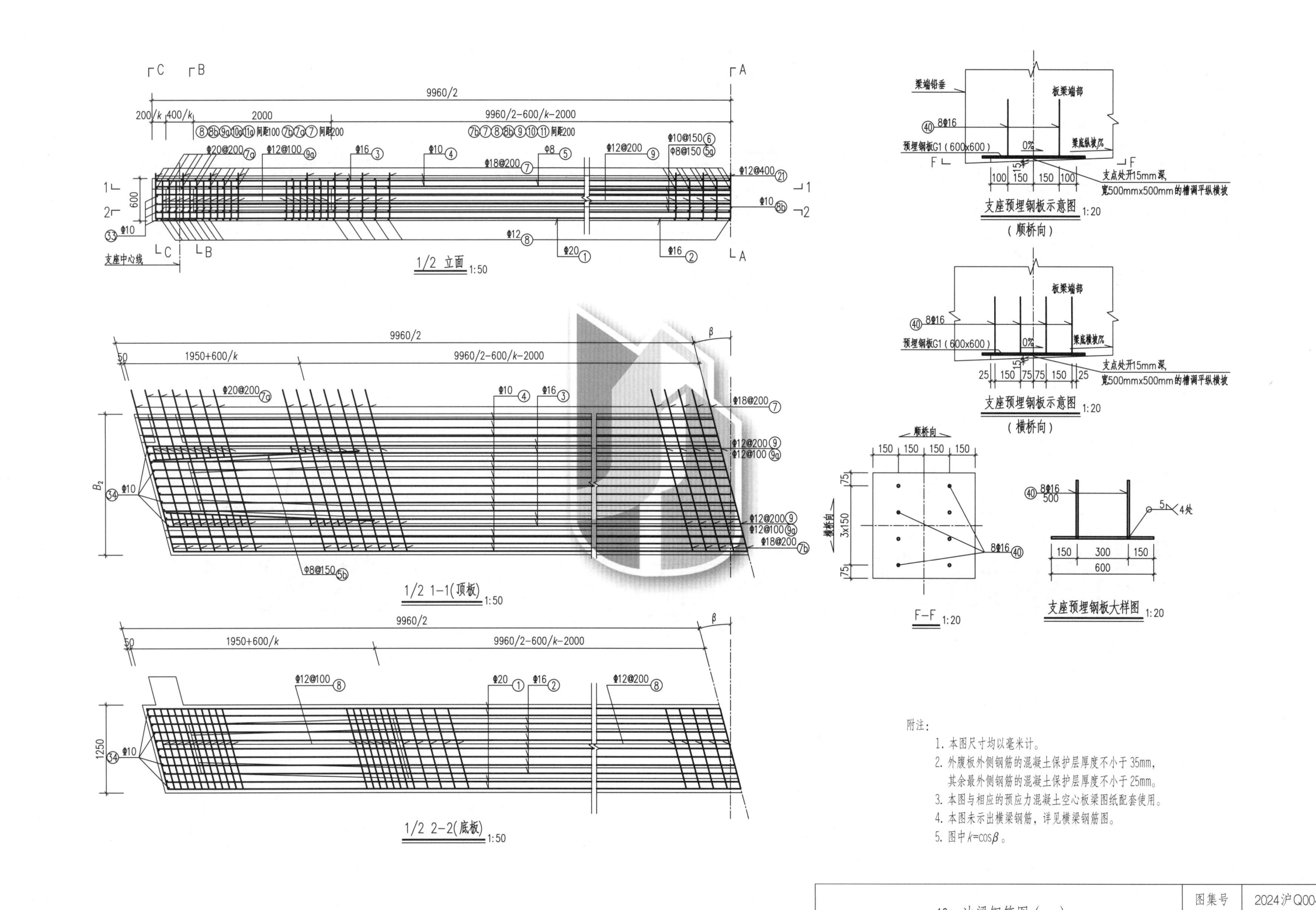

10m边梁钢筋图(一)

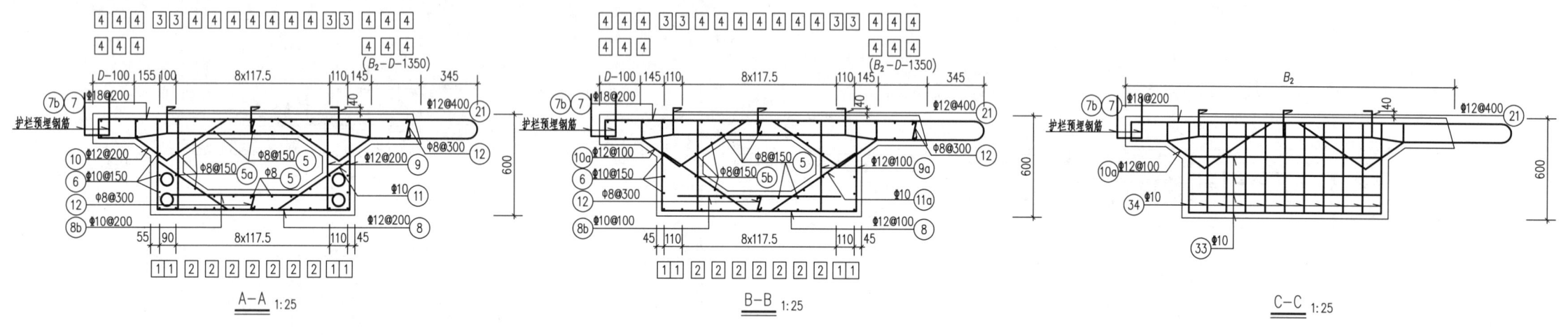

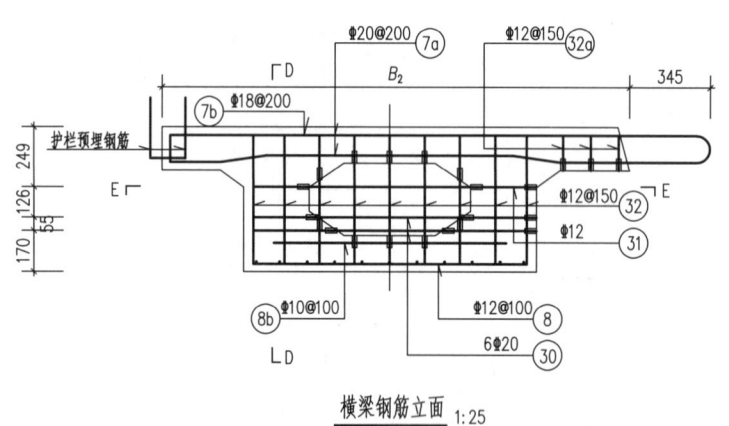

D-D 1:25

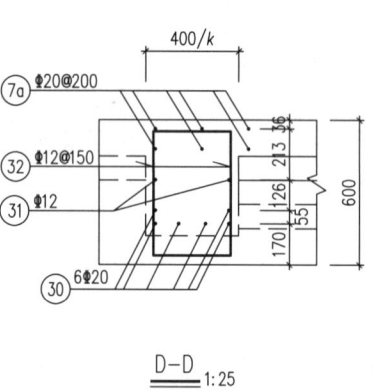

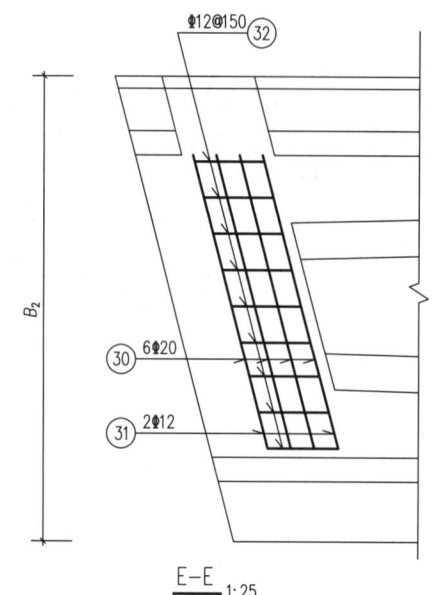

E-E 1:25

附注：
1. 本图尺寸均以毫米计。
2. 外腹板外侧钢筋的混凝土保护层厚度不小于35mm，其余最外侧钢筋的混凝土保护层厚度不小于25mm。
3. 图中 $k=\cos\beta$。

10m 边梁钢筋图（二）	图集号	2024沪Q004
	页	50

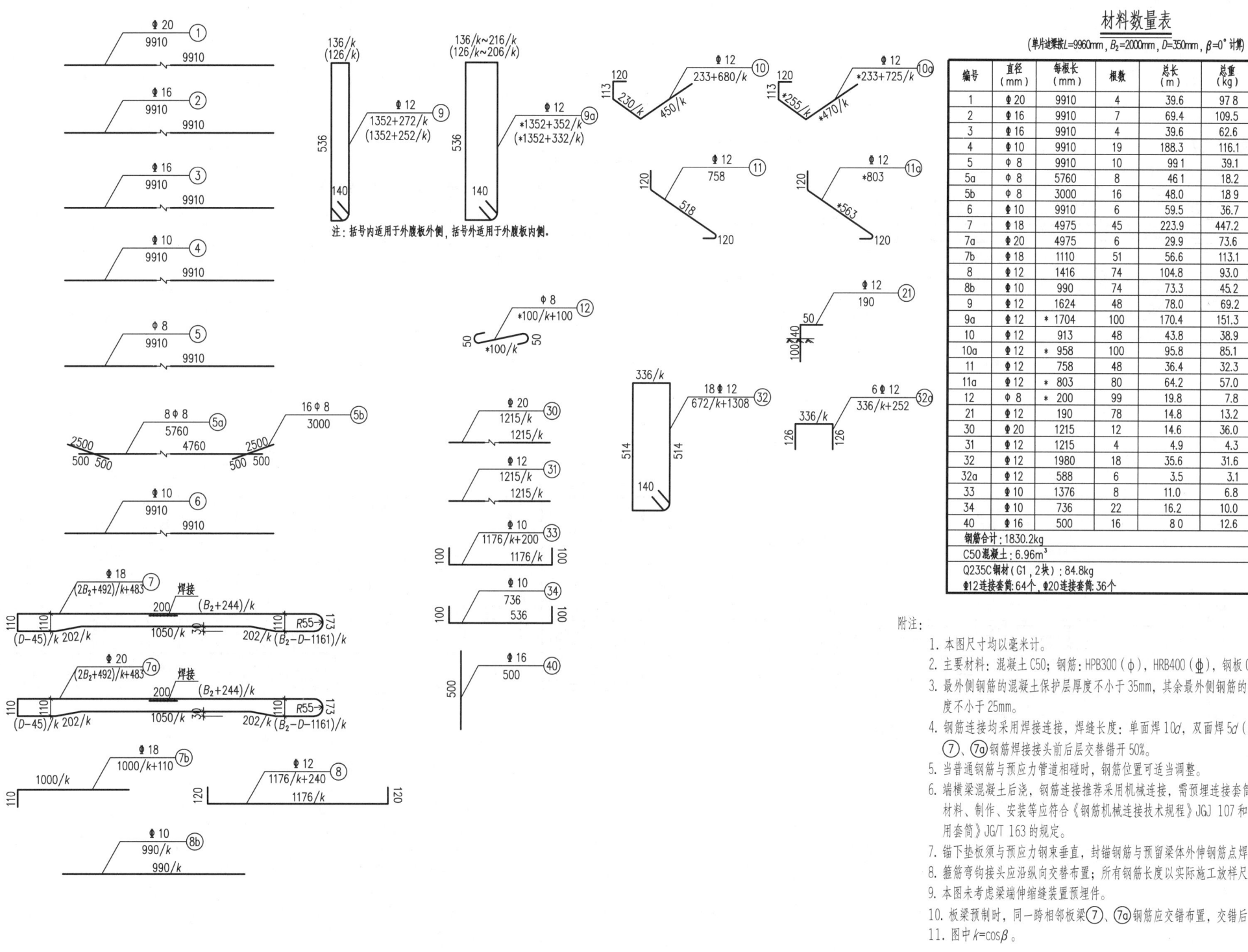

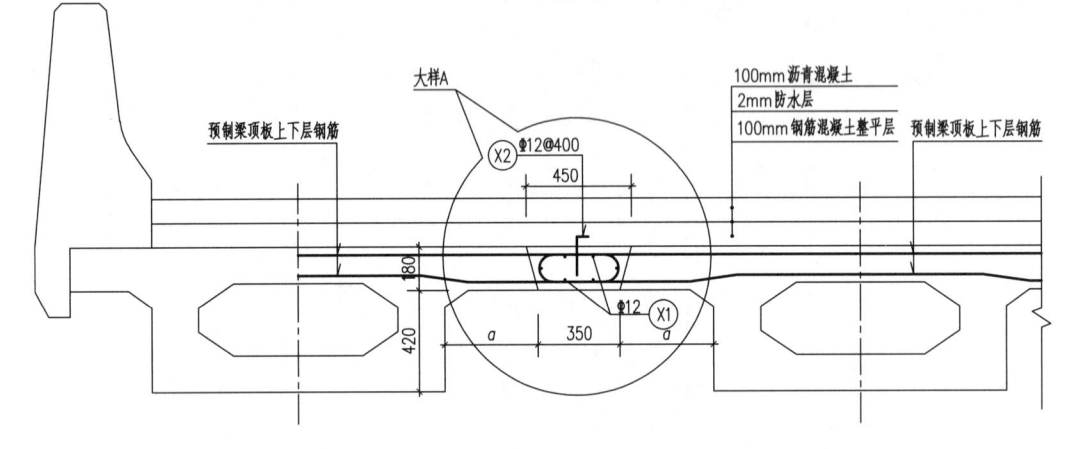

现浇桥面板钢筋布置 1:25

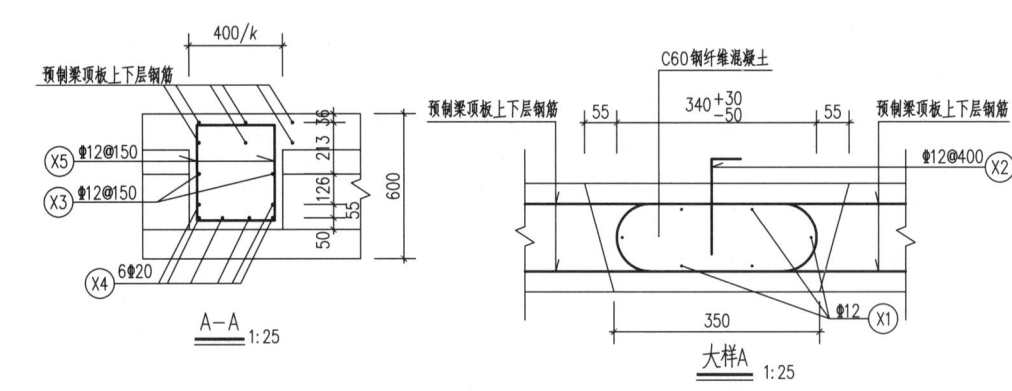

A-A 1:25

大样A 1:25

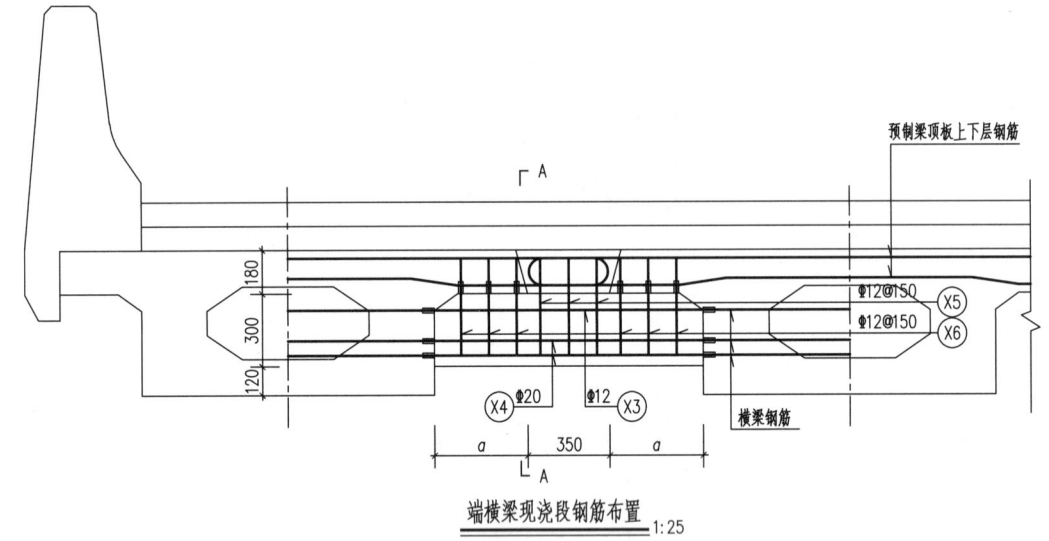

端横梁现浇段钢筋布置 1:25

钢筋大样表

编号	钢筋大样（mm）
X1	9910
X2	140 \ 50
X3	(350+2a)/k
X4	(350+2a)/k
X5	394 / 336/k / 140
X6	268 / 336/k

材料数量表

（本表按梁长 L=9960mm，a=400mm，按 β=0° 计算）

单个现浇段	编号	直径(mm)	每根长(mm)	根数	总长(m)	单位重(kg/m)	总重(kg)	单条缝合计
现浇湿接缝（每条）	X1	⌀12	9910	6	59.5	0.888	52.8	C60钢纤维混凝土：0.72m³ 钢筋总计：57.0kg
	X2	⌀12	190	25	4.8	0.888	4.2	
端横梁（两道）	X3	⌀12	1150	4	4.6	0.888	4.1	C60钢纤维混凝土：0.27m³ 钢筋总计：56.7kg
	X4	⌀20	1150	12	13.8	2.466	34.0	
	X5	⌀12	1740	6	10.4	0.888	9.3	
	X6	⌀12	875	12	10.5	0.888	9.3	

附注：
1. 本图尺寸均以毫米计。
2. 最外侧钢筋的混凝土保护层厚度不小于25mm。
3. 桥面板纵向钢筋与横梁钢筋有冲突时，桥面板钢筋可适当调整。
4. 接缝面处理按《公路桥涵施工技术规范》JTG 3650-2020 第6.11.6条执行，施工方需制定施工工艺，保证施工缝质量。
5. 端横梁混凝土后浇，钢筋连接推荐采用机械连接，需预埋连接套筒，其接头性能、材料、制作、安装等应符合《钢筋机械连接技术规程》JGJ 107和《钢筋机械连接用套筒》JG/T 163 的规定。
6. 湿接缝内预制梁横向钢筋搭接长度为 340mm$^{+30}_{-50}$。
7. 图中 $k=\cos\beta$。

10m 桥面板现浇缝

图集号 2024沪Q004

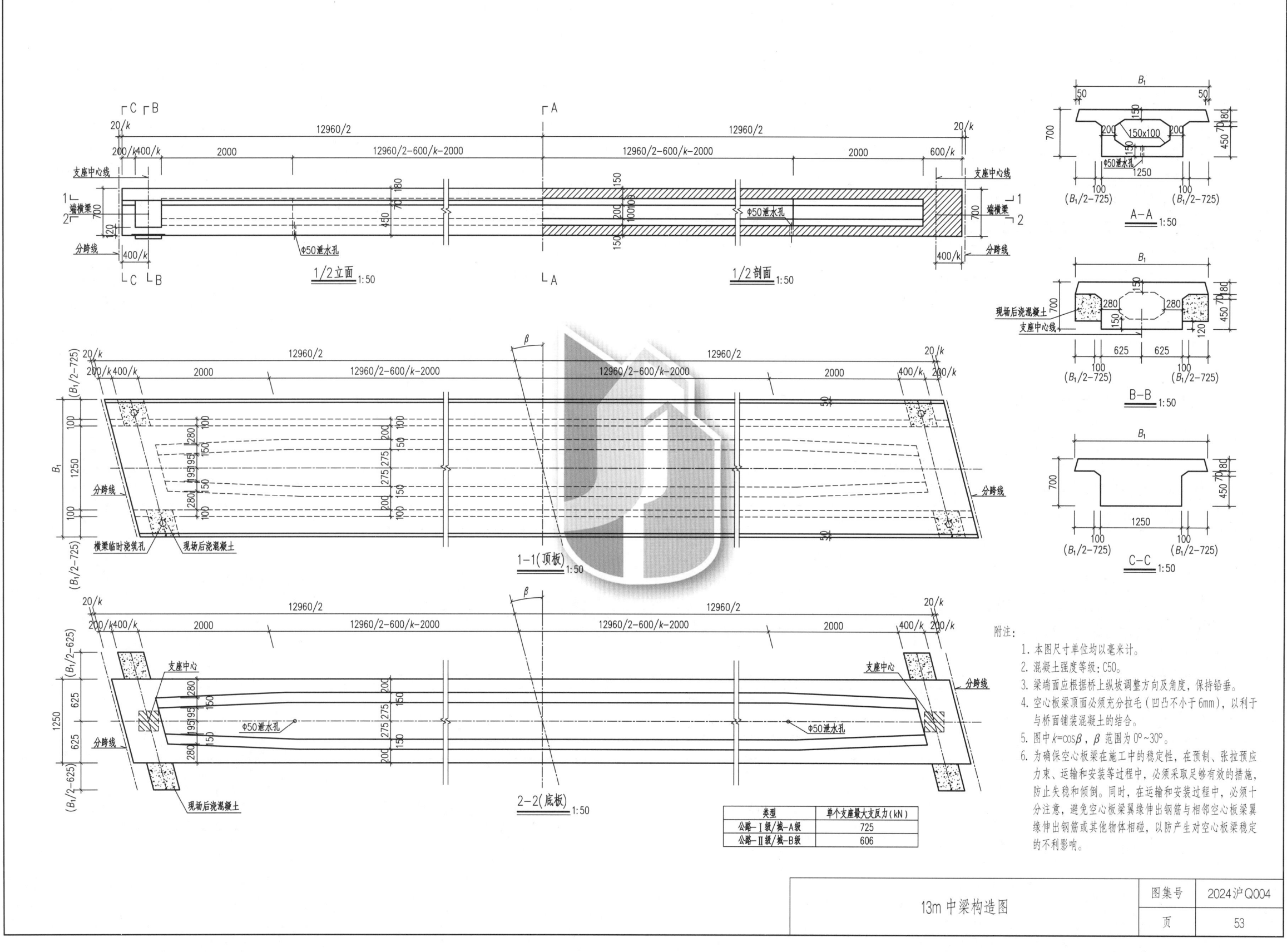

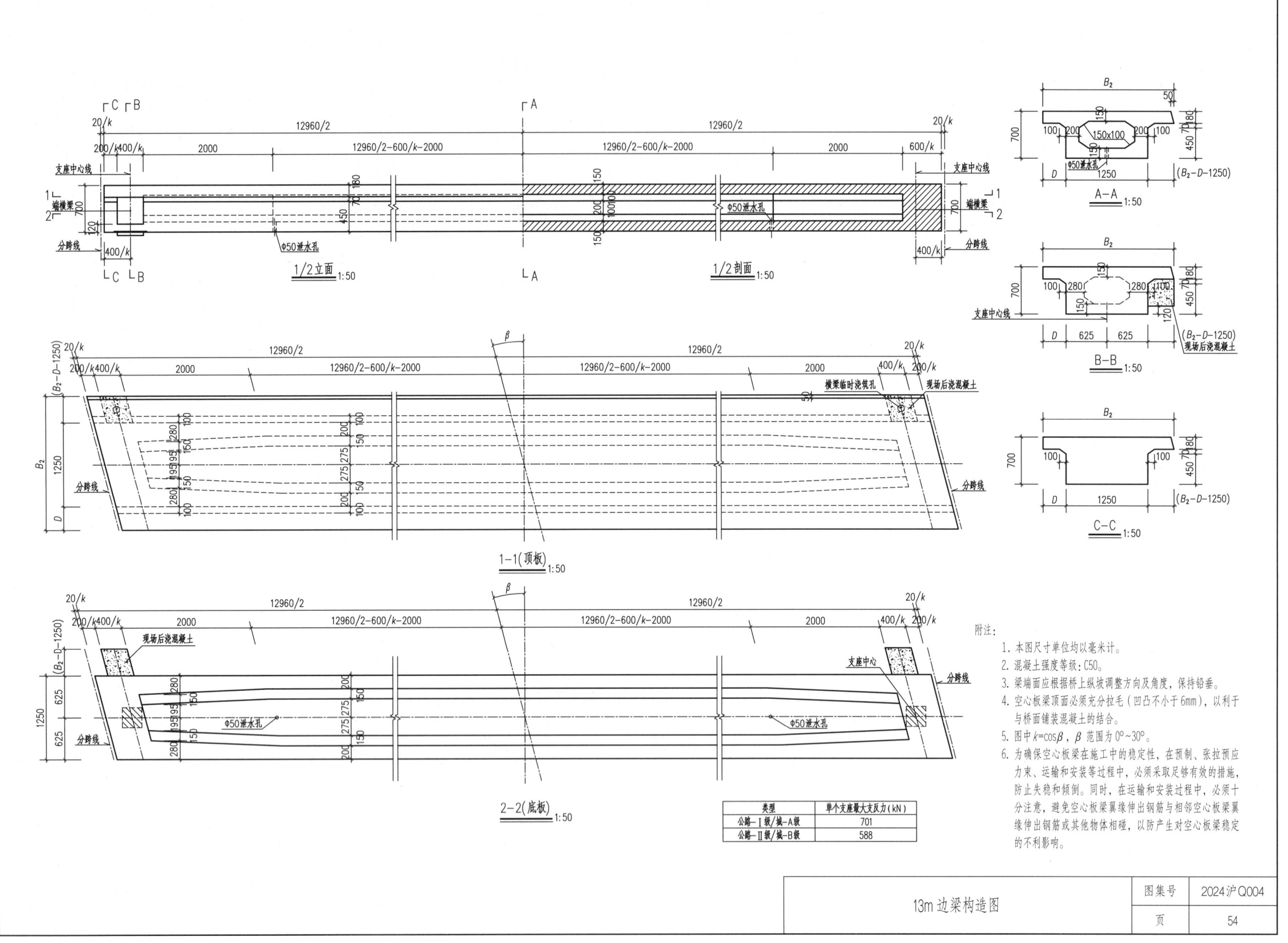

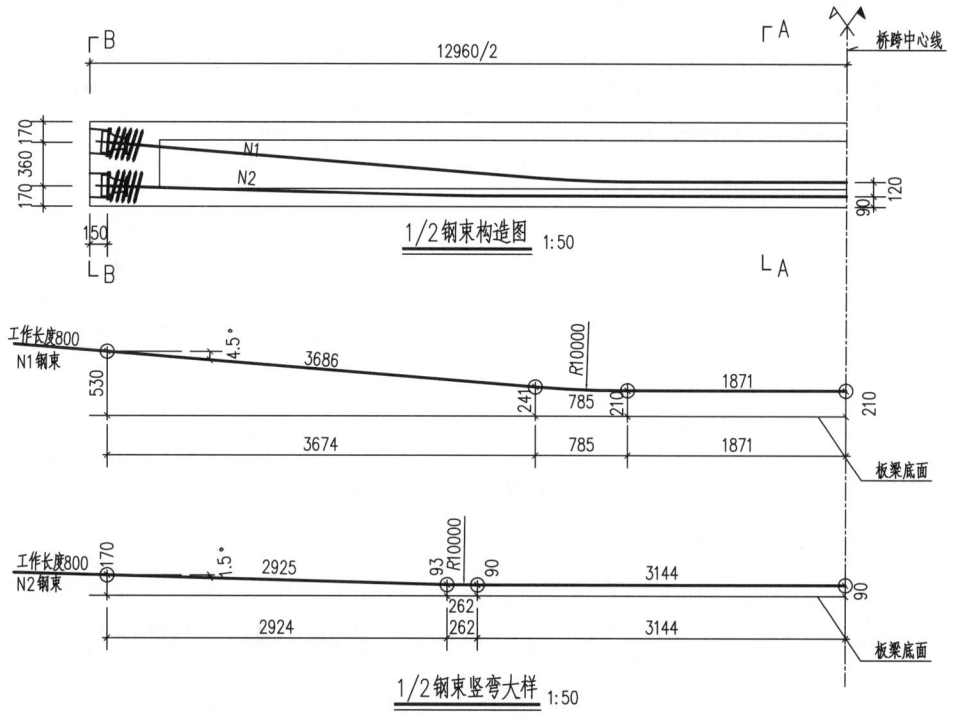

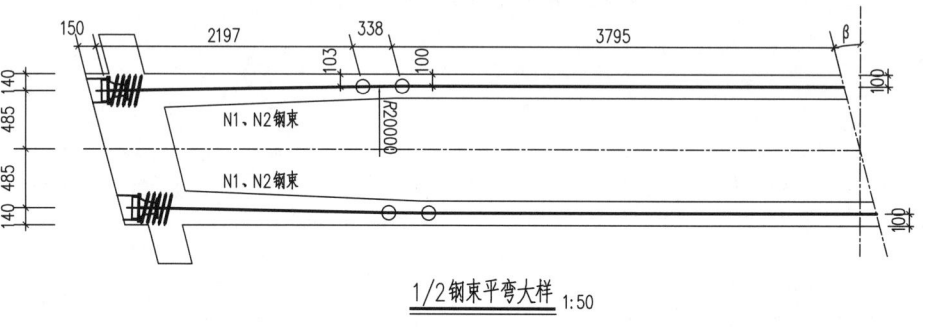

附注：
1. 本图尺寸单位均以毫米计。
2. 本图适用于中梁和边梁。
3. 本图仅示出半跨简支空心板梁的钢束，另半跨钢束参考本图对称布置。

13m 钢束图（一）

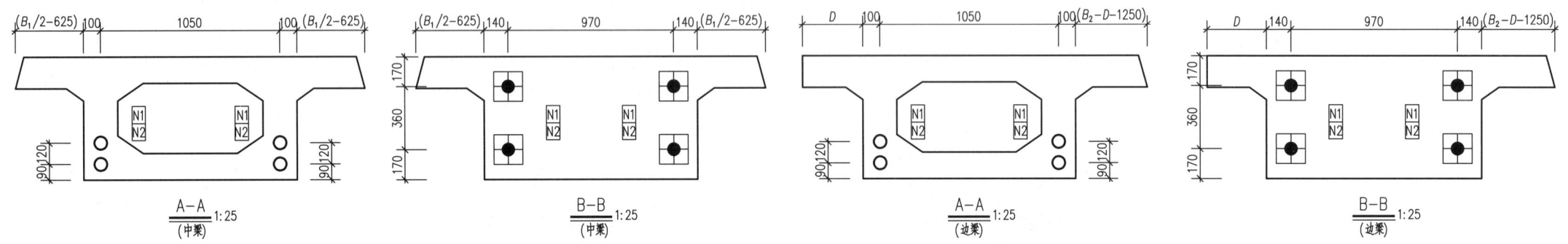

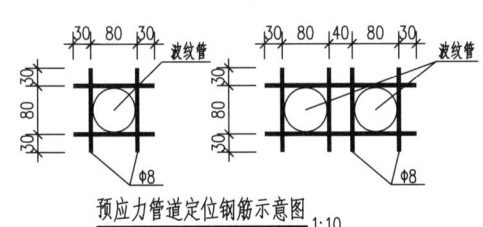

预应力管道定位钢筋示意图 1:10

预应力钢束材料表(公路—Ⅰ级/城—A级)
(边梁、中梁)

编号	型号	钢束单根长(mm)	钢束根数	钢束总长(m)	钢束总重(kg)	张拉端锚具(套) YJM15-5	YJM15-6	单根管道长(mm)	金属波纹管型号	管道数	管道总长(m)	每端引伸量 左侧/右侧(mm)	备注
N1	φ^{S}15.2-5	14284	2	28.6	157.3	4		12684	JBG-60 Z	2	25.4	45/45	两端张拉
N2	φ^{S}15.2-6	14262	2	28.5	188.5		4	12662	JBG-65 Z	2	25.3	45/45	两端张拉
合计				57.1	345.8	4	4				50.7		

注：本预应力钢束数量表按梁长12960mm计算。

预应力钢束材料表(公路—Ⅱ级/城—B级)
(边梁、中梁)

编号	型号	钢束单根长(mm)	钢束根数	钢束总长(m)	钢束总重(kg)	张拉端锚具(套) YJM15-5	YJM15-6	单根管道长(mm)	金属波纹管型号	管道数	管道总长(m)	每端引伸量 左侧/右侧(mm)	备注
N1	φ^{S}15.2-5	14284	2	28.6	157.3	4		12684	JBG-60 Z	2	25.4	45/45	两端张拉
N2	φ^{S}15.2-5	14262	2	28.5	157.0	4		12662	JBG-60 Z	2	25.3	45/45	两端张拉
合计				57.1	314.3	8					50.7		

注：本预应力钢束数量表按梁长12960mm计算。

附注：
1. 本图尺寸单位以毫米计。
2. 采用的预应力钢束应符合《预应力混凝土用钢绞线》GB/T 5224的规定，f_{pk}=1860MPa，E_p=1.95×10⁵MPa；采用的群锚体系应符合《预应力筋用锚具、夹具和连接器》GB/T 14370和《公路桥梁预应力钢绞线用锚具、夹具和连接器》JT/T 329的技术要求，配套锚固件须符合本工程的锚固构造及锚下局部承压强度要求。
3. 达到以下条件时方可张拉预应力束：混凝土强度与弹性模量均达到设计的90%；日平均温度≥20℃时，龄期不小于5d；日平均温度<20℃时，且龄期不小于7d后。张拉程序：0→初应力（0.1$σ_{con}$）→1.0$σ_{con}$→作持荷5mm锚固，$σ_{con}$为预应力钢绞线锚下张拉控制应力；张拉工艺及要求按照《公路桥涵施工技术规范》JTG/T 3650中的相关规定执行。
4. 锚垫板位置及尺寸要求准确，锚垫板必须与预应力管道垂直；预应力钢束张拉后，应在距锚头3cm处切割，严禁采用电弧切割。
5. 预应力钢绞线锚下张拉控制应力为0.75f_{pk}，钢束张拉次序为N1→N2，同一编号钢束宜对称张拉。采用双控，以张拉力为主，引伸量作为参考。

6. 采用的预应力管道应为符合《预应力混凝土用金属波纹管》JG/T 225要求的增强型镀锌金属波纹管（μ=0.2，k=0.0015），预应力管道定位钢筋直线段按0.75m设置一组，曲线段按0.5m设置一组。按梁长L=12960mm计，每片刚接板梁的管道定位钢筋为17.7kg。
7. 现浇混凝土时要注意保证预应力管道的通畅，预应力张拉完毕后，预应力管道内应及时真空压浆，并满足《公路桥涵施工技术规范》JTG/T 3650-2020中表7.9.3的相关要求。
8. 预应力钢束孔道与普通钢筋位置发生冲突时，普通钢筋的位置可适当调整，但在封锚时钢筋必须焊接恢复。张拉槽处钢筋长度以实际施工放样为准。
9. 刚接板梁的施工工艺及技术要求严格按照《公路桥涵施工技术规范》JTG/T 3650的有关规定及本图集"设计说明"执行。
10. 图中材料数量表均按标准梁长计算，当梁长变化时，应对直线段钢束作相应调整。

13m钢束图（二） | 图集号 2024沪Q004 | 页 56

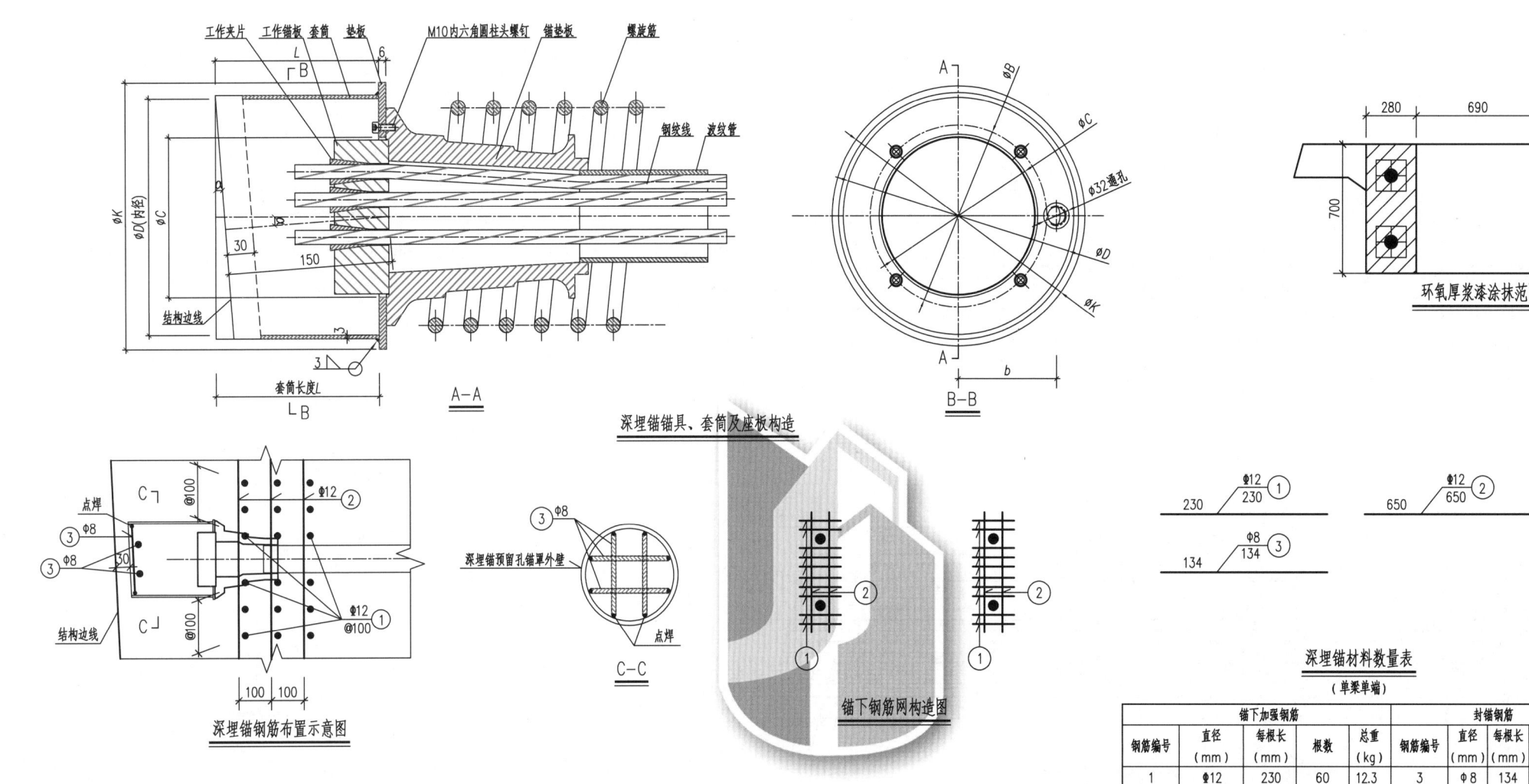

深埋锚锚具、套筒及座板构造

锚下钢筋网构造图

深埋锚钢筋布置示意图

深埋锚材料数量表
（单梁单端）

锚下加强钢筋					封锚钢筋			
钢筋编号	直径(mm)	每根长(mm)	根数	总重(kg)	钢筋编号	直径(mm)	每根长(mm)	根数	总重(kg)
1	⌂12	230	60	12.3	3	Φ8	134	16	0.8
2	⌂12	650	12	6.9					
合计				19.2					

深埋锚具参数表

规格	深埋套筒(mm)						单件重(kg)	M10×35螺栓(个)
	ØB	b	ØC	ØD	ØK	L		
Φˢ15.2-5	Ø135	79	Ø119	Ø196	Ø214	150/cosα+Dxtanα/2	$(3DL+1.5K^2)\times\pi\times7850/10^9$	4
Φˢ15.2-6	Ø145	85	Ø130	Ø208	Ø226	150/cosα+Dxtanα/2	$(3DL+1.5K^2)\times\pi\times7850/10^9$	4

附注：
1. 本图尺寸单位均以毫米计。
2. 钢套筒采用壁厚 t=6mm 的直缝电焊钢管（GB/T 13793），底板采用厚度 t=6mm 钢板，钢套筒及底板材料均为 Q235C 钢材。
3. 钢套筒底板与锚垫板之间采用 4 个 M10×35（GB/T 5781）螺栓连接，连接前应预先在锚垫板上攻丝并在钢套筒座板相应位置上打孔。
4. 钢套筒与底板间距如太小而无法放置螺栓时，可适当调整螺栓位置，但应保证螺栓对称布置。
5. 浇注主梁混凝土前应封堵钢套筒，防止混凝土进入钢套筒内。
6. 因套筒截断的箱梁钢筋应弯折后与套筒焊接，单面焊10d，双面焊5d（d 为钢筋直径）。钢筋大样：
7. 锚具安装孔孔距及钢套筒中心长度由现场放样确定。
8. 深埋锚钢套筒及座板构造尺寸可根据实际采购的产品进行调整。
9. 深埋锚钢套筒封锚后，在梁端面涂抹一层环氧厚浆漆，厚度为 120μm。
10. 封锚混凝土建议采用细石混凝土。

	13m 钢束图（三）	图集号	2024沪Q004
		页	57

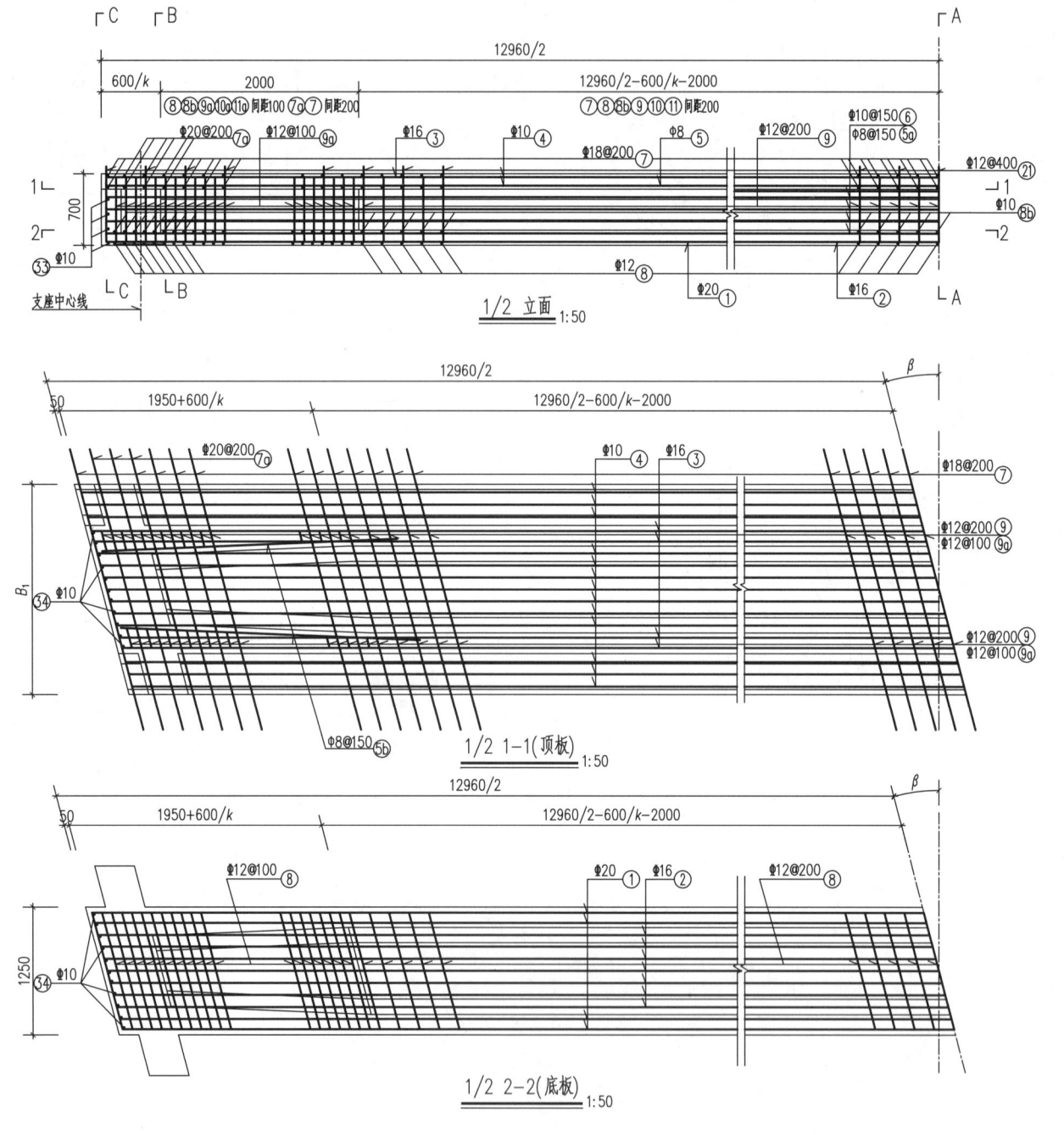
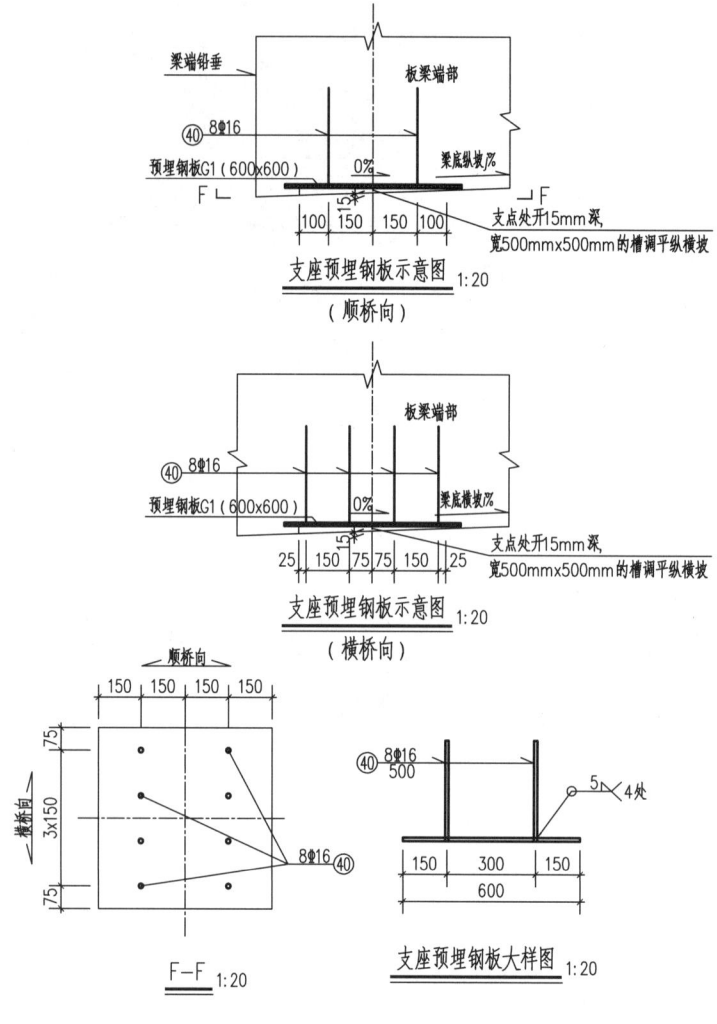

附注:
1. 本图尺寸均以毫米计。
2. 最外侧钢筋的混凝土保护层厚度不小于25mm。
3. 本图与相应的预应力混凝土空心板梁图纸配套使用。
4. 本图未示出横梁钢筋，详见横梁钢筋图。
5. 图中 $k=\cos\beta$。

13m 中梁钢筋图（一）

图集号 2024沪Q004

页 58

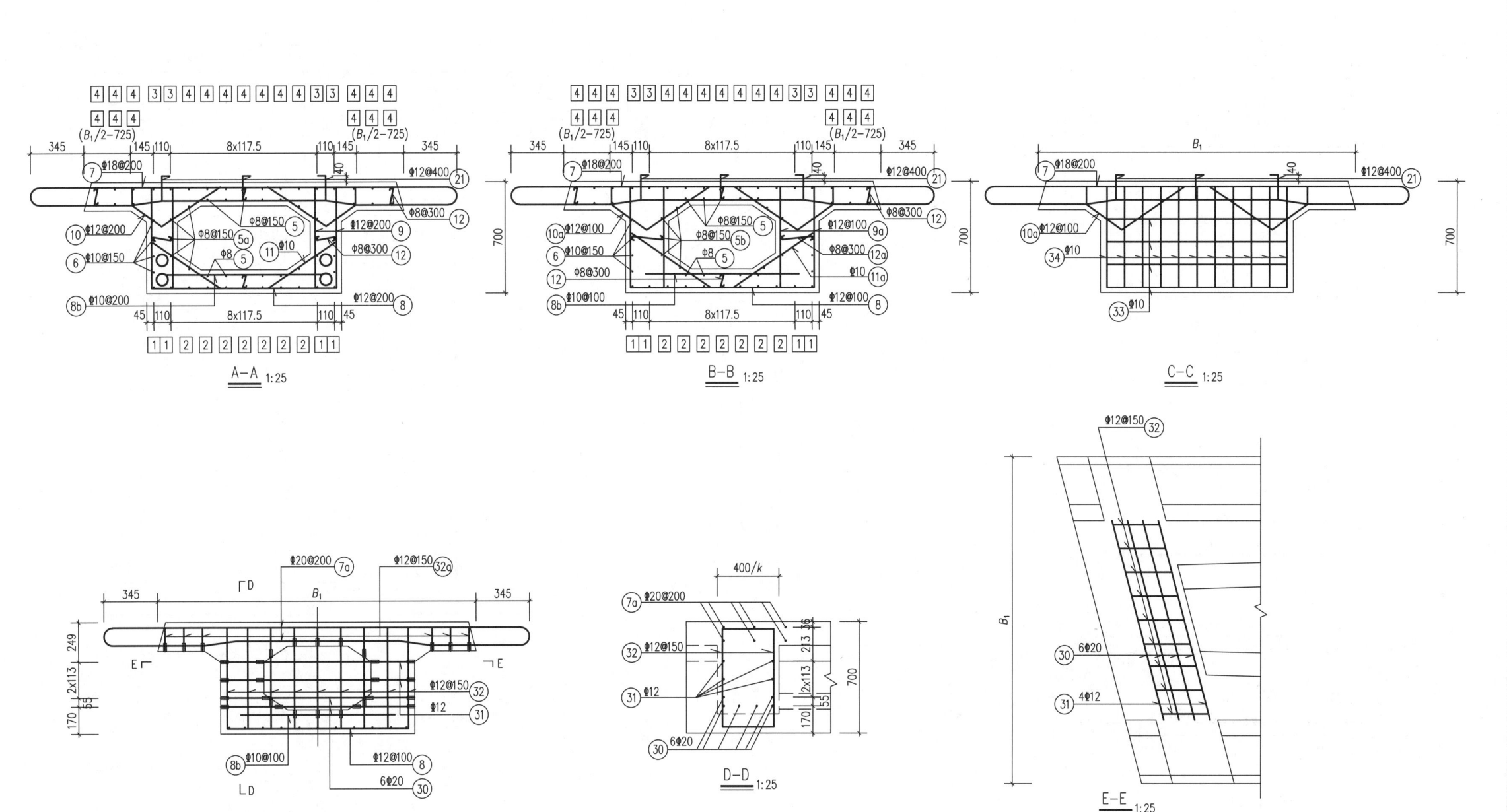

附注：
1. 本图尺寸均以毫米计。
2. 最外侧钢筋的混凝土保护层厚度不小于25mm。
3. 图中 $k=\cos\beta$。

13m 中梁钢筋图（二）

图集号 2024沪Q004

页 59

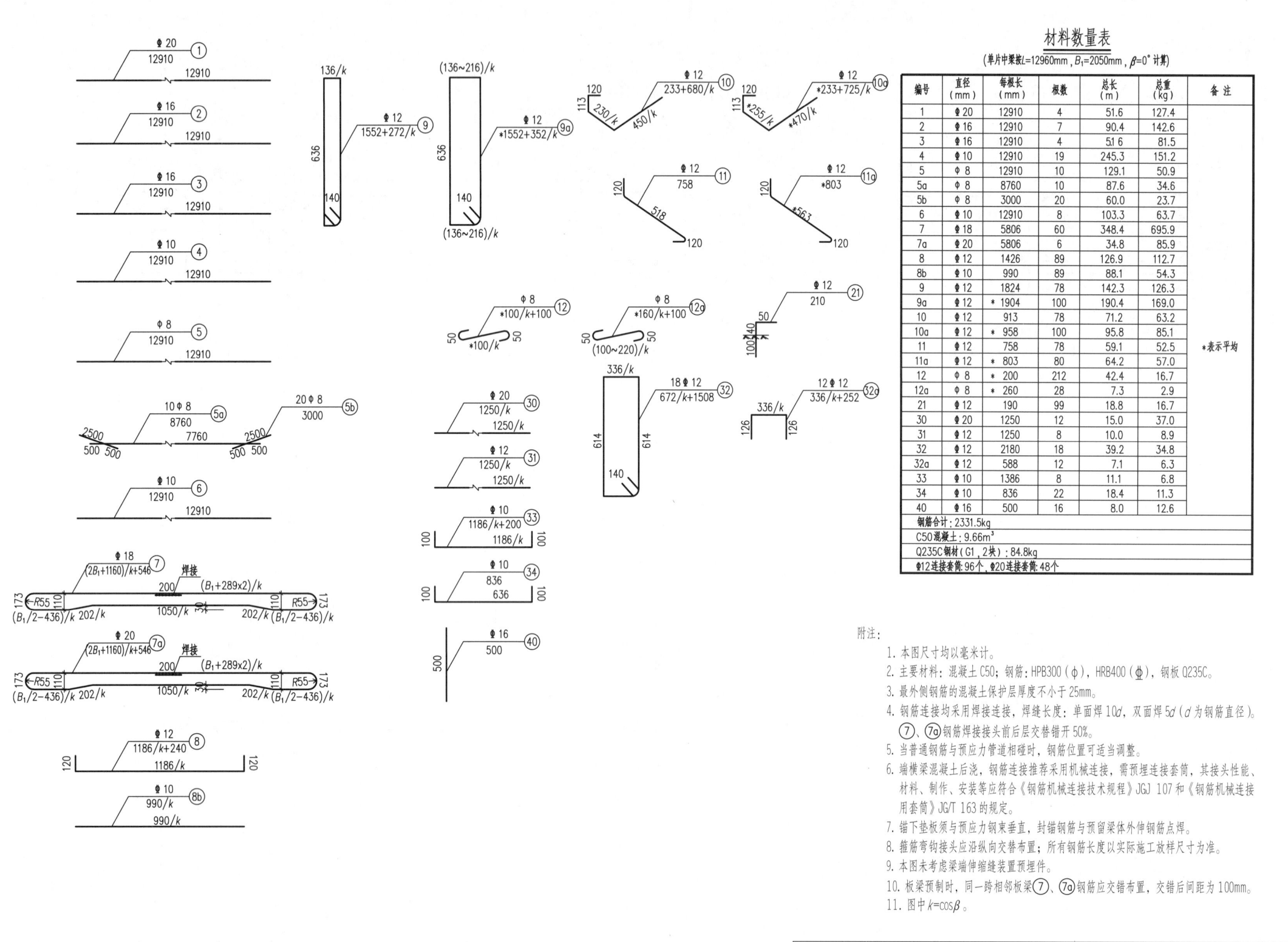

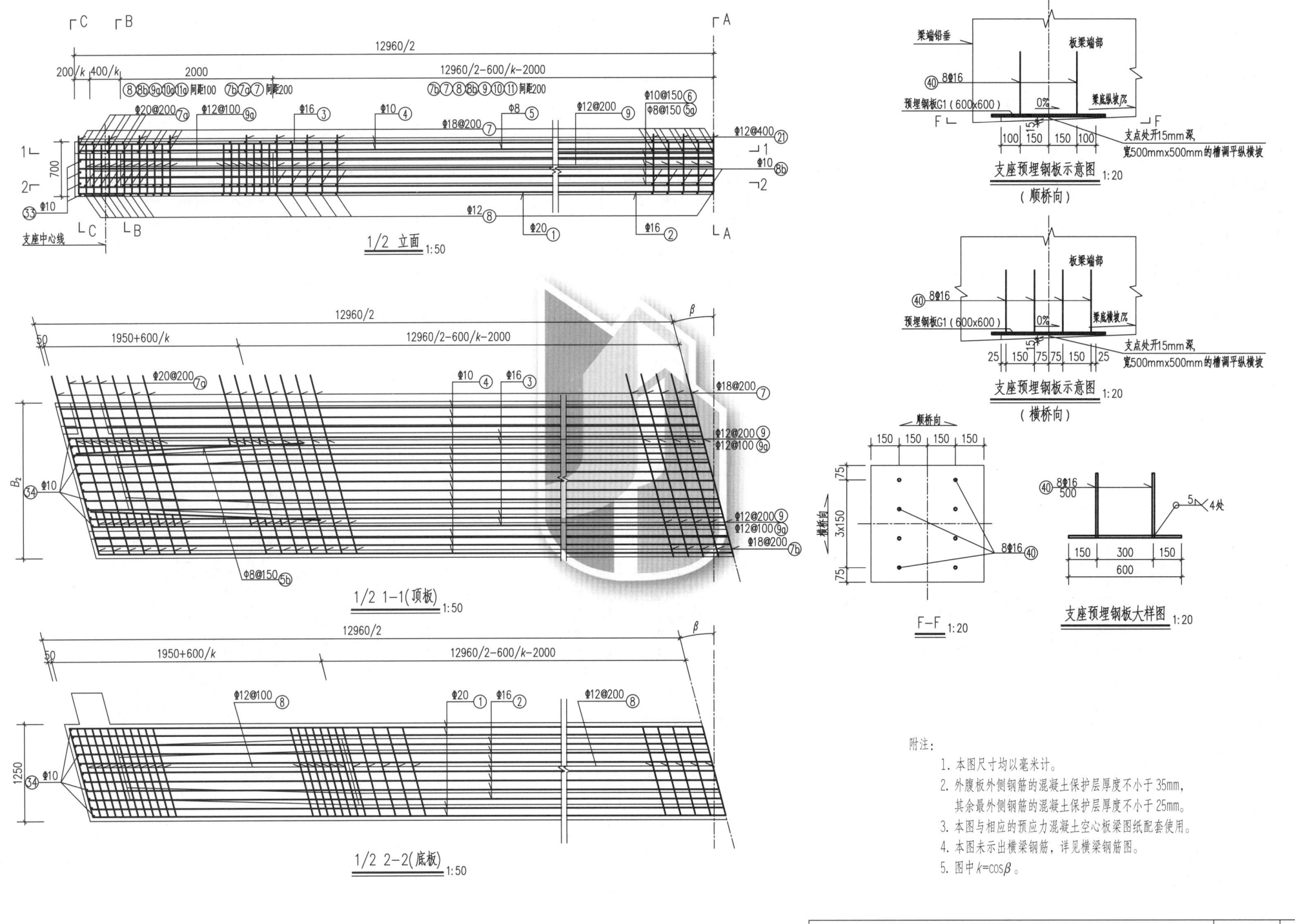

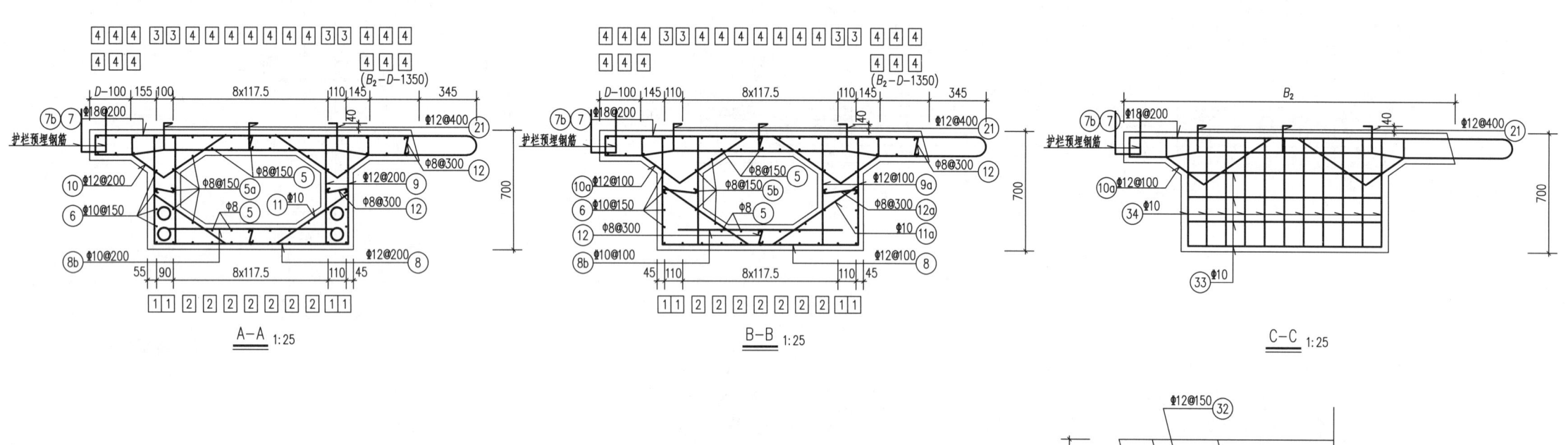
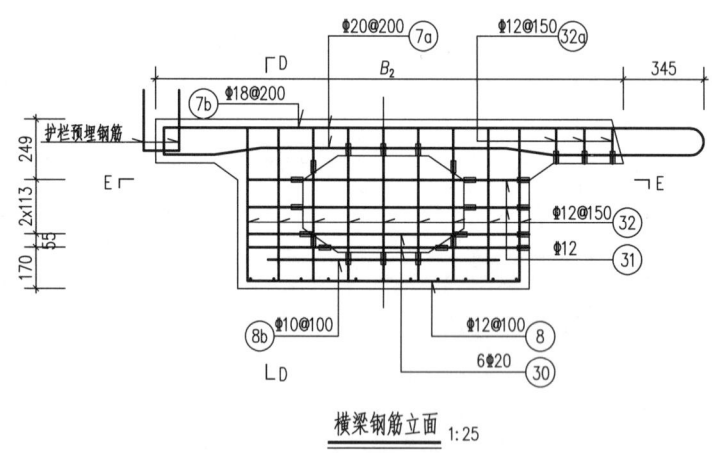
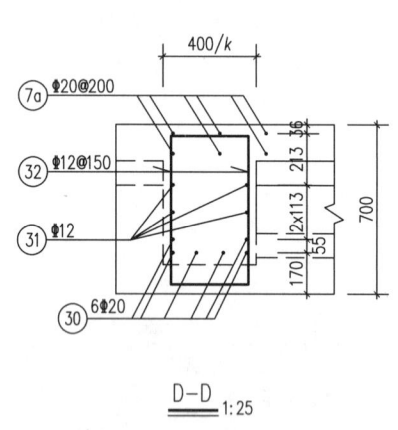
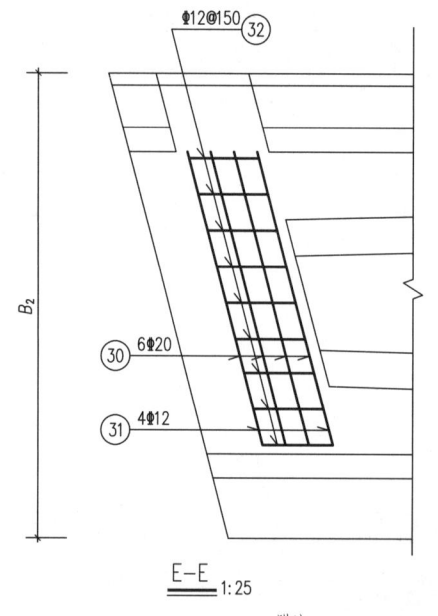

附注：
1. 本图尺寸均以毫米计。
2. 外腹板外侧钢筋的混凝土保护层厚度不小于35mm，其余最外侧钢筋的混凝土保护层厚度不小于25mm。
3. 图中 $k=\cos\beta$。

13m 边梁钢筋图（二）

图集号 2024沪Q004

页 62

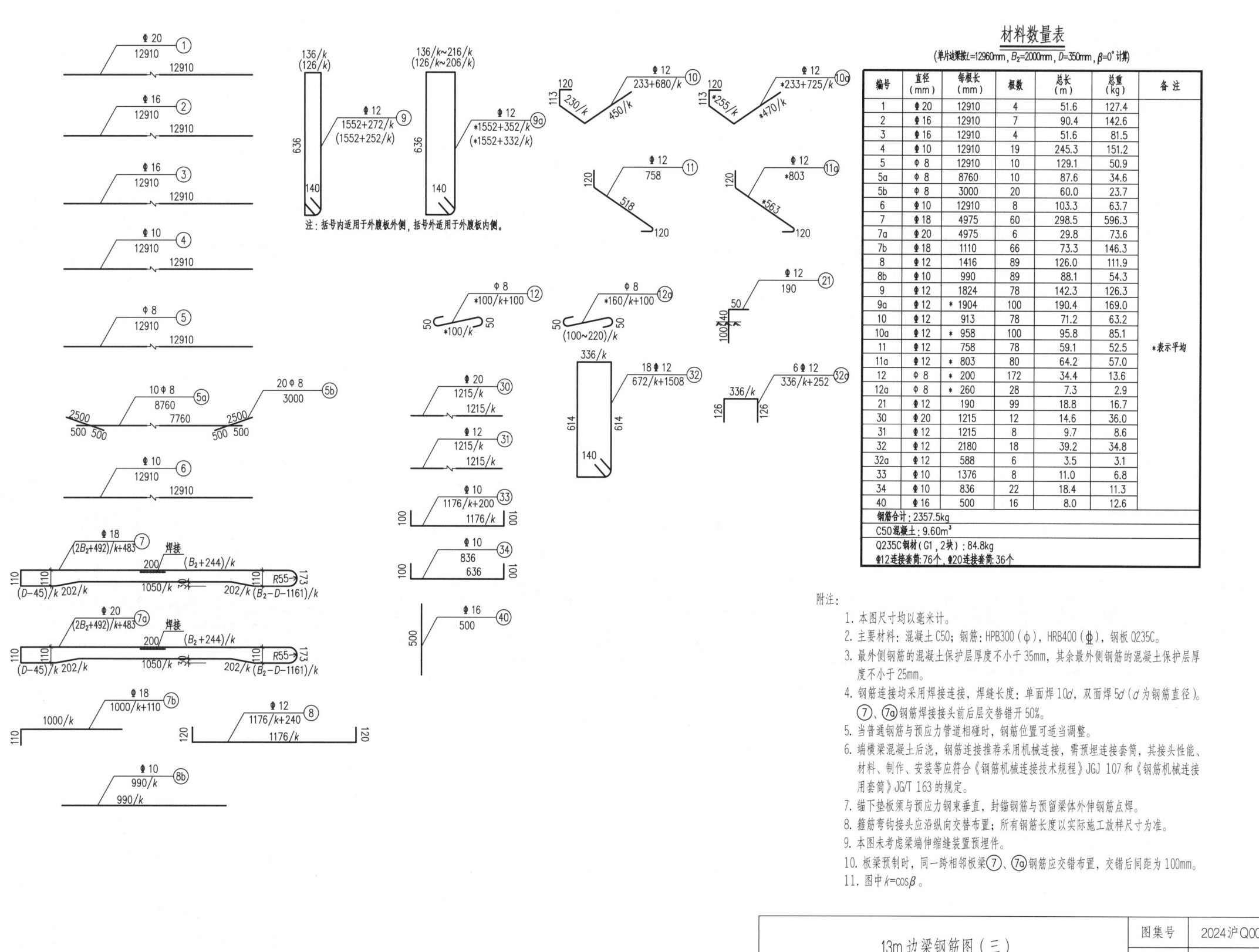

13m边梁钢筋图（三）

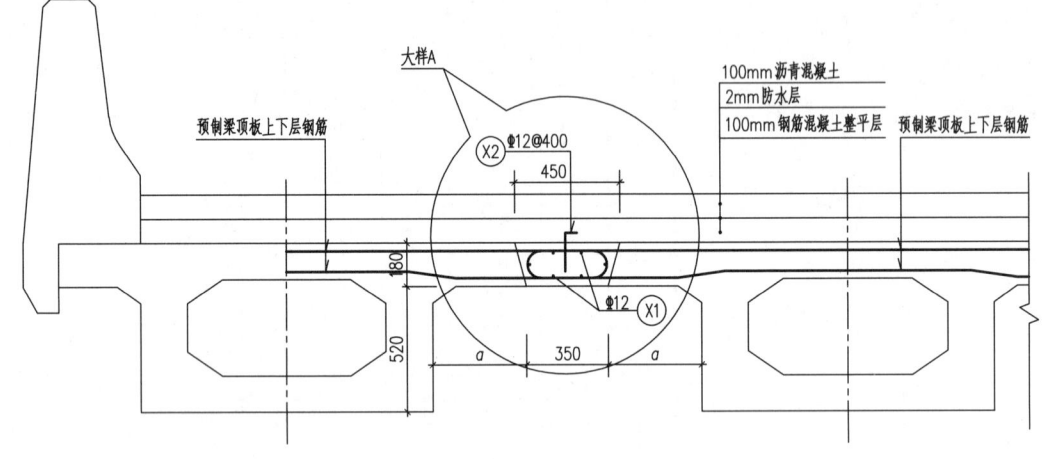
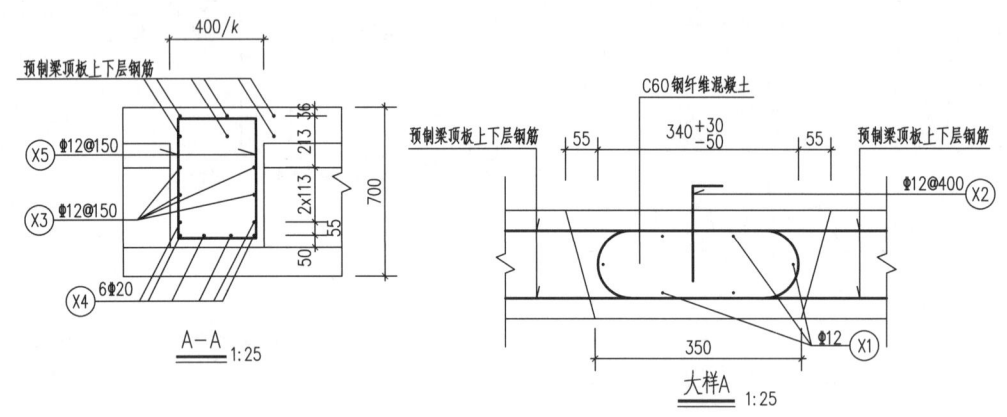

现浇桥面板钢筋布置 1:25

A-A 1:25

大样A 1:25

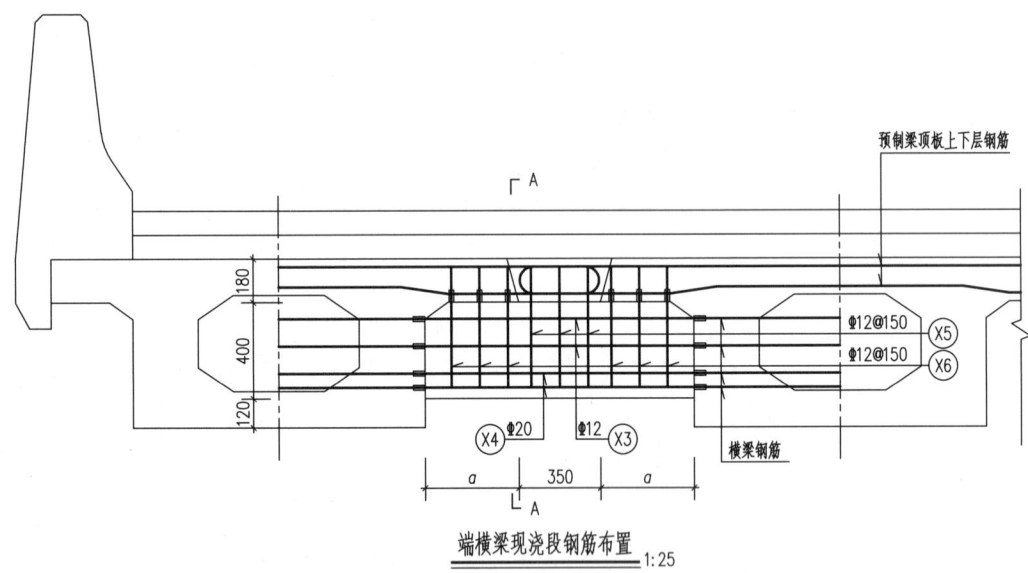

端横梁现浇段钢筋布置 1:25

钢筋大样表

编号	钢筋大样（mm）
X1	12910
X2	50 / 100 / 40
X3	(350+2a)/k
X4	(350+2a)/k
X5	336 / 494 / 140
X6	368 / 336/k

材料数量表

（本表按梁长L=12960mm，a=400mm，按β=0°计算）

	编号	直径（mm）	每根长（mm）	根数	总长（m）	单位重（kg/m）	总重（kg）	单条缝合计
现浇湿接缝（每条）	X1	Φ12	12910	6	77.5	0.888	68.8	C60钢纤维混凝土：0.93m³ 钢筋总计：74.4kg
	X2	Φ12	190	33	6.3	0.888	5.6	
端横梁（两道）	X3	Φ12	1150	8	9.2	0.888	8.2	C60钢纤维混凝土：0.36m³ 钢筋总计：64.0kg
	X4	Φ20	1150	12	13.8	2.466	34.0	
	X5	Φ12	1940	6	11.6	0.888	10.3	
	X6	Φ12	1072	12	12.9	0.888	11.4	

附注：
1. 本图尺寸均以毫米计。
2. 最外侧钢筋的混凝土保护层厚度不小于25mm。
3. 桥面板纵向钢筋与横梁钢筋有冲突时，桥面板钢筋可适当调整。
4. 接缝面处理按《公路桥涵施工技术规范》JTG 3650-2020 第 6.11.6 条执行，施工方需制定施工工艺，保证施工缝质量。
5. 端横梁混凝土后浇，钢筋连接推荐采用机械连接，需预埋连接套筒，其接头性能、材料、制作、安装等应符合《钢筋机械连接技术规程》JGJ 107和《钢筋机械连接用套筒》JG/T 163 的规定。
6. 湿接缝内预制梁横向钢筋搭接长度为340mm$^{+30}_{-50}$。
7. 图中 $k=\cos\beta$。

13m 桥面板现浇缝	图集号	2024沪Q004
	页	64

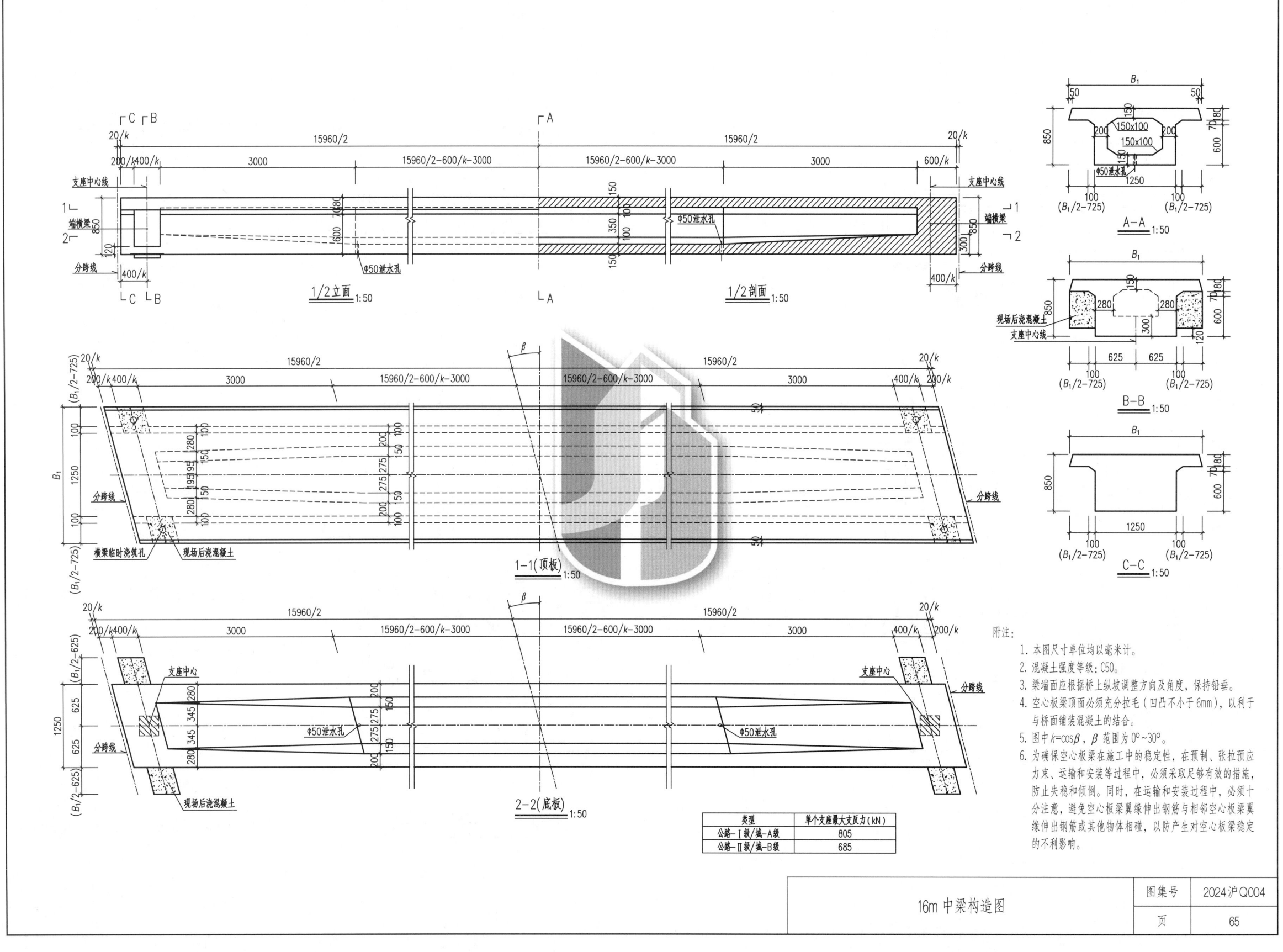

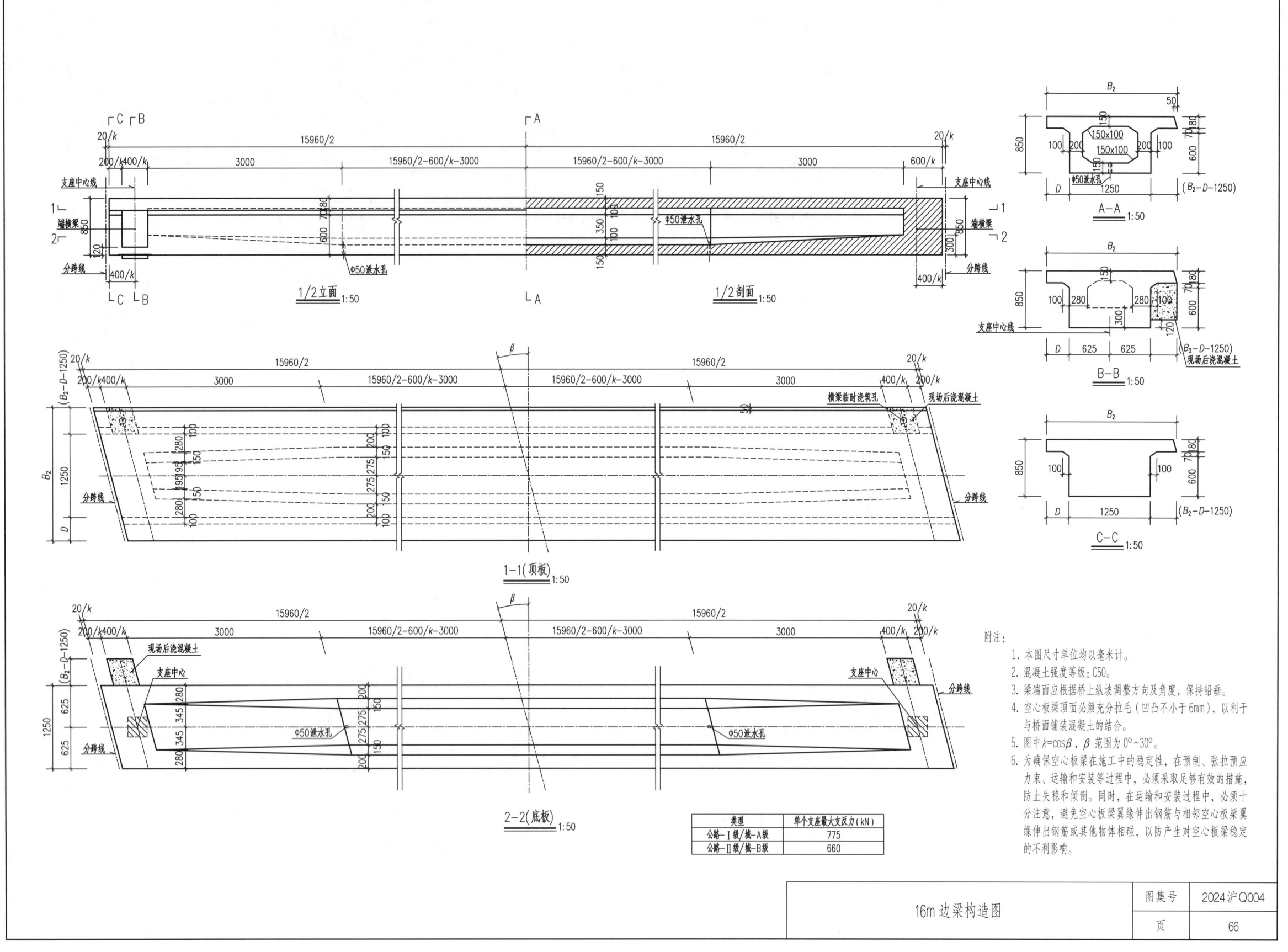

16m边梁构造图

图集号 2024沪Q004
页 66

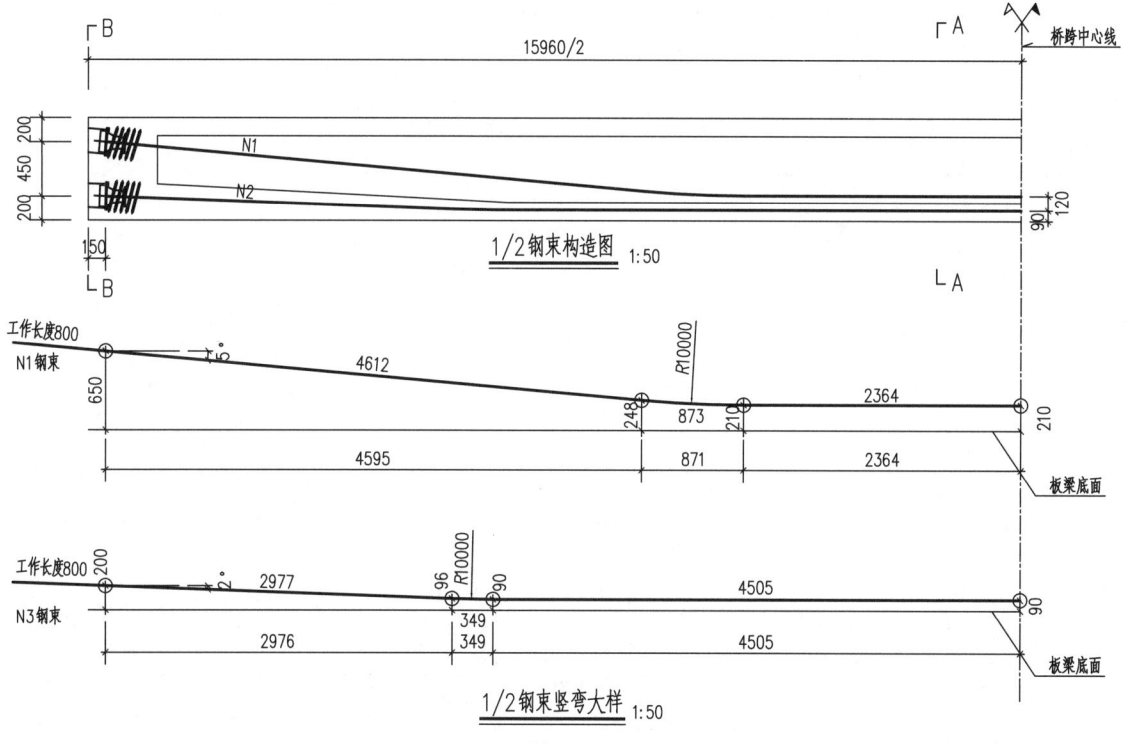

附注：
1. 本图尺寸单位均以毫米计。
2. 本图适用于中梁和边梁。
3. 本图仅示出半跨简支空心板梁的钢束，另半跨钢束参考本图对称布置。

16m 钢束图（一）

图集号 2024沪Q004
页 67

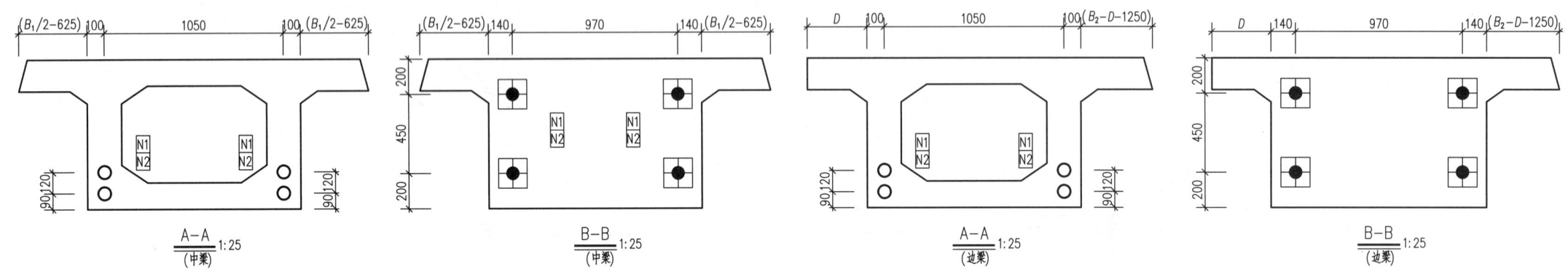

预应力钢束材料表(公路—Ⅰ级/城—A级)
(边梁、中梁)

编号	型号	钢束单根长(mm)	钢束根数	钢束总长(m)	钢束总重(kg)	张拉端锚具(套) YJM15-5	张拉端锚具(套) YJM15-6	单根管道长(mm)	金属波纹管型号	管道数	管道总长(m)	每端引伸量 左侧/右侧(mm)	备注
N1	$\phi^S 15.2-6$	17297	2	34.6	228.5		4	15697	JBG-65 Z	2	31.4	55/55	两端张拉
N2	$\phi^S 15.2-6$	17264	2	34.5	228.1		4	15664	JBG-65 Z	2	31.3	55/55	两端张拉
合计				69.1	456.6		8				62.7		

注：本预应力钢束数量表按梁长15960mm计算。

预应力钢束材料表(公路—Ⅱ级/城—B级)
(边梁、中梁)

编号	型号	钢束单根长(mm)	钢束根数	钢束总长(m)	钢束总重(kg)	张拉端锚具(套) YJM15-5	张拉端锚具(套) YJM15-6	单根管道长(mm)	金属波纹管型号	管道数	管道总长(m)	每端引伸量 左侧/右侧(mm)	备注
N1	$\phi^S 15.2-5$	17297	2	34.6	190.4	4		15697	JBG-60 Z	2	31.4	55/55	两端张拉
N2	$\phi s 15.2-6$	17264	2	34.5	228.1		4	15664	JBG-65 Z	2	31.3	55/55	两端张拉
合计				69.1	418.5	4	4				62.7		

注：本预应力钢束数量表按梁长15960mm计算。

附注：
1. 本图尺寸单位以毫米计。
2. 采用的预应力钢束应符合《预应力混凝土用钢绞线》GB/T 5224 的规定，$f_{pk}=1860$MPa，$E_p=1.95\times10^5$MPa；采用的群锚体系应符合《预应力筋用锚具、夹具和连接器》GB/T 14370 和《公路桥梁预应力钢绞线用锚具、夹具和连接器》JT/T 329 的技术要求，配套锚固件须符合本工程的锚固构造及锚下局部承压强度要求。
3. 达到以下条件时方可张拉预应力束：混凝土强度及弹性模量均达到设计的90%；日平均温度≥20℃时，龄期不小于5d；日平均温度<20℃时，且龄期不小于7d后。张拉程序：0→初应力（$0.1\sigma_{con}$）→$1.0\sigma_{con}$→作持荷5mm锚固，σ_{con}为预应力钢绞线下张拉控制应力；张拉工艺及要求按照《公路桥涵施工技术规范》JTG/T 3650 相关规定执行。
4. 锚垫板位置及尺寸要求准确，锚垫板必须与预应力管道垂直；预应力钢束张拉后，应在距锚头3cm处切割，严禁采用电弧切割。
5. 预应力钢绞线锚下张拉控制应力为$0.75f_{pk}$，钢束张拉次序为N1→N2，同一编号钢束宜对称张拉。采用双控，以张拉力为主，引伸量作为参考。
6. 采用的预应力管道应为符合《预应力混凝土用金属波纹管》JG/T 225 要求的增强型镀锌金属波纹管（$\mu=0.2$，$k=0.0015$），预应力管道定位钢筋直线段按0.75m设置一组，曲线段按0.5m设置一组。按梁长 $L=15960$mm 计，每片刚接板梁的管道定位钢筋为21.2kg。
7. 现浇混凝土时要注意保证预应力管道的通畅，预应力张拉完毕后，预应力管道应及时真空压浆，并满足《公路桥涵施工技术规范》JTG/T 3650-2020 中表7.9.3 的相关要求。
8. 预应力钢束孔道与普通钢筋位置发生冲突时，普通钢筋的位置可适当调整，但在封锚时钢筋必须焊接恢复。张拉槽处钢筋长度以实际施工放样为准。
9. 刚接板梁的施工工艺及技术要求严格按照《公路桥涵施工技术规范》JTG/T 3650 的有关规定及本图集"设计说明"执行。
10. 图中材料数量表均按标准梁长计算，当梁长变化时，应对直线段钢束作相应调整。

16m钢束图（二）

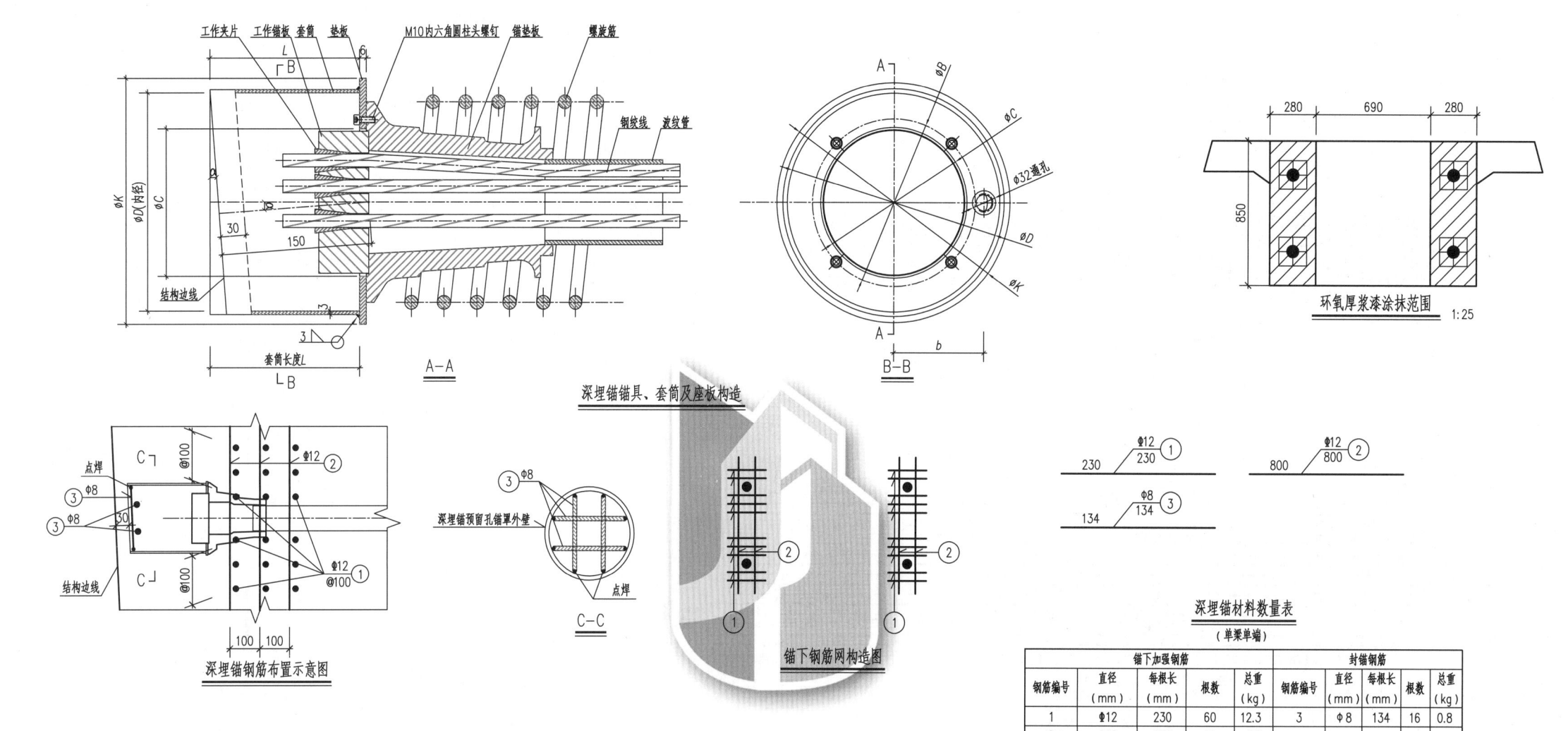

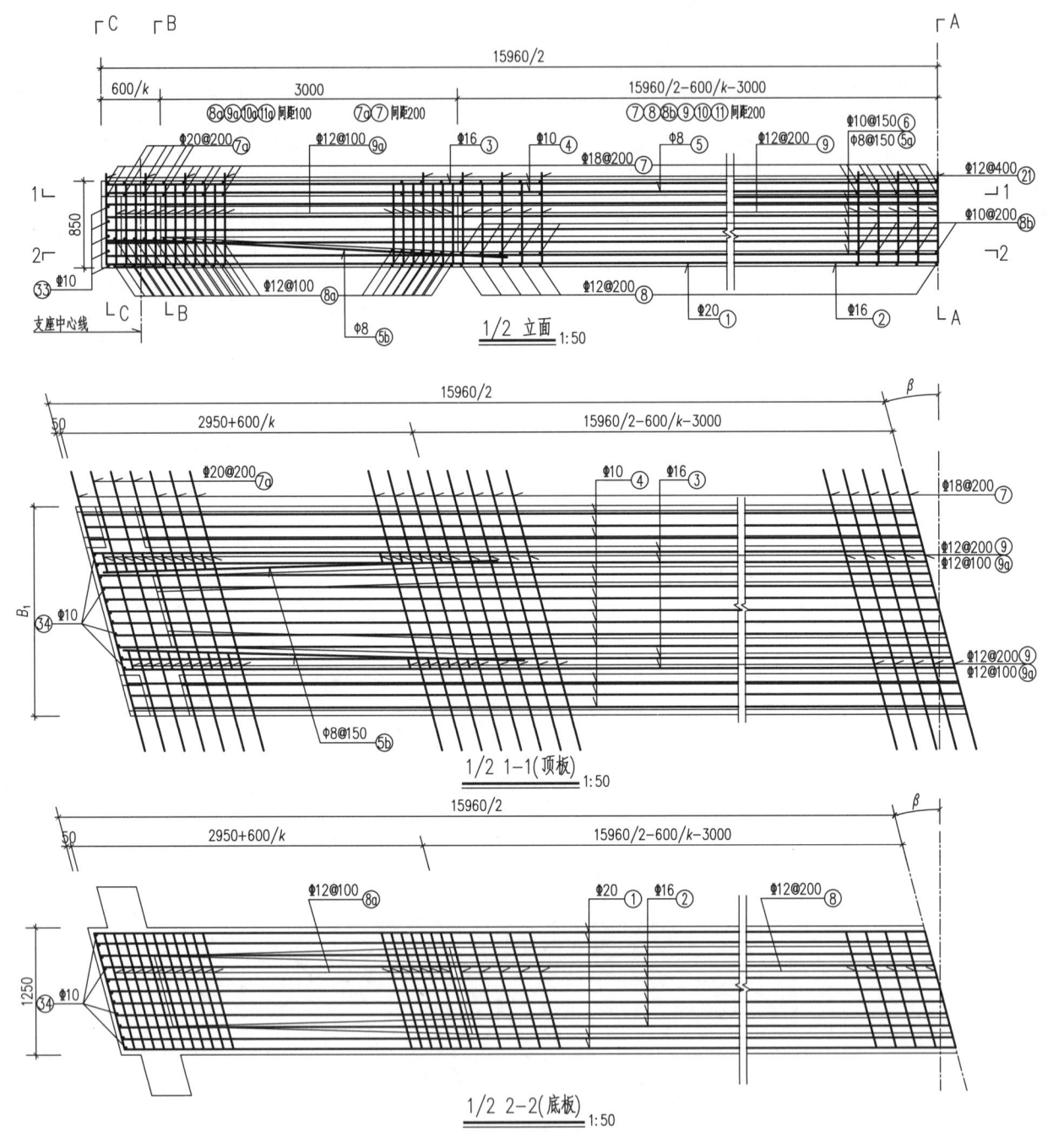
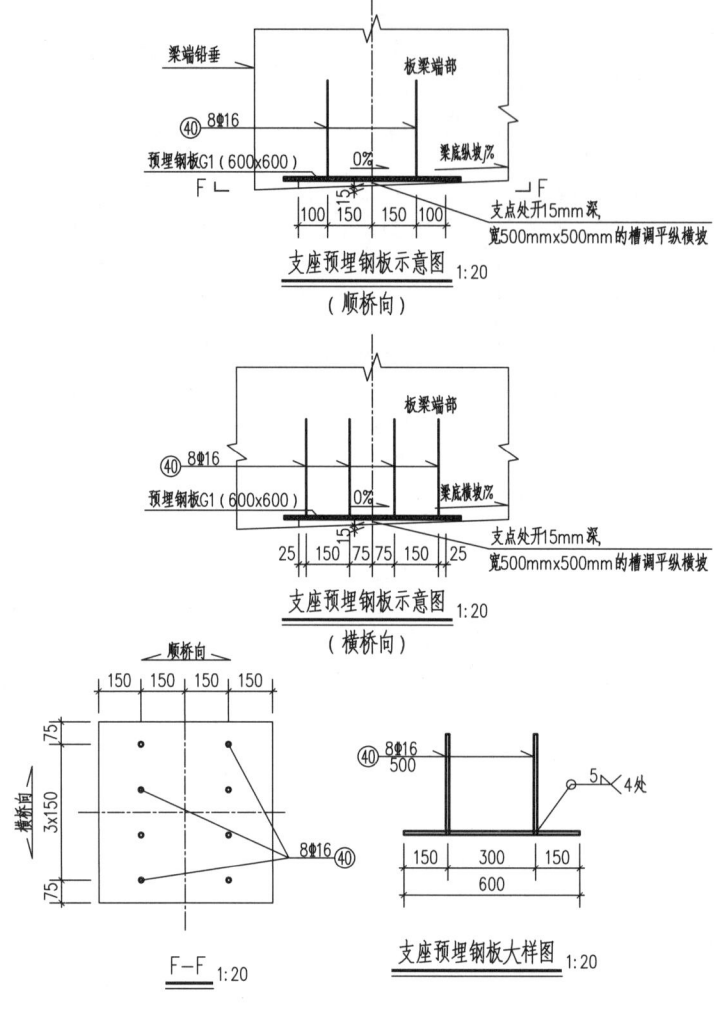

附注：
1. 本图尺寸均以毫米计。
2. 最外侧钢筋的混凝土保护层厚度不小于25mm。
3. 本图与相应的预应力混凝土空心板梁图纸配套使用。
4. 本图未示出横梁钢筋，详见横梁钢筋图。
5. 图中 $k=\cos\beta$。

16m中梁钢筋图（一）

图集号 2024沪Q004
页 70

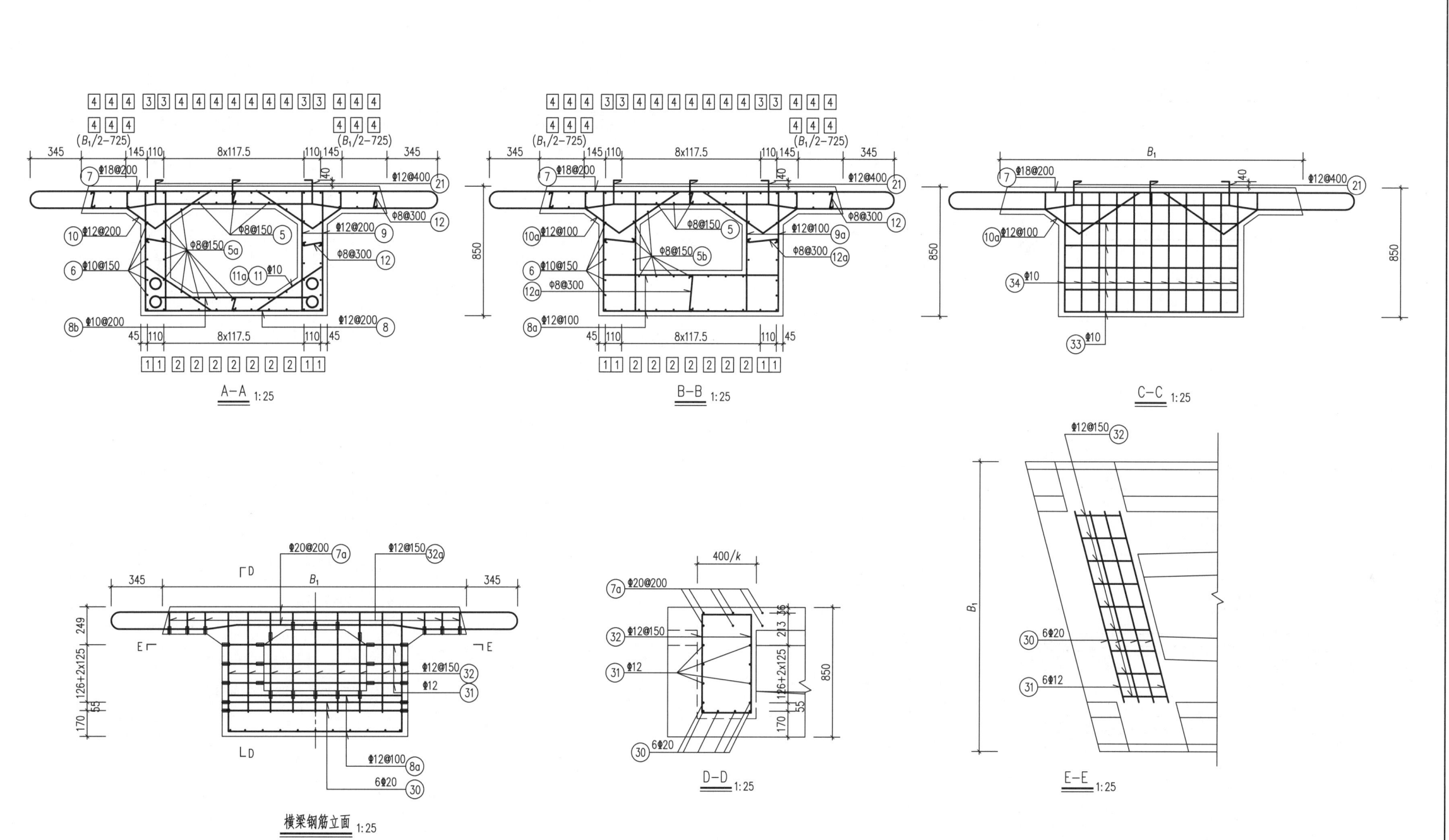

16m中梁钢筋图（二）

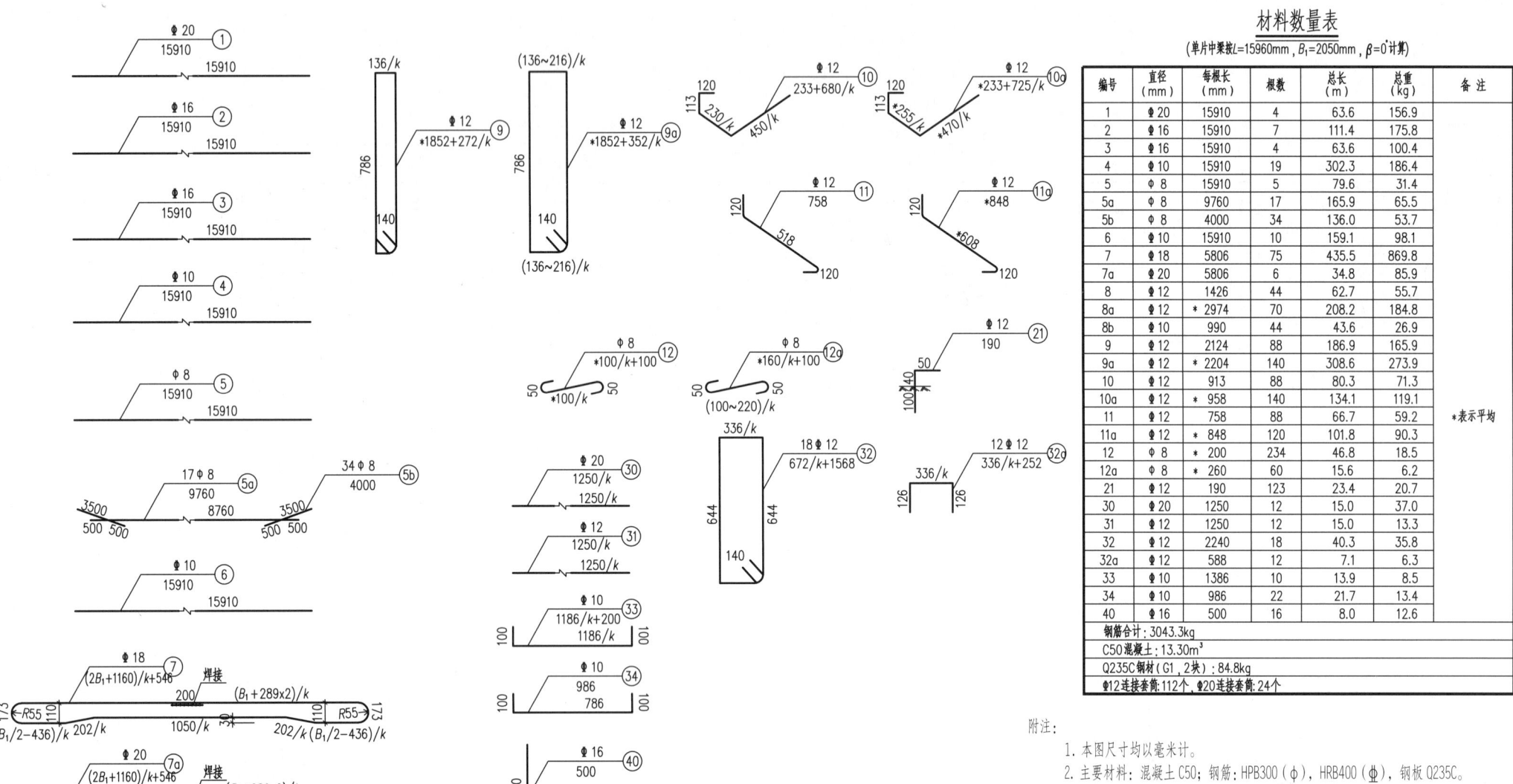

16m 中梁钢筋图（三）

图集号 2024沪Q004 页 72

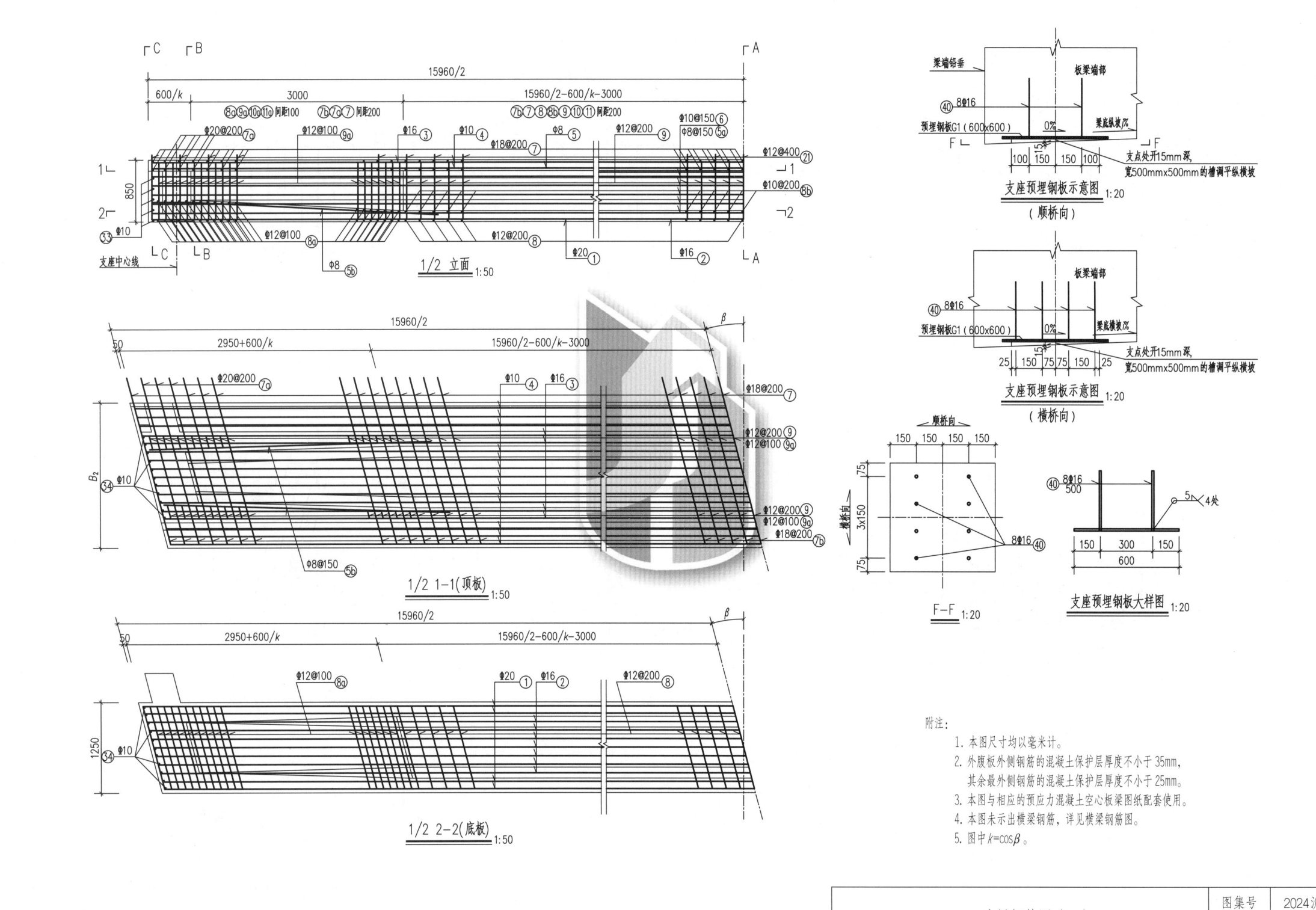

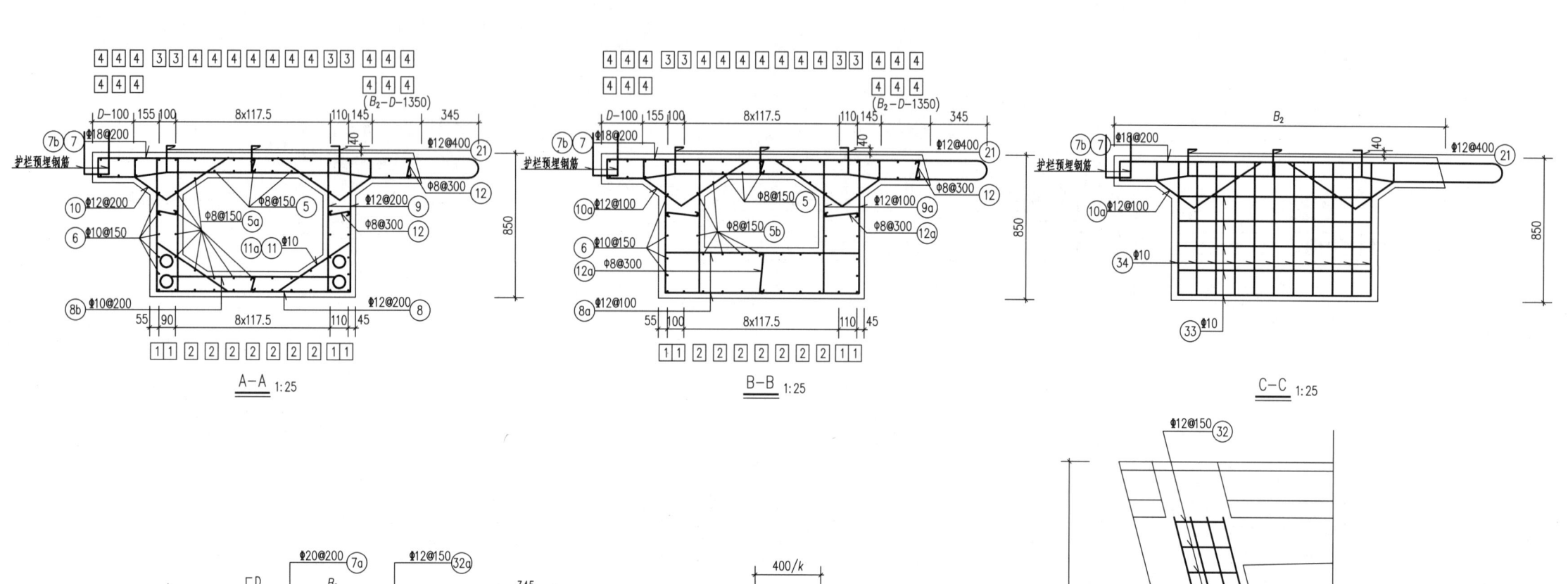
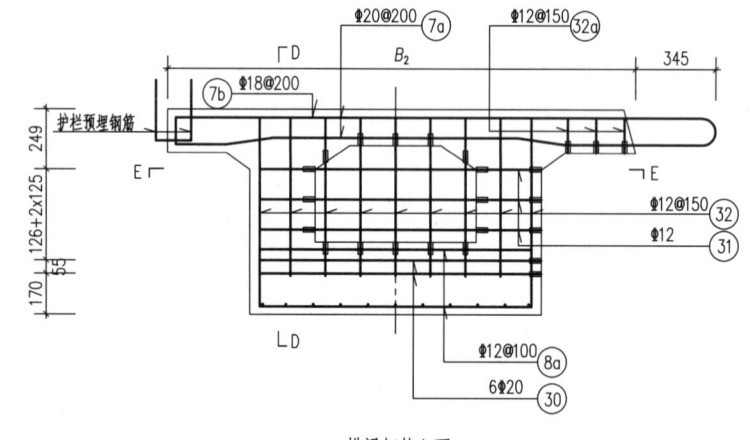
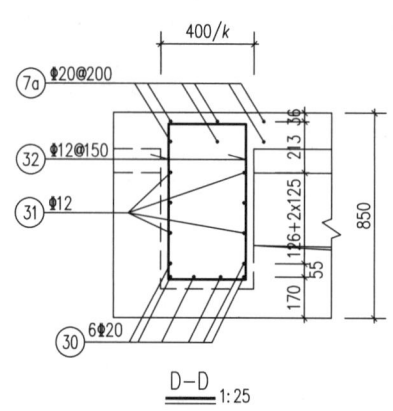
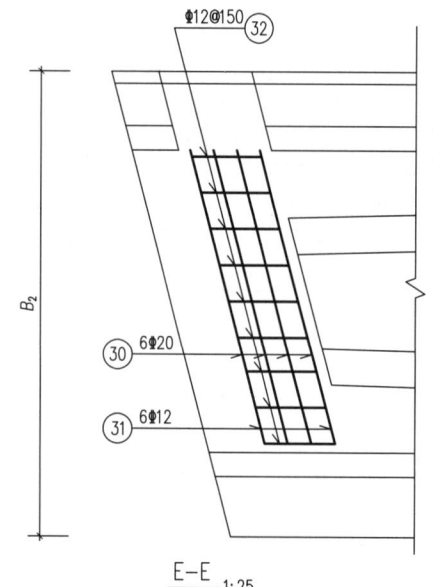

附注：
1. 本图尺寸均以毫米计。
2. 外腹板外侧钢筋的混凝土保护层厚度不小于35mm，其余最外侧钢筋的混凝土保护层厚度不小于25mm。
3. 图中 $k=\cos\beta$。

16m边梁钢筋图（二）

图集号 2024沪Q004
页 74

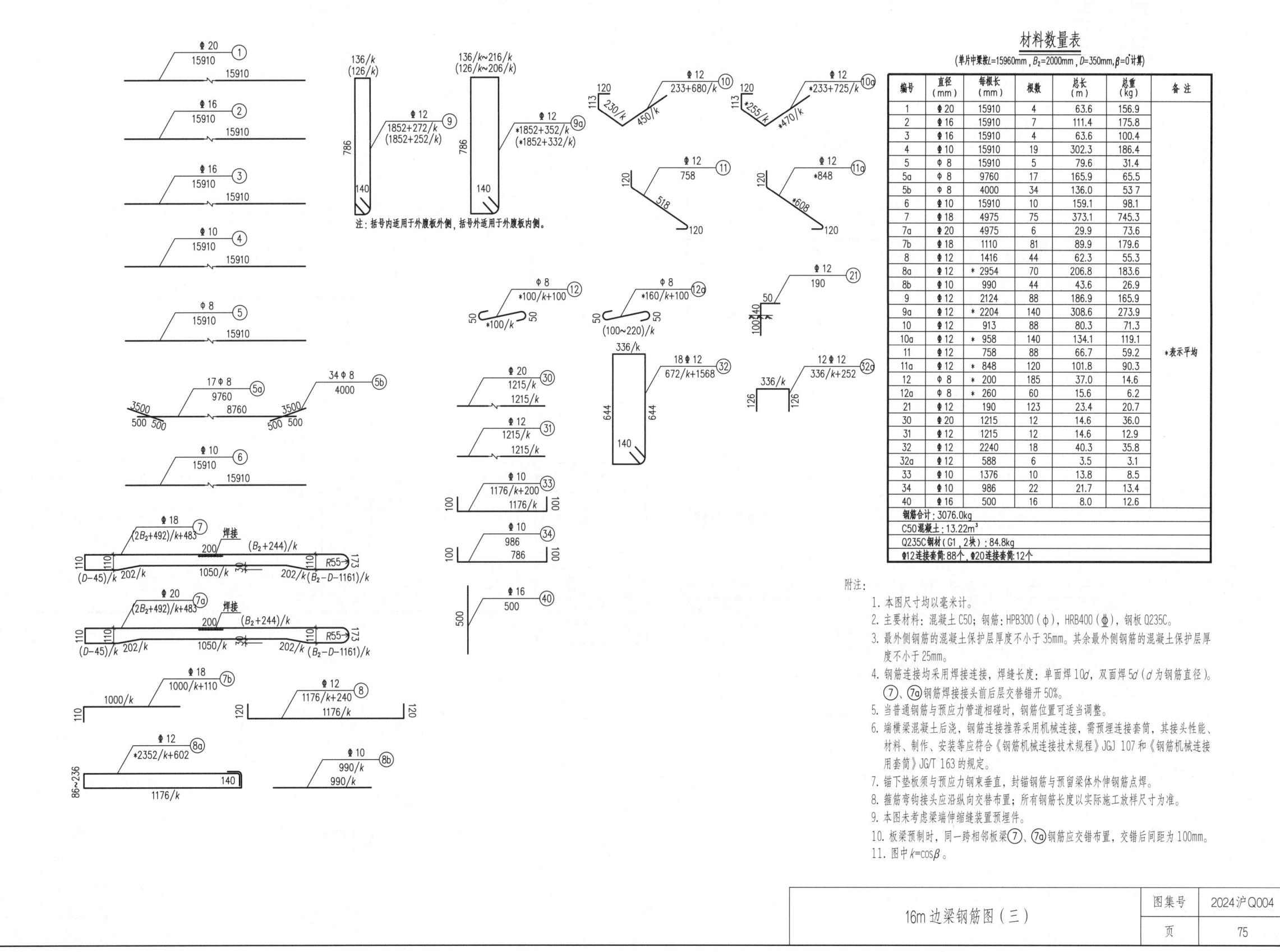

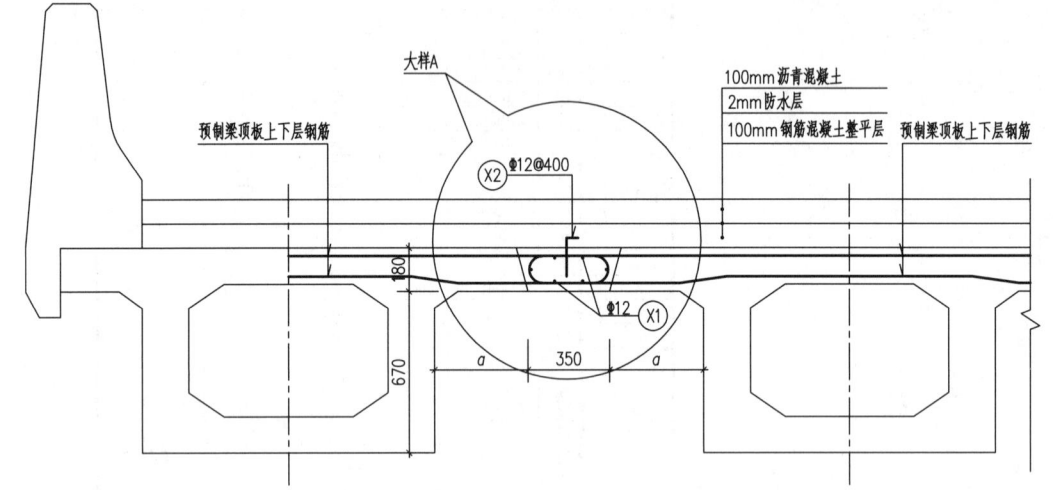

现浇桥面板钢筋布置 1:25

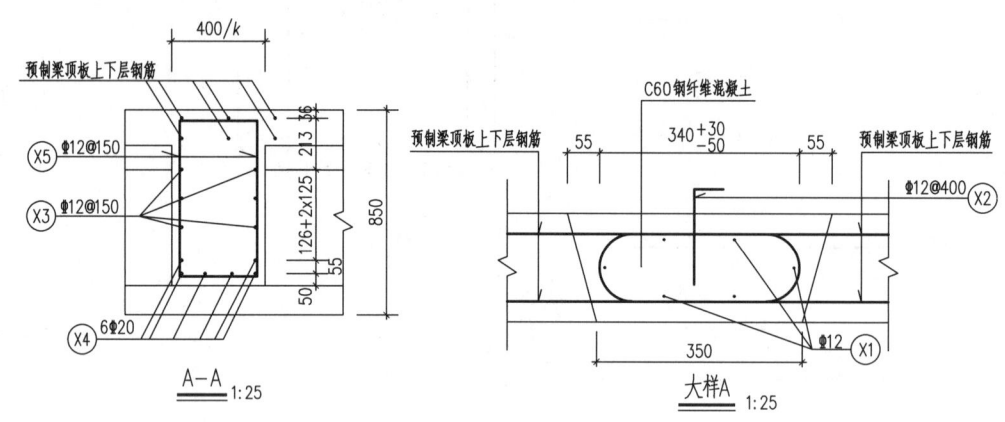

A-A 1:25

大样A 1:25

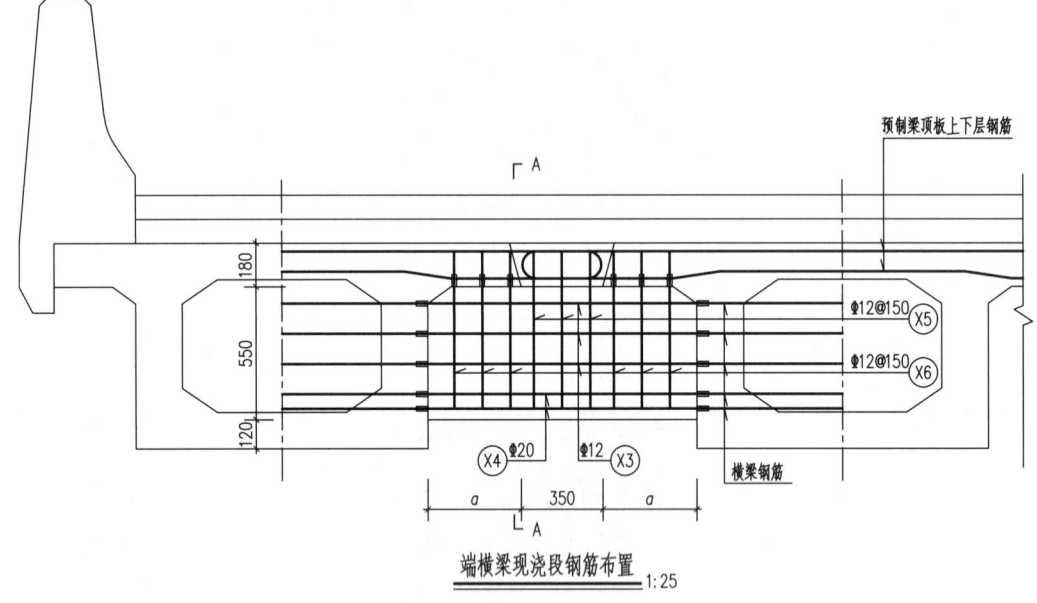

端横梁现浇段钢筋布置 1:25

钢筋大样表

编号	钢筋大样（mm）
X1	15910
X2	50 / 100+40/k
X3	(350+2a)/k
X4	(350+2a)/k
X5	336/k, 644, 140
X6	518, 336/k

材料数量表

（本表按梁长L=15960mm，a=400mm，按β=0°计算）

单个现浇段	编号	直径(mm)	每根长(mm)	根数	总长(m)	单位重(kg/m)	总重(kg)	单条缝合计
现浇湿接缝（每条）	X1	⌀12	15910	6	95.5	0.888	84.8	C60钢纤维混凝土：1.15m³ 钢筋总计：91.5kg
	X2	⌀12	190	40	7.6	0.888	6.7	
端横梁（两道）	X3	⌀12	1150	12	13.8	0.888	12.3	C60钢纤维混凝土：0.50m³ 钢筋总计：72.8kg
	X4	⌀20	1150	12	13.8	2.466	34.0	
	X5	⌀12	2240	6	13.4	0.888	11.9	
	X6	⌀12	1372	12	16.5	0.888	14.6	

附注：
1. 本图尺寸均以毫米计。
2. 最外侧钢筋的混凝土保护层厚度不小于25mm。
3. 桥面板纵向钢筋与横梁钢筋有冲突时，桥面板钢筋可适当调整。
4. 接缝面处理按《公路桥涵施工技术规范》JTG 3650-2020第6.11.6条执行，施工方需制定施工工艺，保证施工缝质量。
5. 端横梁混凝土后浇，钢筋连接推荐采用机械连接，需预埋连接套筒，其接头性能、材料、制作、安装等应符合现行《钢筋机械连接技术规程》JGJ 107和《钢筋机械连接用套筒》JG/T 163的规定。
6. 湿接缝内预制梁横向钢筋搭接长度为340mm$^{+30}_{-50}$。
7. 图中 $k=\cos\beta$。

16m桥面板现浇缝

图集号：2024沪Q004
页：76

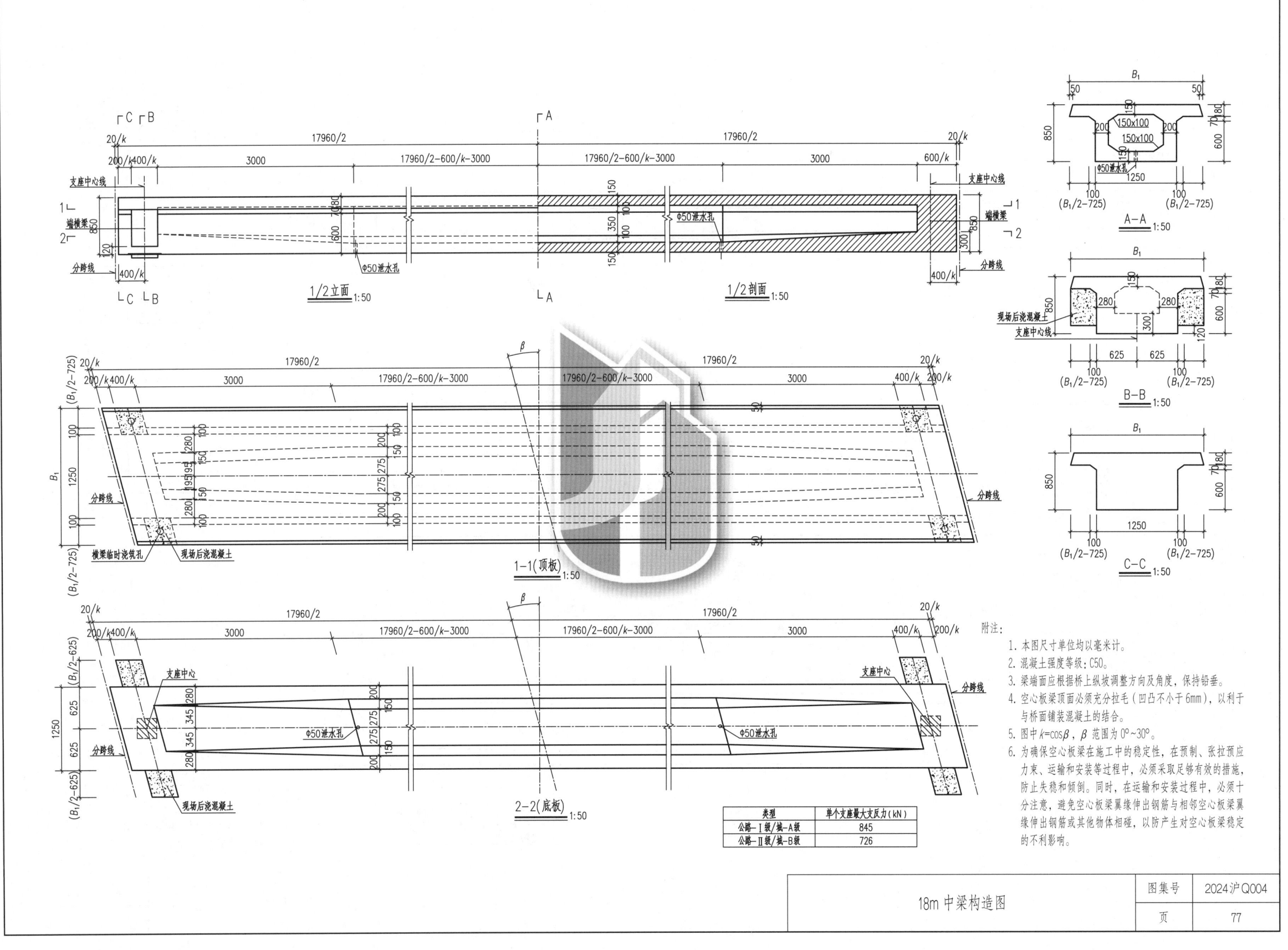

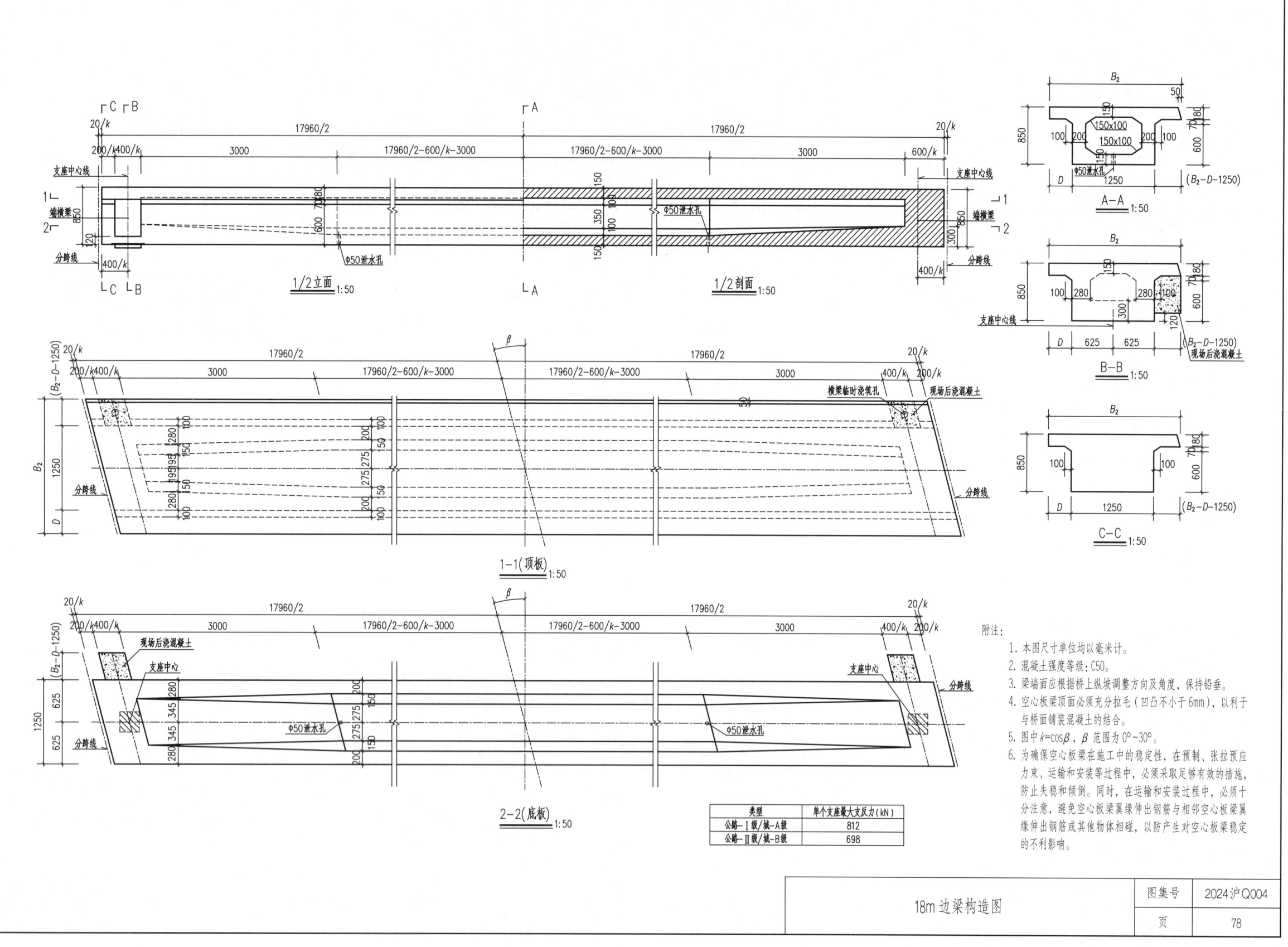

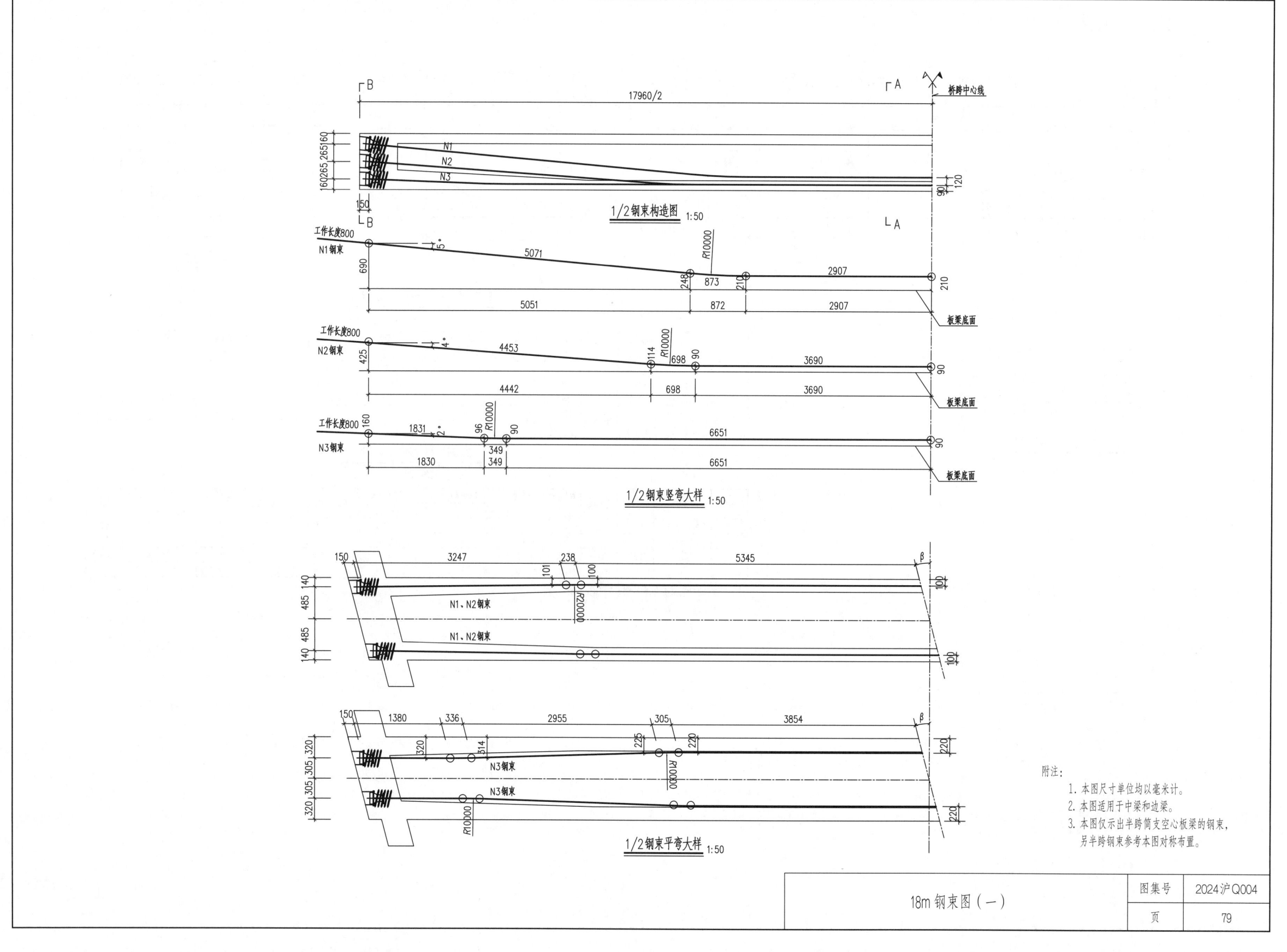

18m 钢束图（一）

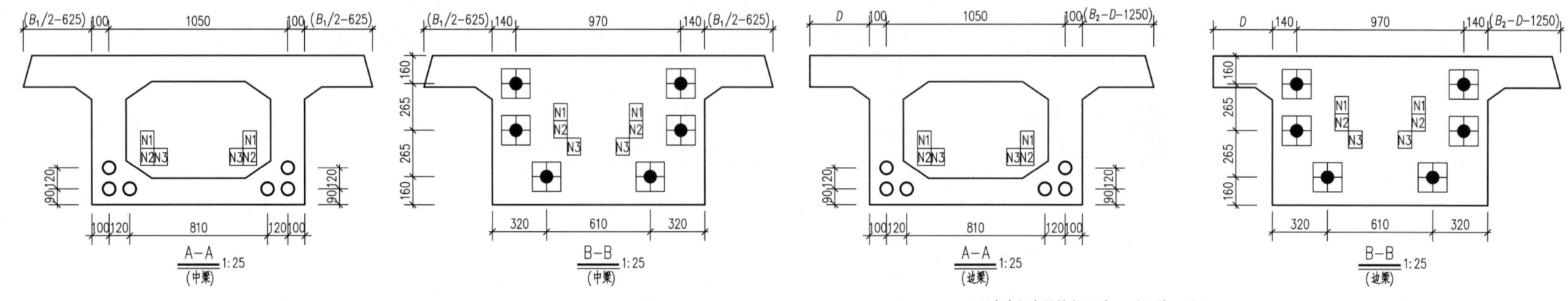

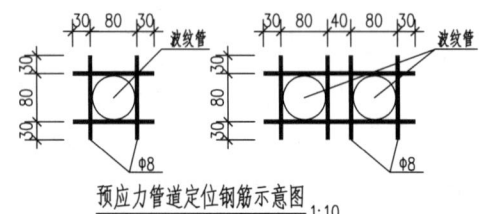

预应力管道定位钢筋示意图 1:10

预应力钢束材料表(公路—Ⅰ级/城—A级)
(边梁、中梁)

编号	型号	钢束单根长(mm)	钢束根数	钢束总长(m)	钢束总重(kg)	张拉端锚具(套) YJM15-4	YJM15-5	单根管道长(mm)	金属波纹管型号	管道数	管道总长(m)	每端引伸量 左侧/右侧(mm)	备注
N1	$\phi^S15.2-5$	19300	2	38.6	212.5		4	17700	JBG-60 Z	2	35.4	63/63	两端张拉
N2	$\phi^S15.2-5$	19282	2	38.6	212.3		4	17682	JBG-60 Z	2	35.4	63/63	两端张拉
N3	$\phi^S15.2-5$	19262	2	38.5	212.1		4	17662	JBG-60 Z	2	35.3	63/63	两端张拉
合计				115.7	636.9		12				106.1		

注：本预应力钢束数量表按梁长17960mm计算。

预应力钢束材料表(公路—Ⅱ级/城—B级)
(边梁、中梁)

编号	型号	钢束单根长(mm)	钢束根数	钢束总长(m)	钢束总重(kg)	张拉端锚具(套) YJM15-4	YJM15-5	单根管道长(mm)	金属波纹管型号	管道数	管道总长(m)	每端引伸量 左侧/右侧(mm)	备注
N1	$\phi^S15.2-4$	19300	2	38.6	170.0	4		17700	JBG-55 Z	2	35.4	63/63	两端张拉
N2	$\phi^S15.2-4$	19282	2	38.6	169.8	4		17682	JBG-55 Z	2	35.4	63/63	两端张拉
N3	$\phi^S15.2-5$	19262	2	38.5	212.1		4	17662	JBG-60 Z	2	35.3	63/63	两端张拉
合计				115.7	551.9	8	4				106.1		

注：本预应力钢束数量表按梁长17960mm计算。

附注：
1. 本图尺寸单位以毫米计。
2. 采用的预应力钢筋应符合《预应力混凝土用钢绞线》GB/T 5224的规定，f_{pk}=1860MPa，E_p=1.95×10⁵MPa；采用的群锚体系应符合《预应力筋用锚具、夹具和连接器》GB/T 14370和《公路桥梁预应力钢绞线用锚具、夹具和连接器》JT/T 329的技术要求，配套锚固件须符合本工程的锚固构造及锚下局部承压强度要求。
3. 达到以下条件时方可张拉预应力束：混凝土强度及弹性模量均达到设计的90%；日平均温度≥20℃时，龄期不小于5d；日平均温度<20℃时，且龄期不小于7d后。张拉程序：0→初应力（0.1σ_{con}）→1.0σ_{con}→作持荷5mm锚固，σ_{con}为预应力钢绞线下张拉控制应力；张拉工艺及要求按照《公路桥涵施工技术规范》JTG/T 3650的有关规定执行。
4. 锚垫板位置及尺寸要求准确，锚垫板必须与预应力管道垂直；预应力钢束张拉后，应在距锚头3cm处切割，严禁电弧切割。
5. 预应力钢绞线锚下张拉控制应力为0.75f_{pk}，钢束张拉次序为N1→N2→N3，同一编号钢束宜对称张拉。采用双控，以张拉力为主，引伸量作为参考。
6. 采用的预应力管道应为符合《预应力混凝土用金属波纹管》JG/T 225要求的增强型镀锌金属波纹管（μ=0.2, k=0.0015），预应力管道定位钢筋直线段按0.75m设置一组，曲线段按0.5m设置一组。按梁长L=17960mm计，每片刚接板梁的管道定位钢筋为34.2kg。
7. 现浇混凝土时要注意保证预应力管道的通畅，预应力张拉完毕后，预应力管道内应及时真空压浆，并满足《公路桥涵施工技术规范》JTG/T 3650-2020中表7.9.3的相关要求。
8. 预应力钢束孔道与普通钢筋位置发生冲突时，普通钢筋的位置可适当调整，但在封锚时钢筋必须焊接恢复。张拉槽处钢筋长度以实际施工放样为准。
9. 刚接板梁的施工工艺及技术要求严格按照《公路桥涵施工技术规范》JTG/T 3650的有关规定及本图集"设计说明"执行。
10. 图中材料数量表均按标准梁长计算，当梁长变化时，应对直线段钢束作相应调整。

18m 钢束图（二）

图集号 2024沪Q004
页 80

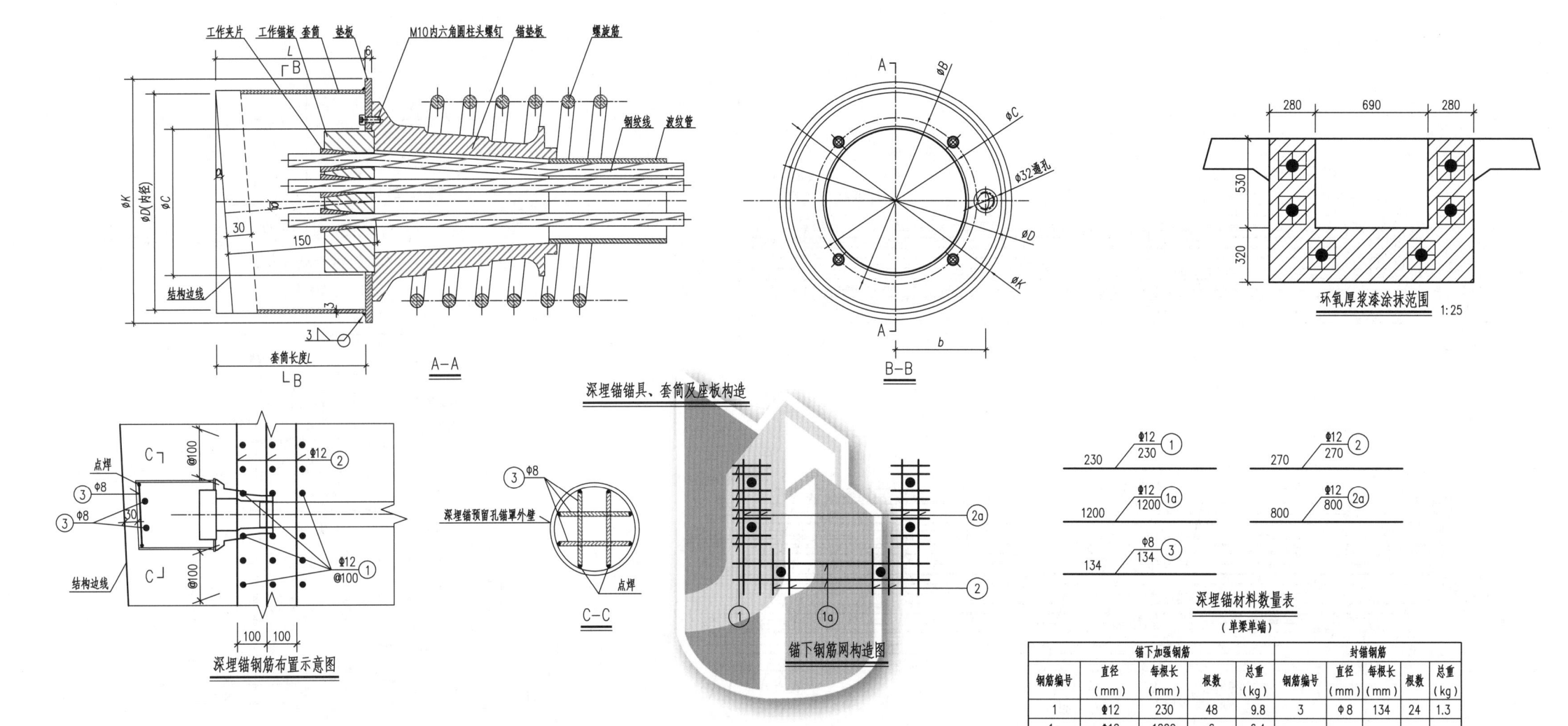

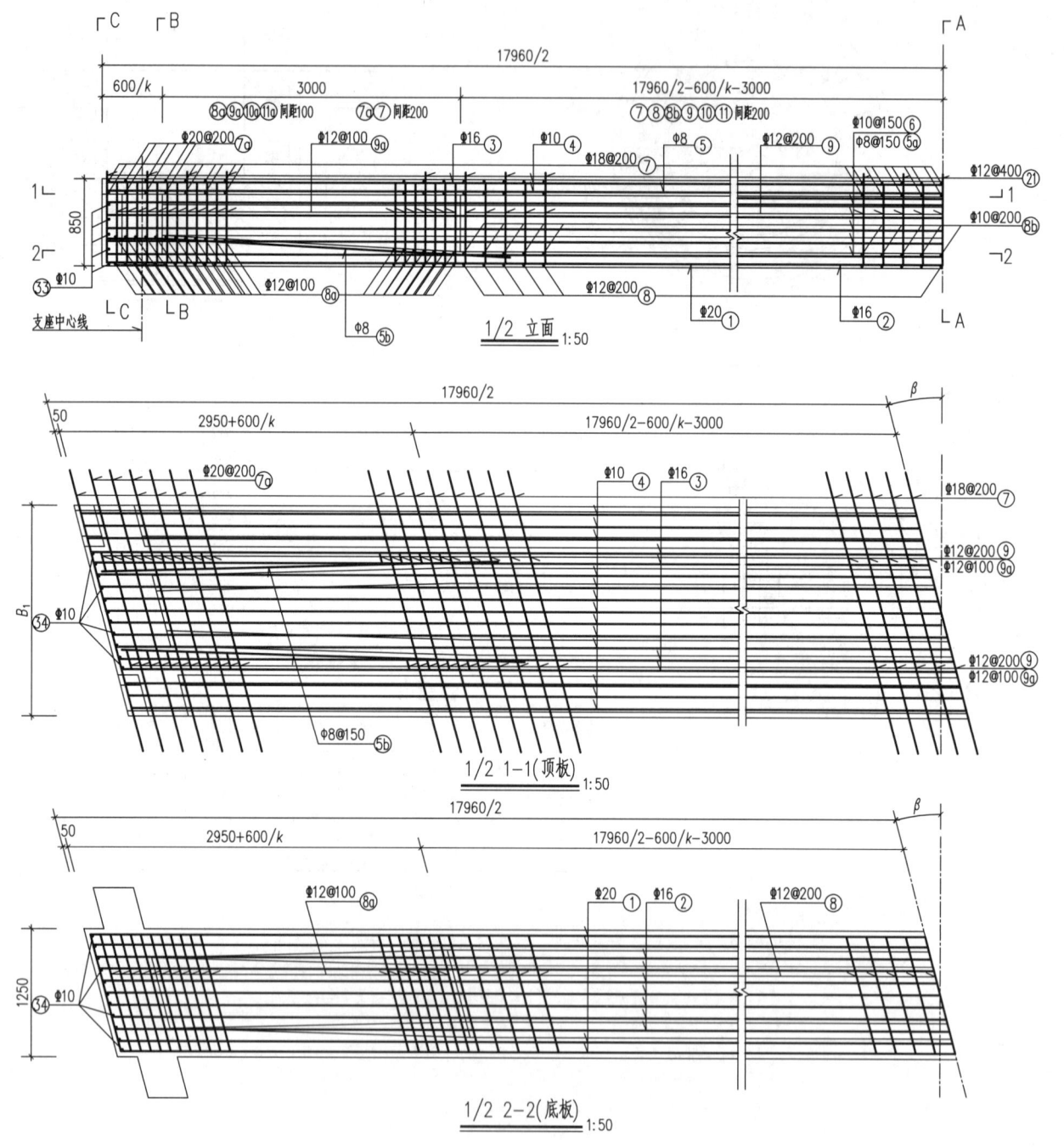
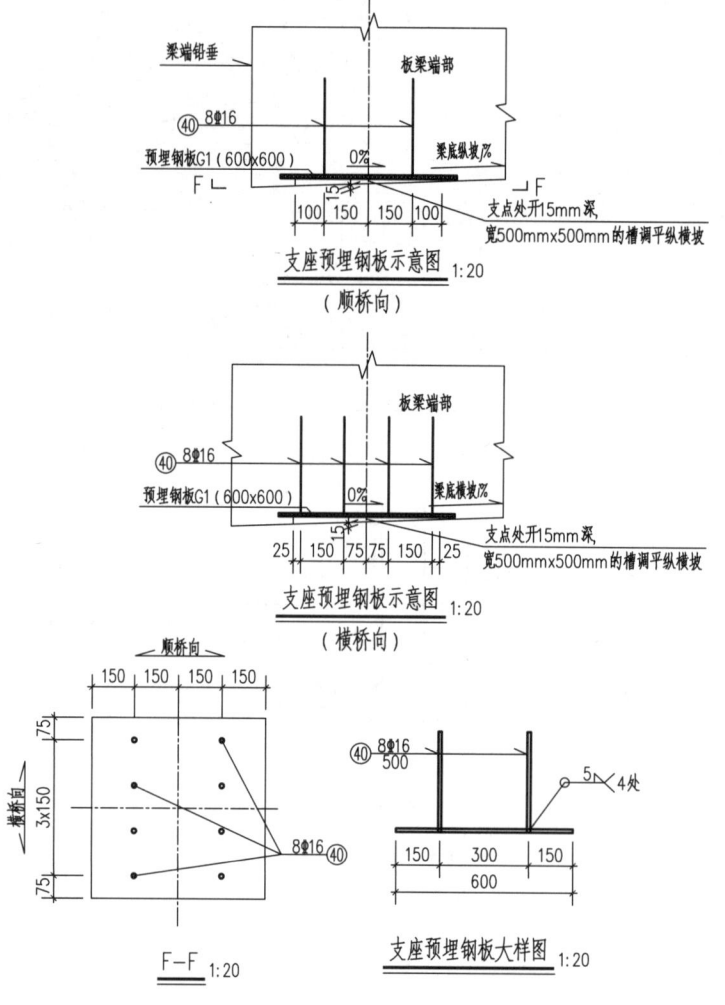

附注：
1. 本图尺寸均以毫米计。
2. 最外侧钢筋的混凝土保护层厚度不小于25mm。
3. 本图与相应的预应力混凝土空心板梁图纸配套使用。
4. 本图未示出横梁钢筋，详见横梁钢筋图。
5. 图中 $k=\cos\beta$。

18m 中梁钢筋图（一）

图集号 2024沪Q004

页 82

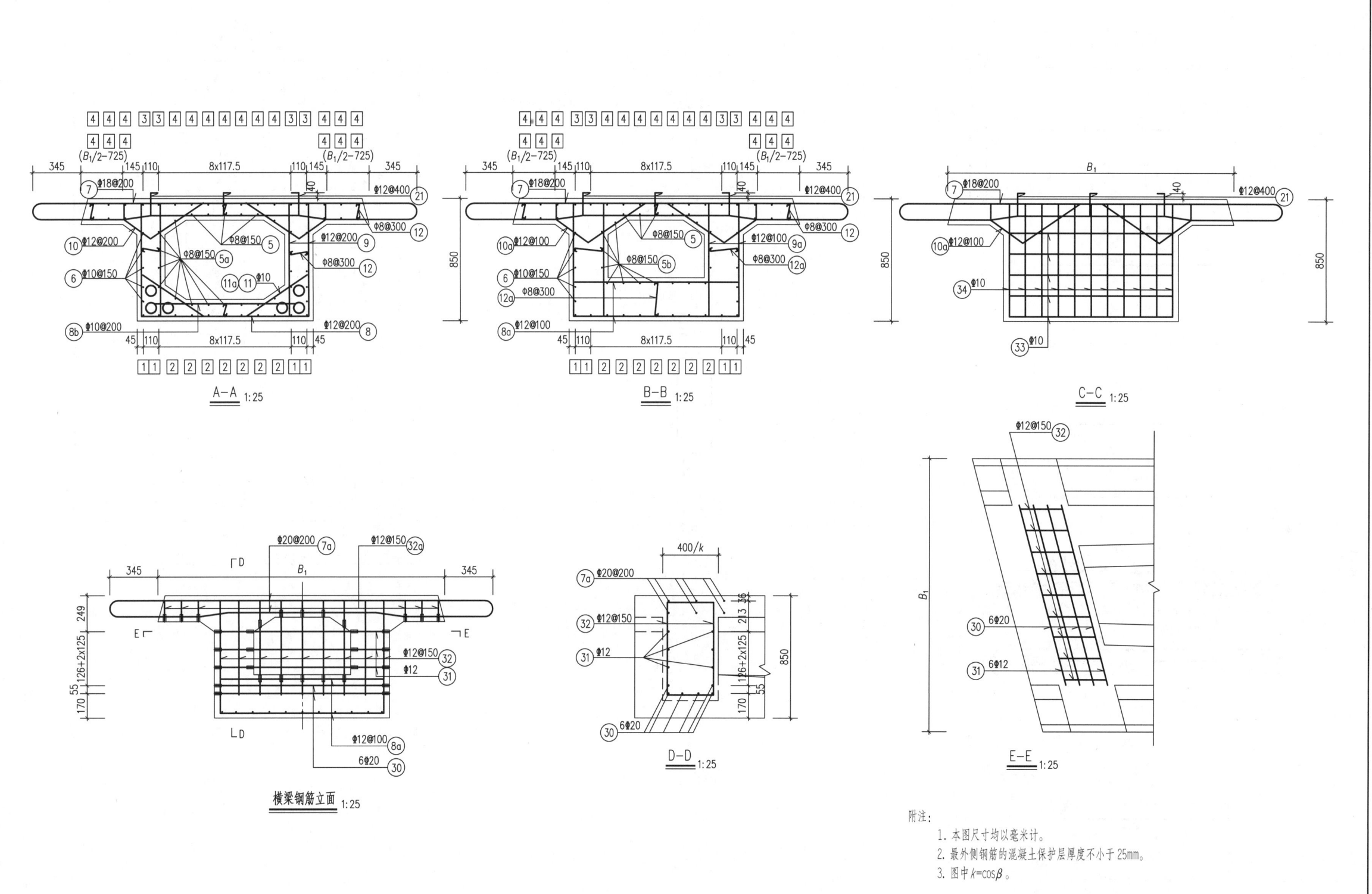

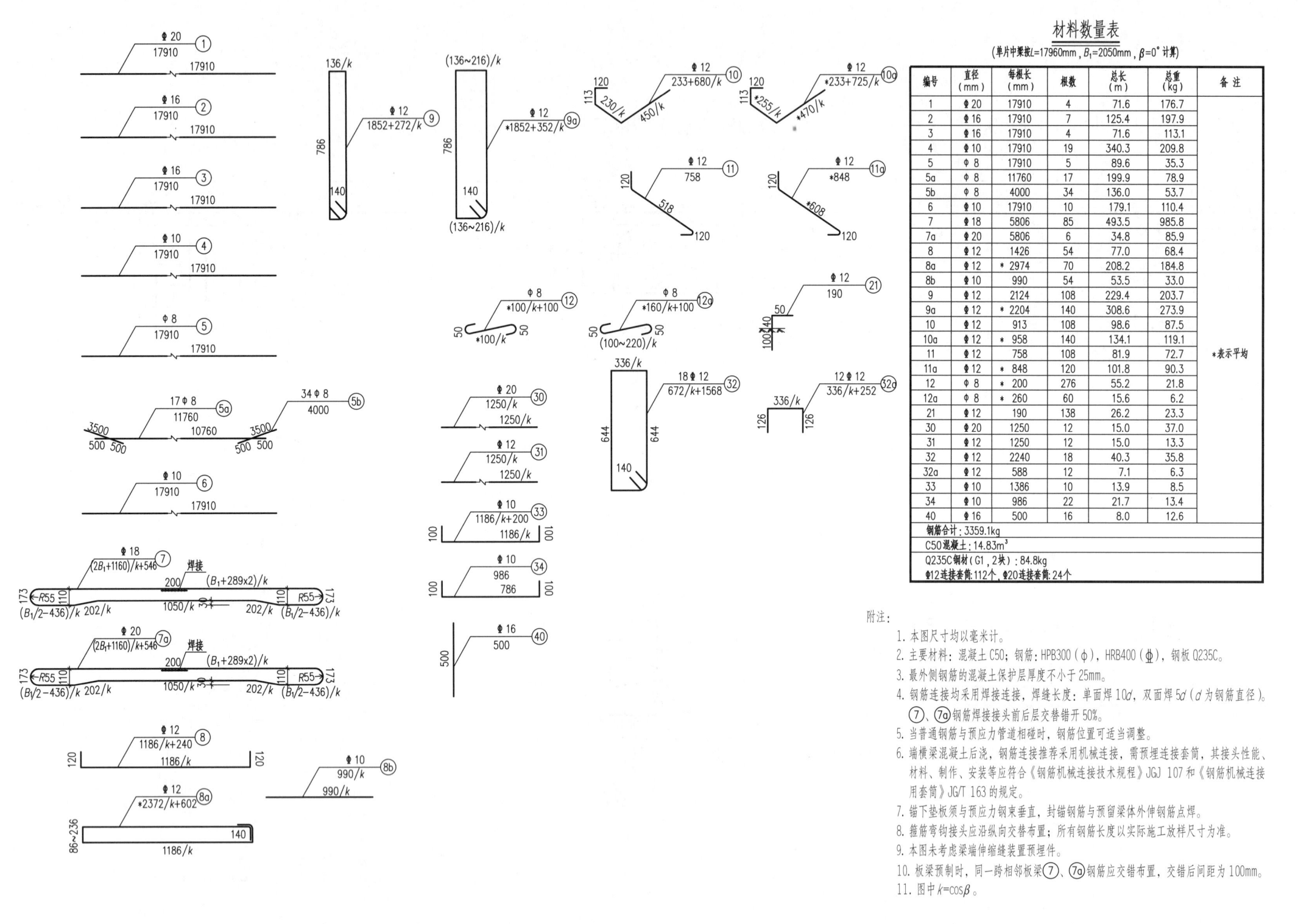

18m 中梁钢筋图（三）

图集号 2024沪Q004
页 84

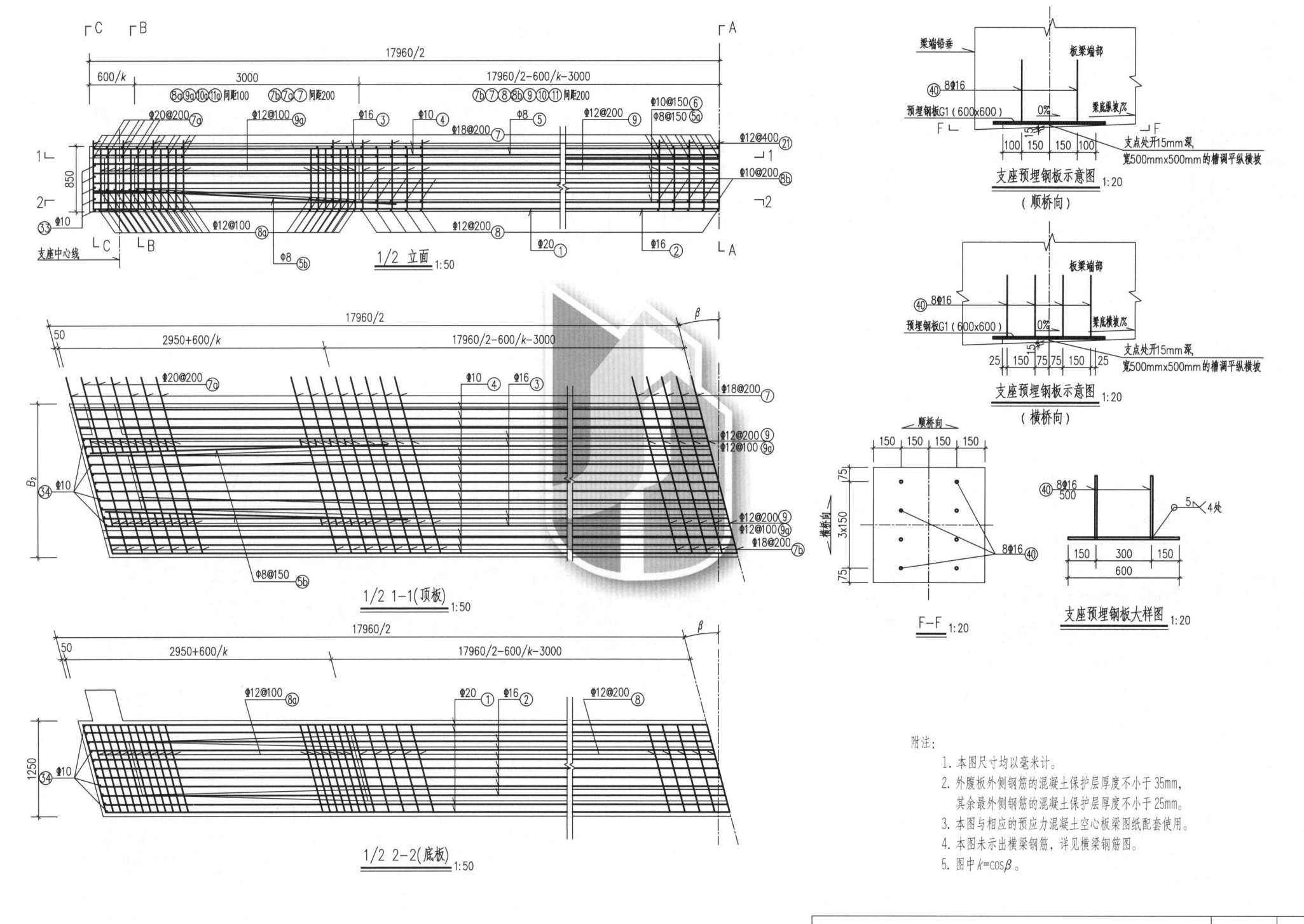

A−A 1:25

B−B 1:25

C−C 1:25

横梁钢筋立面 1:25

D−D 1:25

E−E 1:25

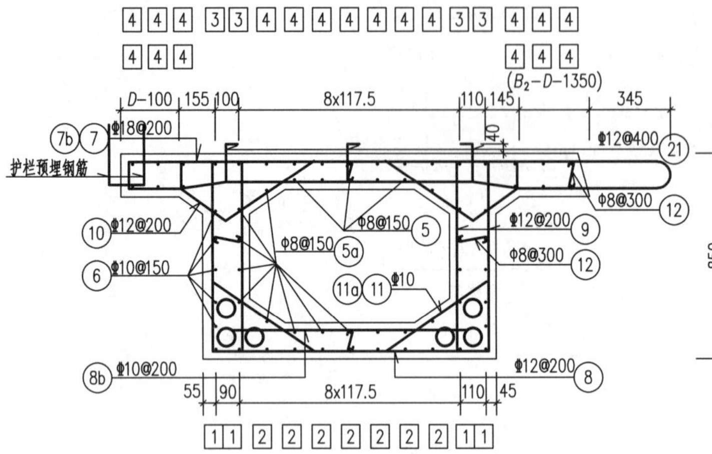

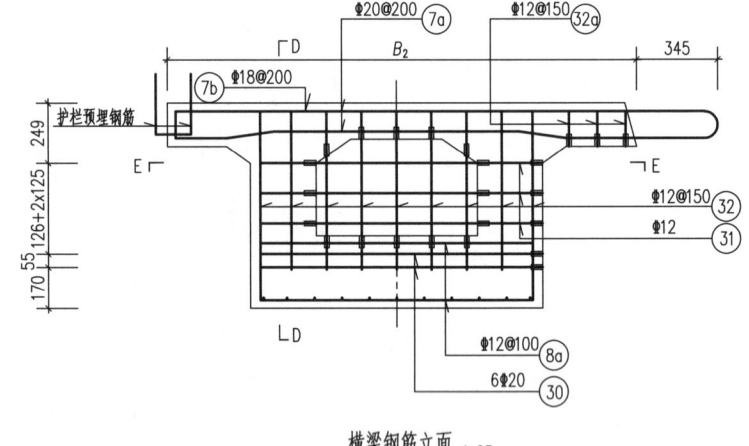

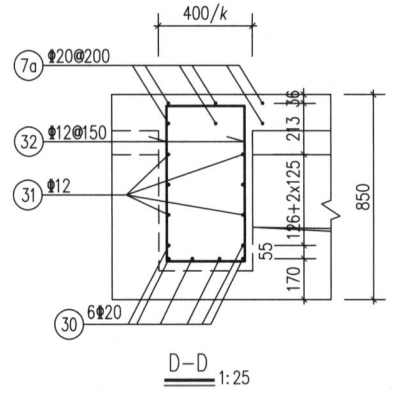

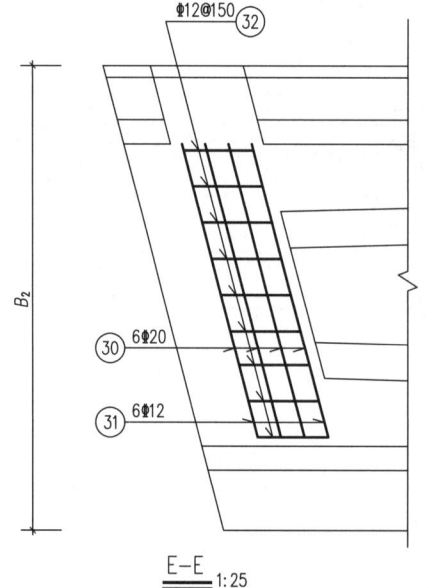

附注：

1. 本图尺寸均以毫米计。
2. 外腹板外侧钢筋的混凝土保护层厚度不小于35mm，其余最外侧钢筋的混凝土保护层厚度不小于25mm。
3. 图中 $k=\cos\beta$。

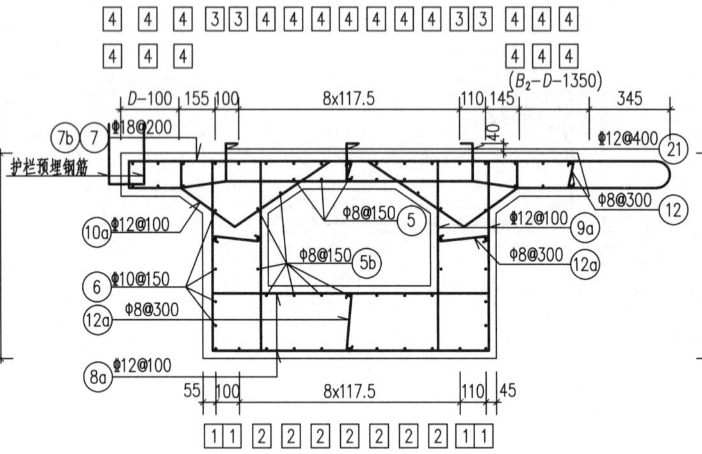

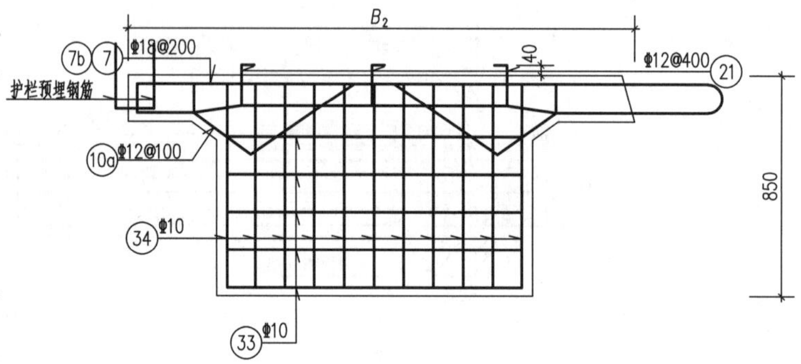

18m 边梁钢筋图（二）	图集号	2024沪Q004
	页	86

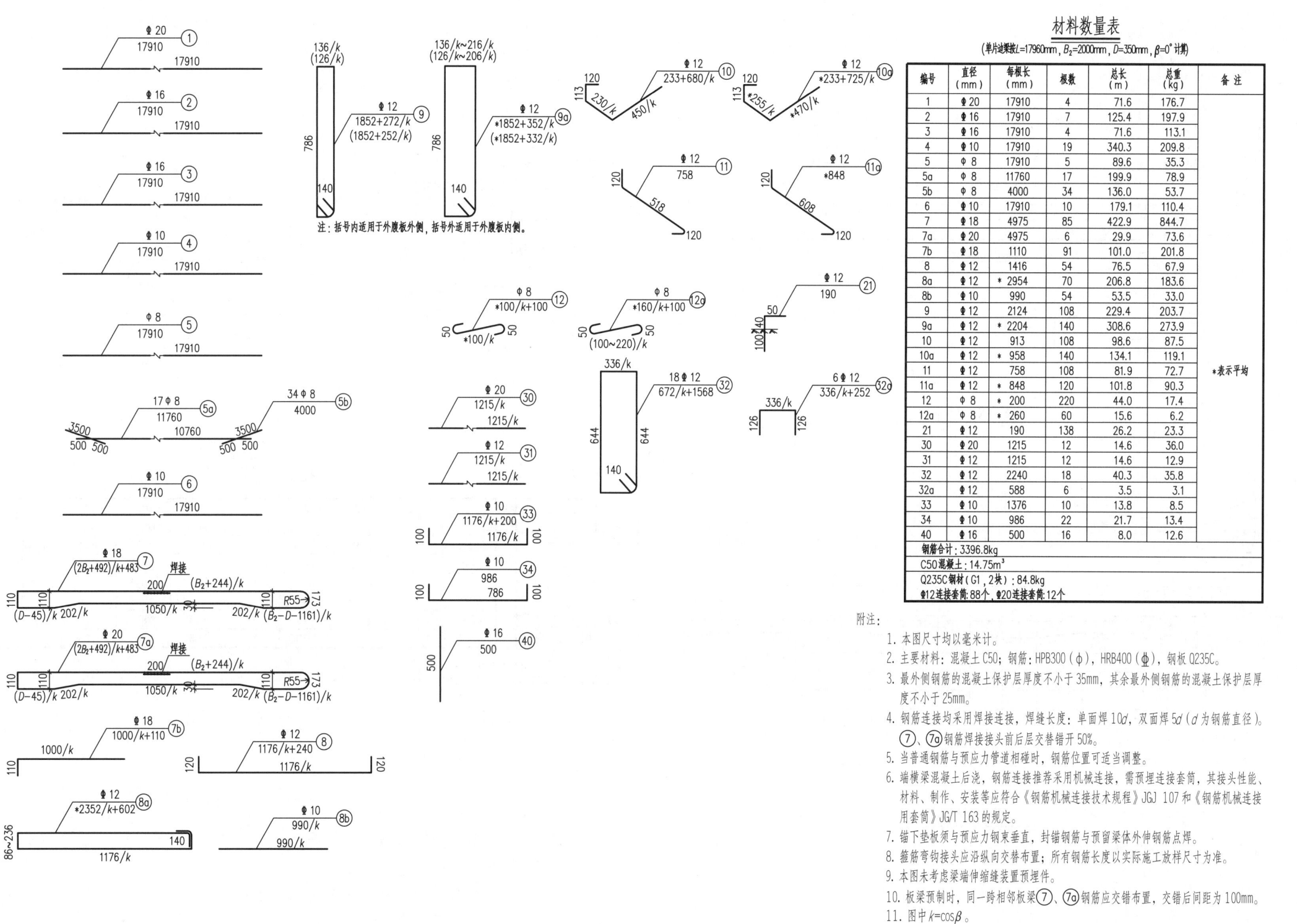

18m边梁钢筋图（三）

图集号 2024沪Q004 页 87

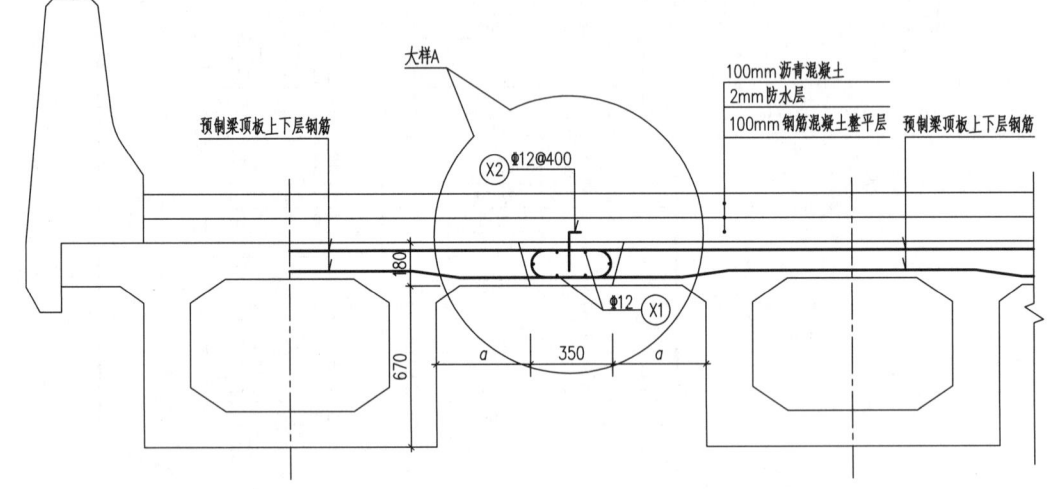

现浇桥面板钢筋布置 1:25

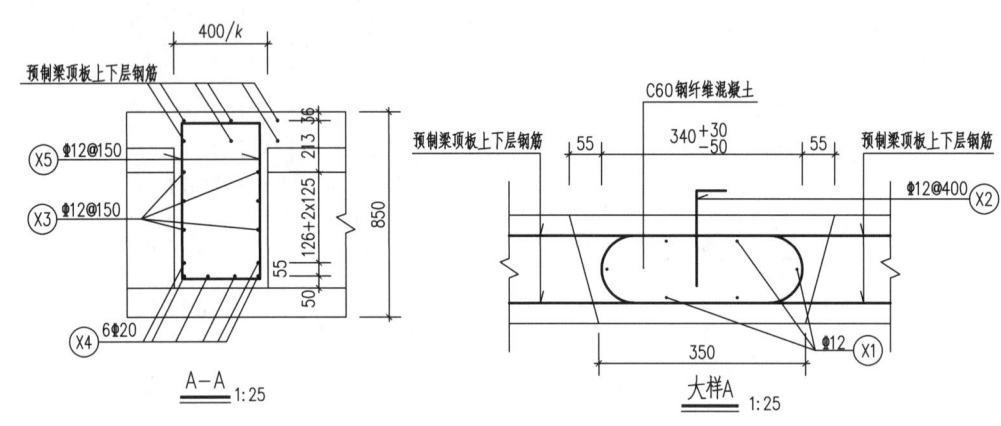

A-A 1:25

大样A 1:25

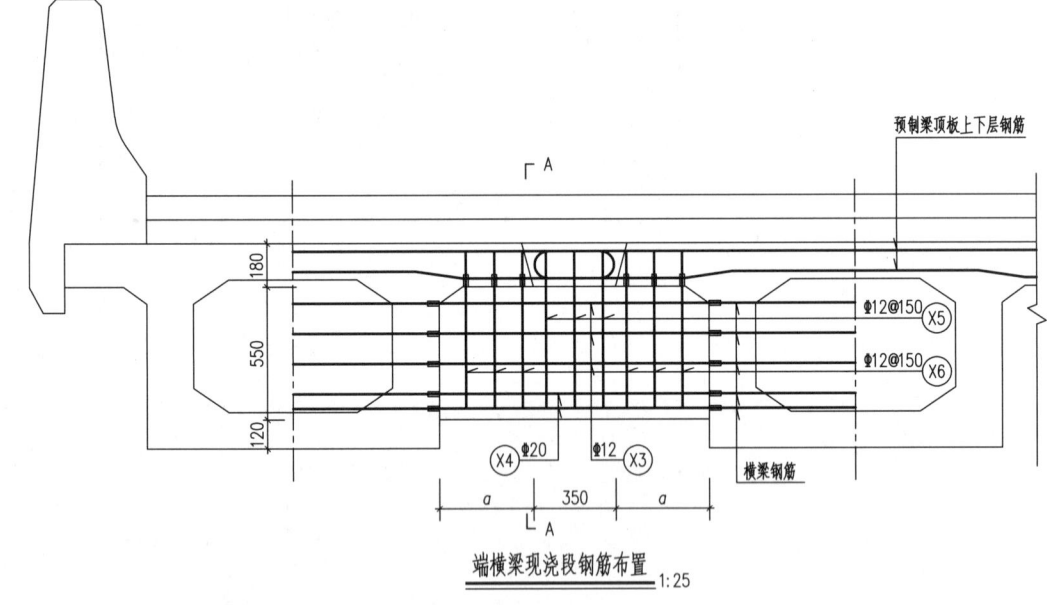

端横梁现浇段钢筋布置 1:25

钢筋大样表

编号	钢筋大样（mm）
X1	17910
X2	100,240 / 50
X3	(350+2a)/k
X4	(350+2a)/k
X5	644 / 336/k 140
X6	518 / 336/k

材料数量表
（本表按梁长L=17960mm，a=400mm，按β=0°计算）

	编号	直径（mm）	每根长（mm）	根数	总长（m）	单位重（kg/m）	总重（kg）	单条缝合计
单个现浇段 现浇湿接缝（每条）	X1	⌀12	17910	6	107.5	0.888	95.4	C60钢纤维混凝土：1.29m³ 钢筋总计：103.0kg
	X2	⌀12	190	46	8.6	0.888	7.6	
端横梁（两道）	X3	⌀12	1150	12	13.8	0.888	12.3	C60钢纤维混凝土：0.50m³ 钢筋总计：72.8kg
	X4	⌀20	1150	12	13.8	2.466	34.0	
	X5	⌀12	2240	6	13.4	0.888	11.9	
	X6	⌀12	1372	12	16.5	0.888	14.6	

附注：
1. 本图尺寸均以毫米计。
2. 最外侧钢筋的混凝土保护层厚度不小于25mm。
3. 桥面板纵向钢筋与横梁钢筋有冲突时，桥面板钢筋可适当调整。
4. 接缝面处理按《公路桥涵施工技术规范》JTG 3650-2020 第 6.11.6 条执行，施工方需制定施工工艺，保证施工缝质量。
5. 端横梁混凝土后浇，钢筋连接推荐采用机械连接，需预埋连接套筒，其接头性能、材料、制作、安装等应符合现行《钢筋机械连接技术规程》JGJ 107和《钢筋机械连接用套筒》JG/T 163 的规定。
6. 湿接缝内预制梁横向钢筋搭接长度为 340mm$^{+30}_{-50}$。
7. 图中 $k=\cos\beta$。

18m 桥面板现浇缝

图集号 2024沪Q004 页 88

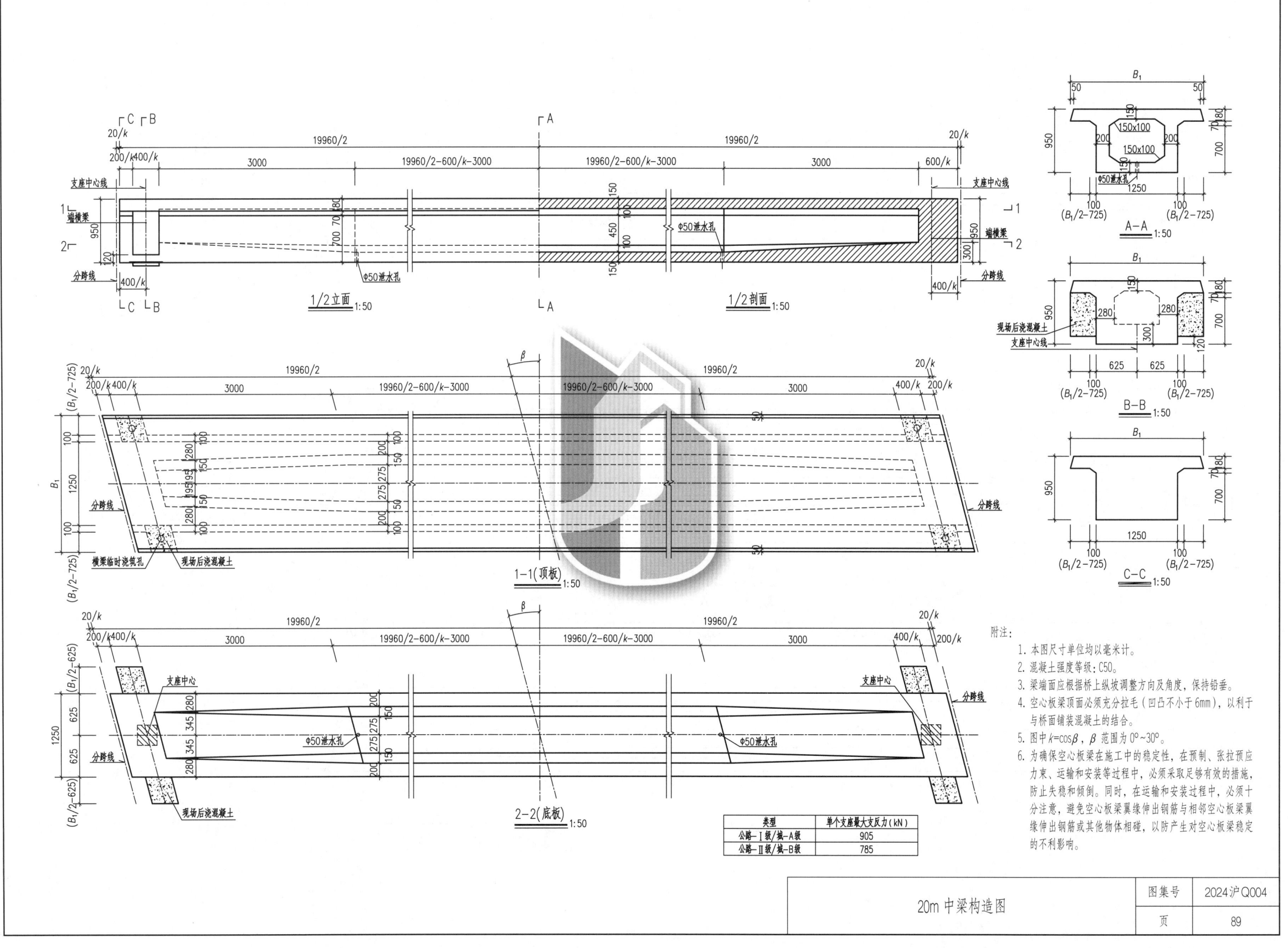

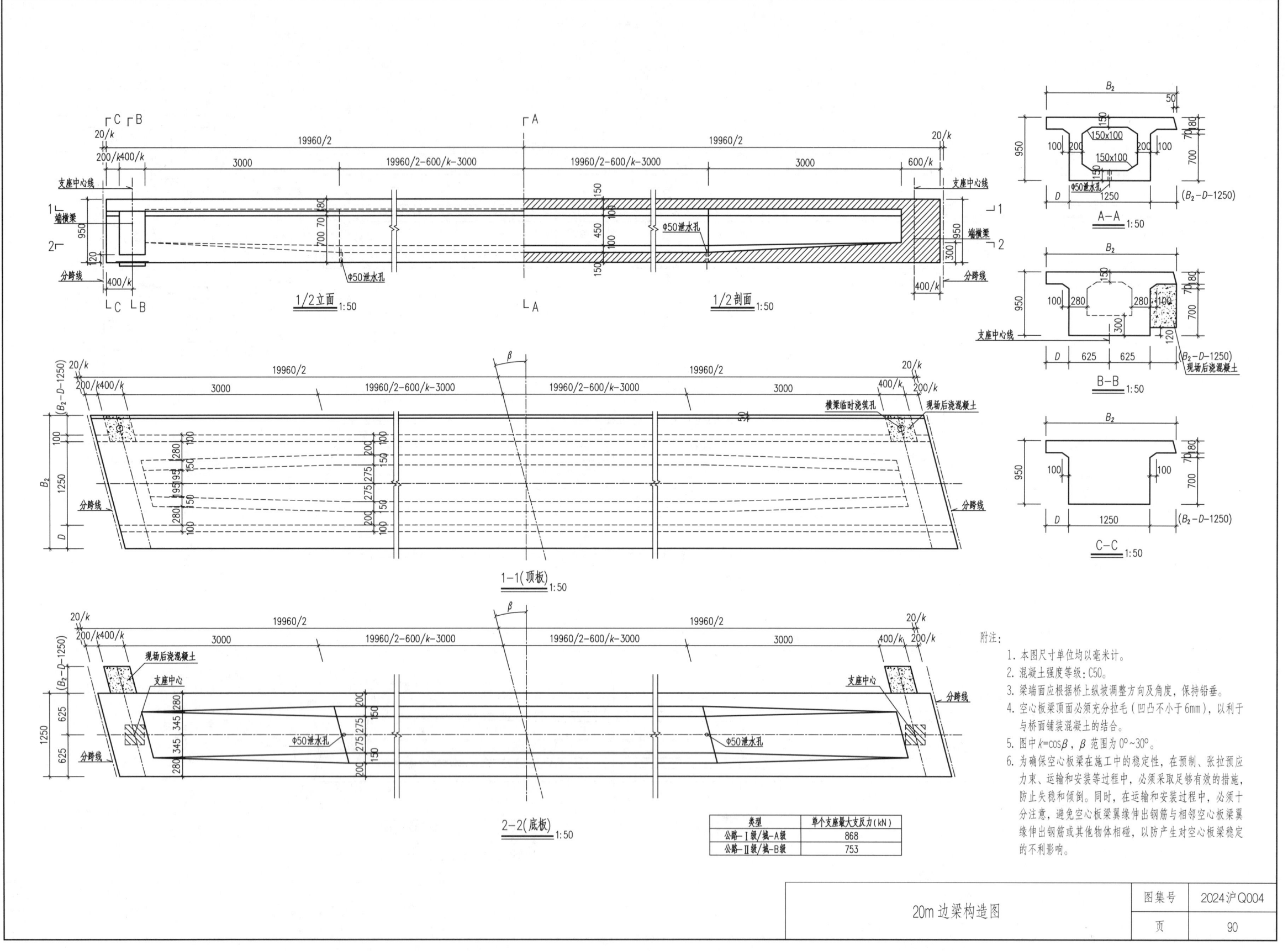

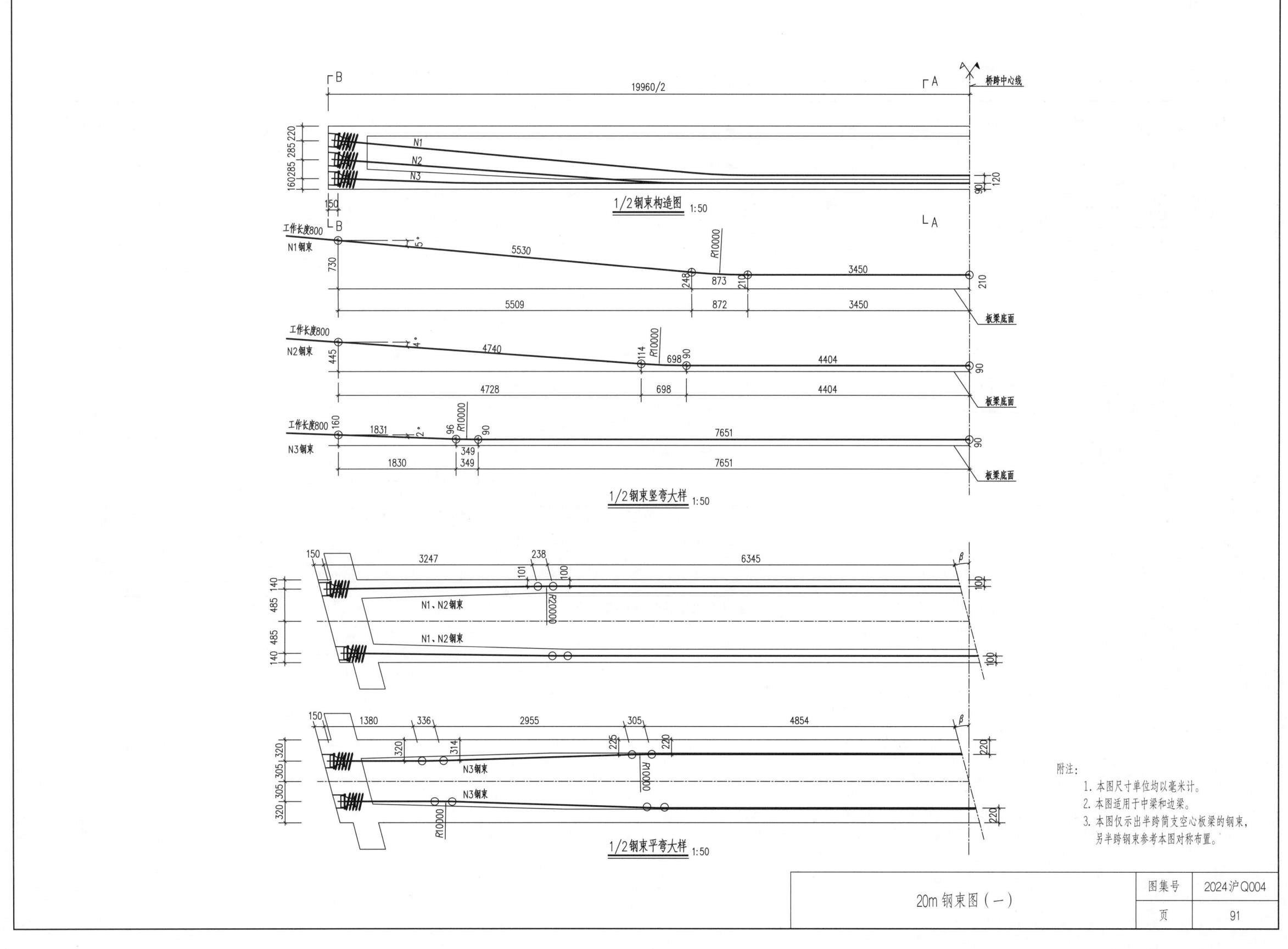

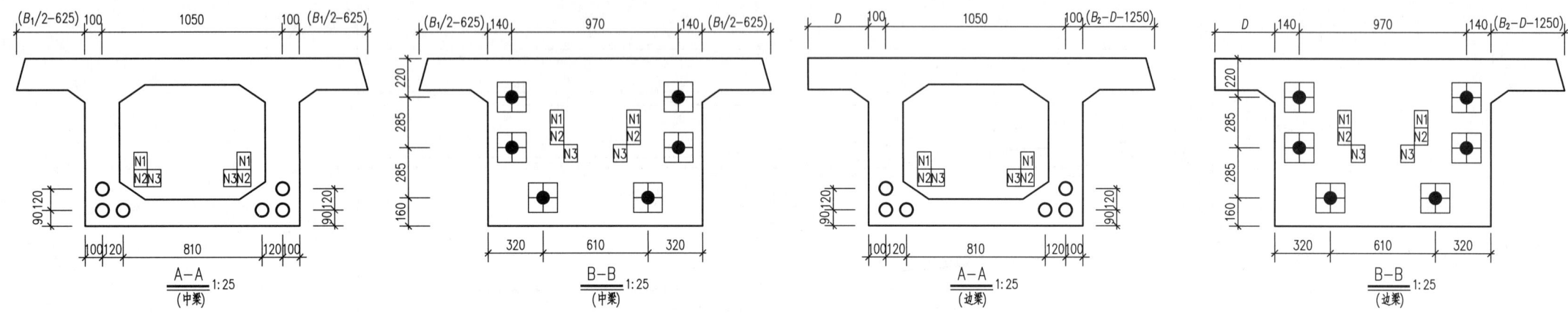

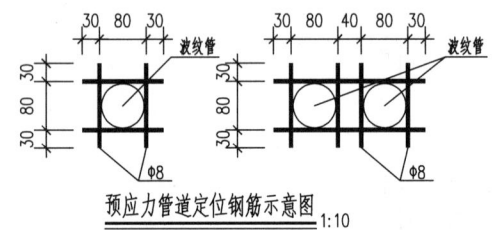

预应力管道定位钢筋示意图 1:10

预应力钢束材料表(公路－Ⅰ级/城－A级)
(边梁、中梁)

编号	型号	钢束单根长(mm)	钢束根数	钢束总长(m)	钢束总重(kg)	张拉端锚具(套) YJM15-5	YJM15-6	单根管道长(mm)	金属波纹管型号	管道数	管道总长(m)	每端引伸量 左侧/右侧(mm)	备注
N1	$\phi^S15.2-5$	21304	2	42.6	234.5	4		19704	JBG-60 Z	2	39.4	70/70	两端张拉
N2	$\phi^S15.2-5$	21284	2	42.6	234.3	4		19684	JBG-60 Z	2	39.4	70/70	两端张拉
N3	$\phi^S15.2-6$	21262	2	42.5	280.9		4	19662	JBG-65 Z	2	39.3	70/70	两端张拉
合计				127.7	749.7	8	4				118.1		

注：本预应力钢束数量表按梁长19960mm计算。

预应力钢束材料表(公路－Ⅱ级/城－B级)
(边梁、中梁)

编号	型号	钢束单根长(mm)	钢束根数	钢束总长(m)	钢束总重(kg)	张拉端锚具(套) YJM15-4	YJM15-5	单根管道长(mm)	金属波纹管型号	管道数	管道总长(m)	每端引伸量 左侧/右侧(mm)	备注
N1	$\phi^S15.2-4$	21304	2	42.6	187.6	4		19704	JBG-55 Z	2	39.4	70/70	两端张拉
N2	$\phi^S15.2-5$	21284	2	42.6	234.3		4	19684	JBG-60 Z	2	39.4	70/70	两端张拉
N3	$\phi^S15.2-5$	21262	2	42.5	234.1		4	19662	JBG-60 Z	2	39.3	70/70	两端张拉
合计				127.7	656.0	4	8				118.1		

注：本预应力钢束数量表按梁长19960mm计算。

附注：
1. 本图尺寸单位以毫米计。
2. 采用的预应力钢束应符合《预应力混凝土用钢绞线》GB/T 5224 的规定，f_{pk}=1860MPa，E_p=1.95×10⁵MPa；采用的群锚体系应符合《预应力筋用锚具、夹具和连接器》GB/T 14370 和《公路桥梁预应力钢绞线用锚具、夹具和连接器》JT/T 329 的技术要求，配套锚固件须符合本工程的锚固构造及锚下局部承压强度要求。
3. 达到以下条件时方可张拉预应力束：混凝土强度与弹性模量均达到设计的90%；日平均温度≥20℃时，龄期不小于5d；日平均温度＜20℃时，且龄期不小于7d后。张拉程序：0→初应力（0.1σ_{con}）→1.0σ_{con}→作持荷5min锚固，σ_{con}为预应力钢绞线锚下张拉控制应力；张拉工艺及要求按照《公路桥涵施工技术规范》JTG/T 3650 中有关章节执行。
4. 锚垫板位置及尺寸要求准确，锚垫板必须与预应力管道垂直；预应力钢束张拉后，应在距锚头3cm处切断，严禁采用电弧切割。
5. 预应力钢绞线锚下张拉控制应力为0.75f_{pk}，钢束张拉次序为N1→N2→N3，同一编号钢束宜对称张拉。采用双控，以张拉力为主，引伸量作为参考。
6. 采用的预应力管道应为符合《预应力混凝土用金属波纹管》JG/T 225 要求的增强型镀锌金属波纹管（μ=0.2，k=0.0015），预应力管道定位钢筋直线段按0.75m设置一组，曲线段按0.5m设置一组。按梁长L=19960mm计，每片刚接板梁的管道定位钢筋为37.2kg。
7. 现浇混凝土时要注意保证预应力管道的通畅，预应力张拉完毕后，预应力管道内应及时真空压浆，并满足《公路桥涵施工技术规范》JTG/T 3650-2020 中表 7.9.3 的相关要求。
8. 预应力钢束孔道与普通钢筋位置发生冲突时，普通钢筋的位置可适当调整，但在封锚时钢筋必须焊接恢复。张拉槽处钢筋长度以实际施工放样为准。
9. 刚接板梁的施工工艺及技术要求严格按照《公路桥涵施工技术规范》JTG/T 3650 的有关规定及本图集"设计说明"执行。
10. 图中材料数量表均按标准梁长计算，当梁长变化时，应对直线段钢束作相应调整。

20m钢束图（二）

图集号 2024沪Q004
页 92

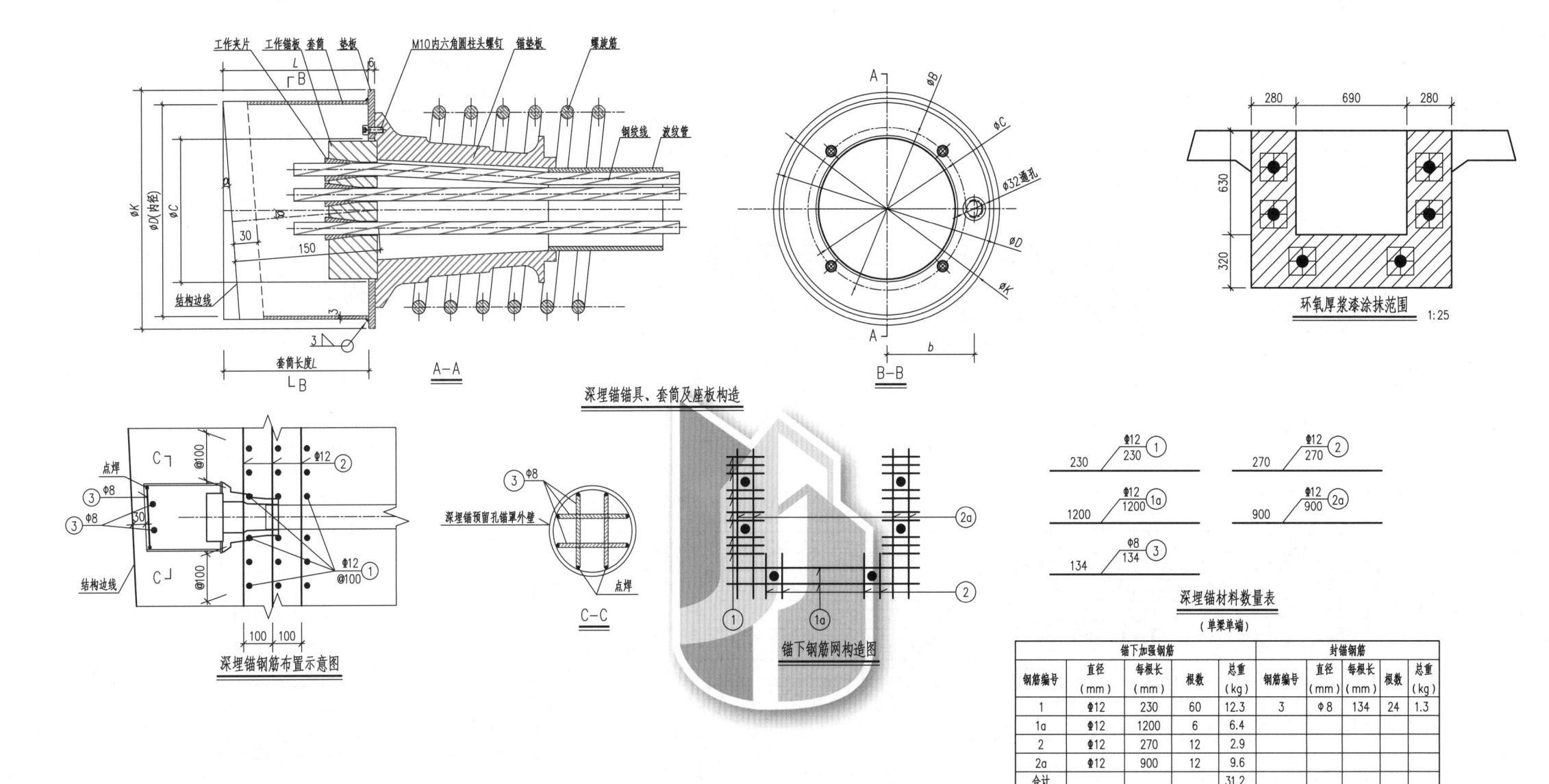

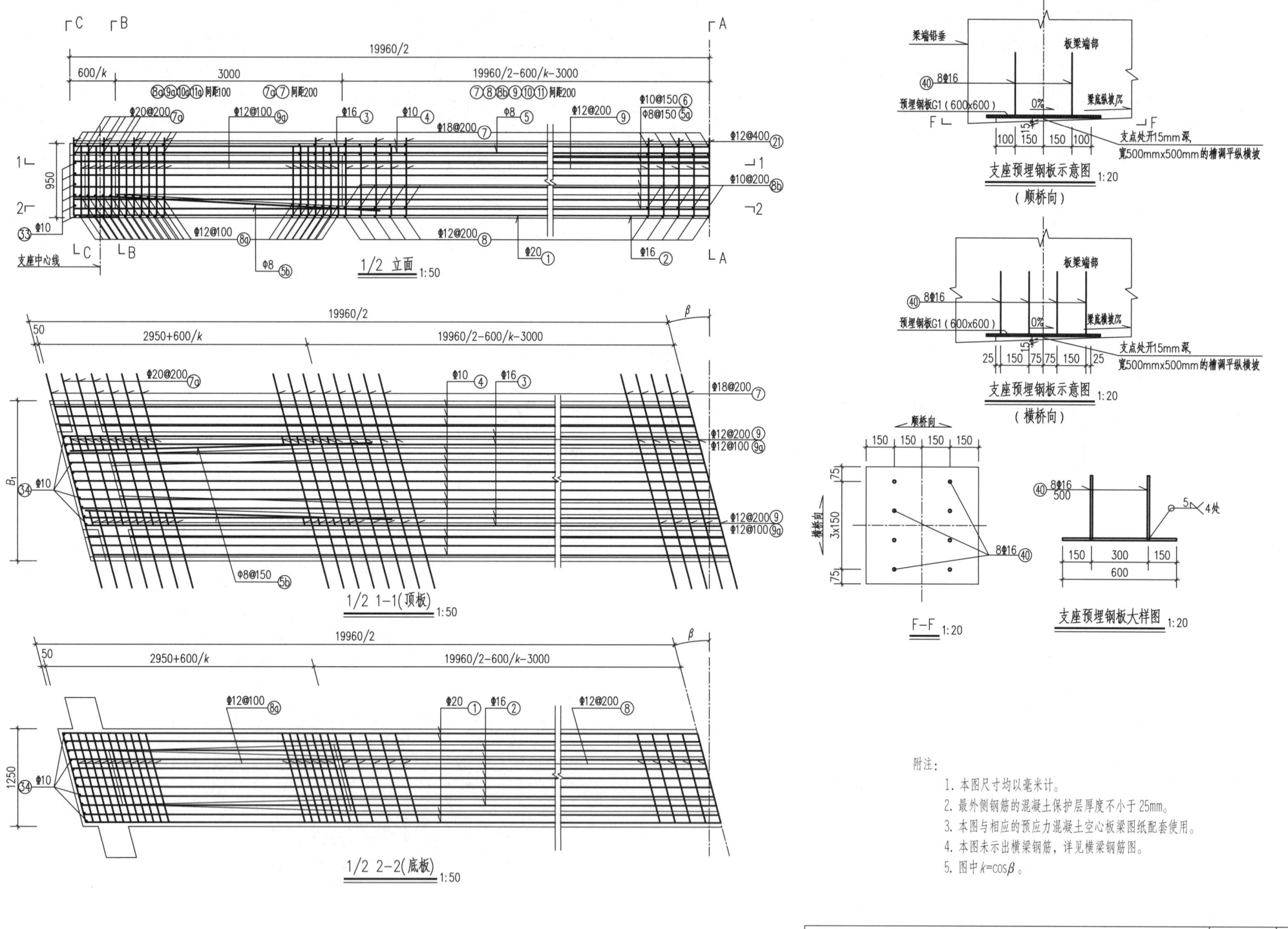

20m中梁钢筋图（一）

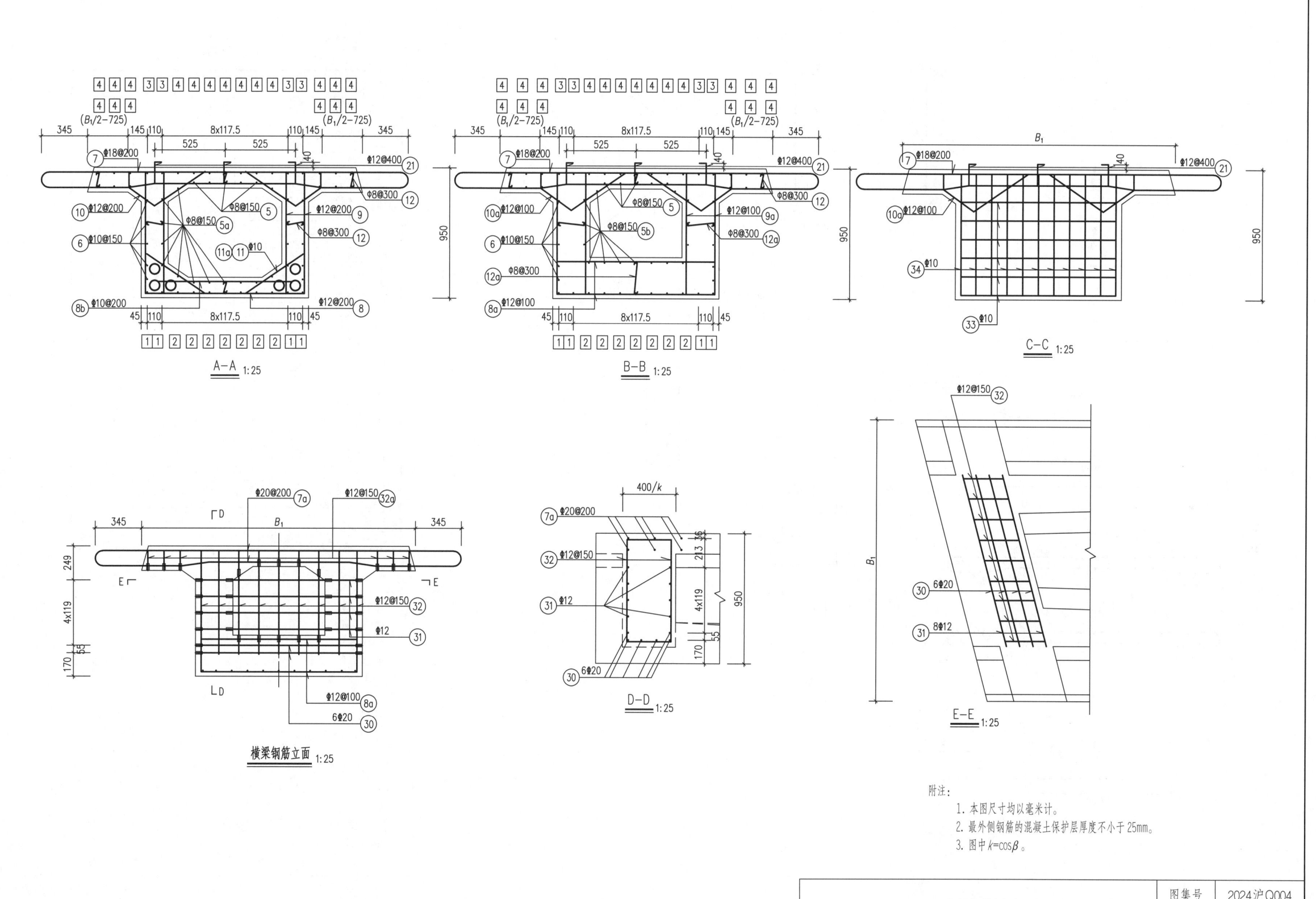

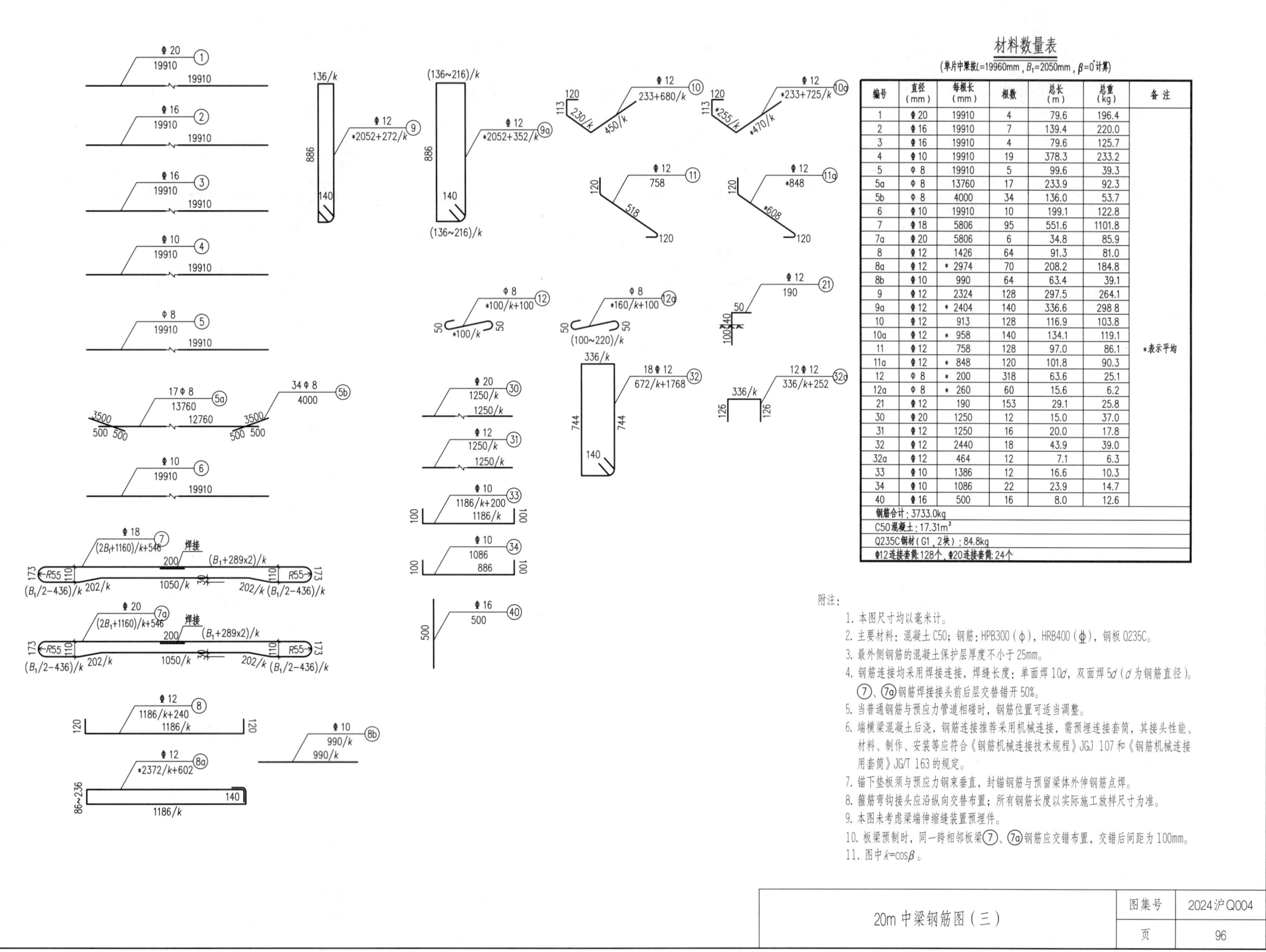

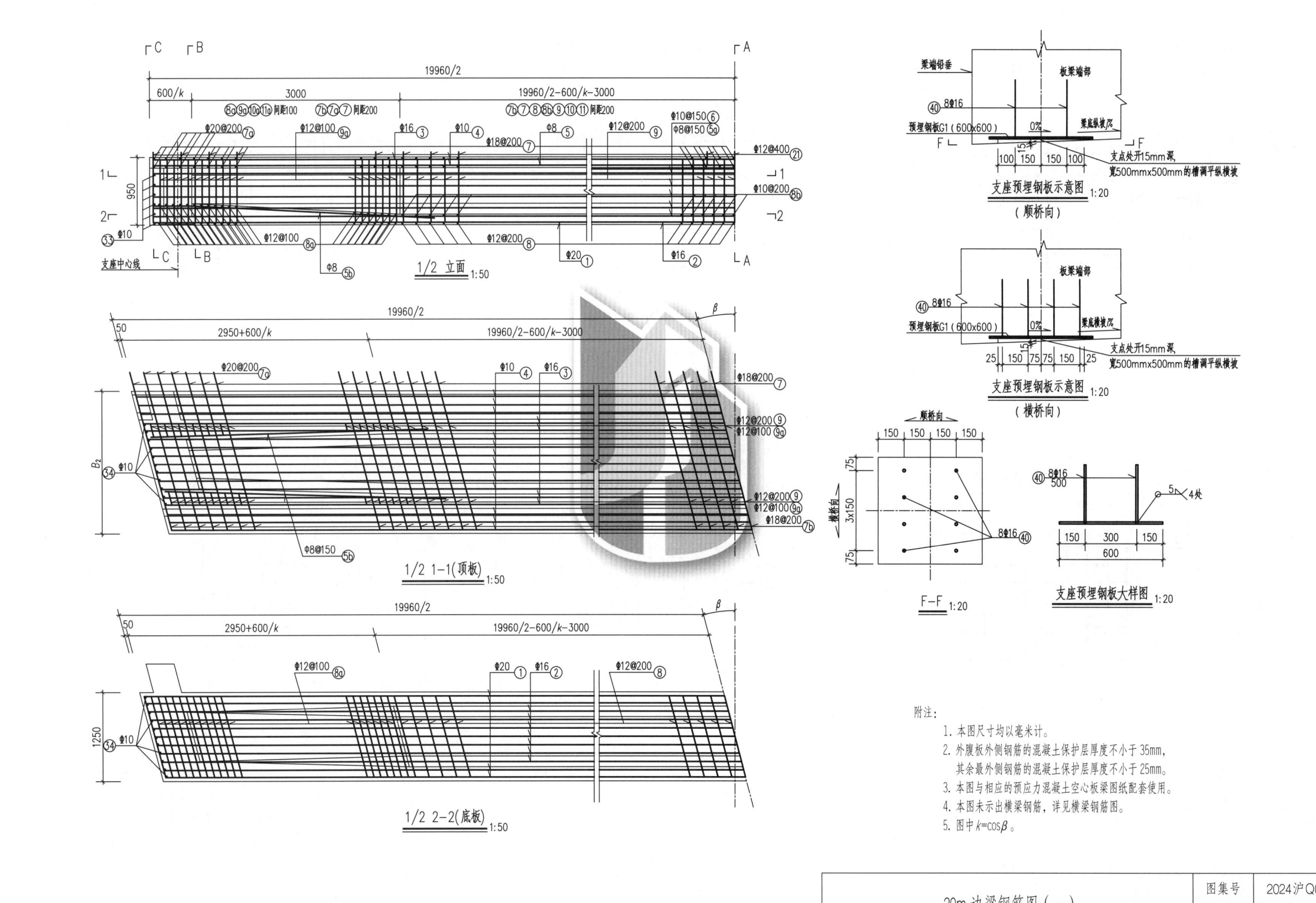

20m 边梁钢筋图（一）

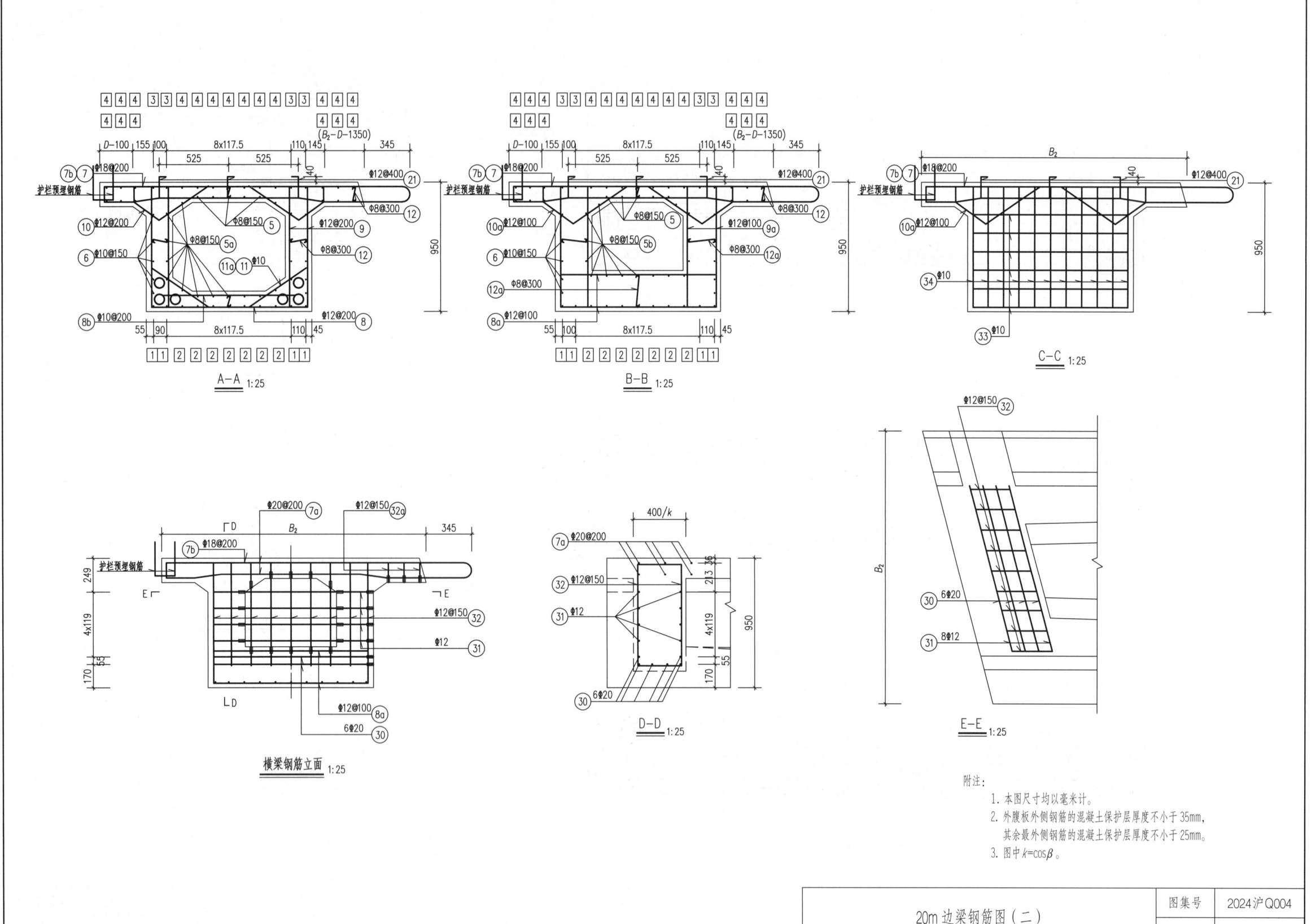

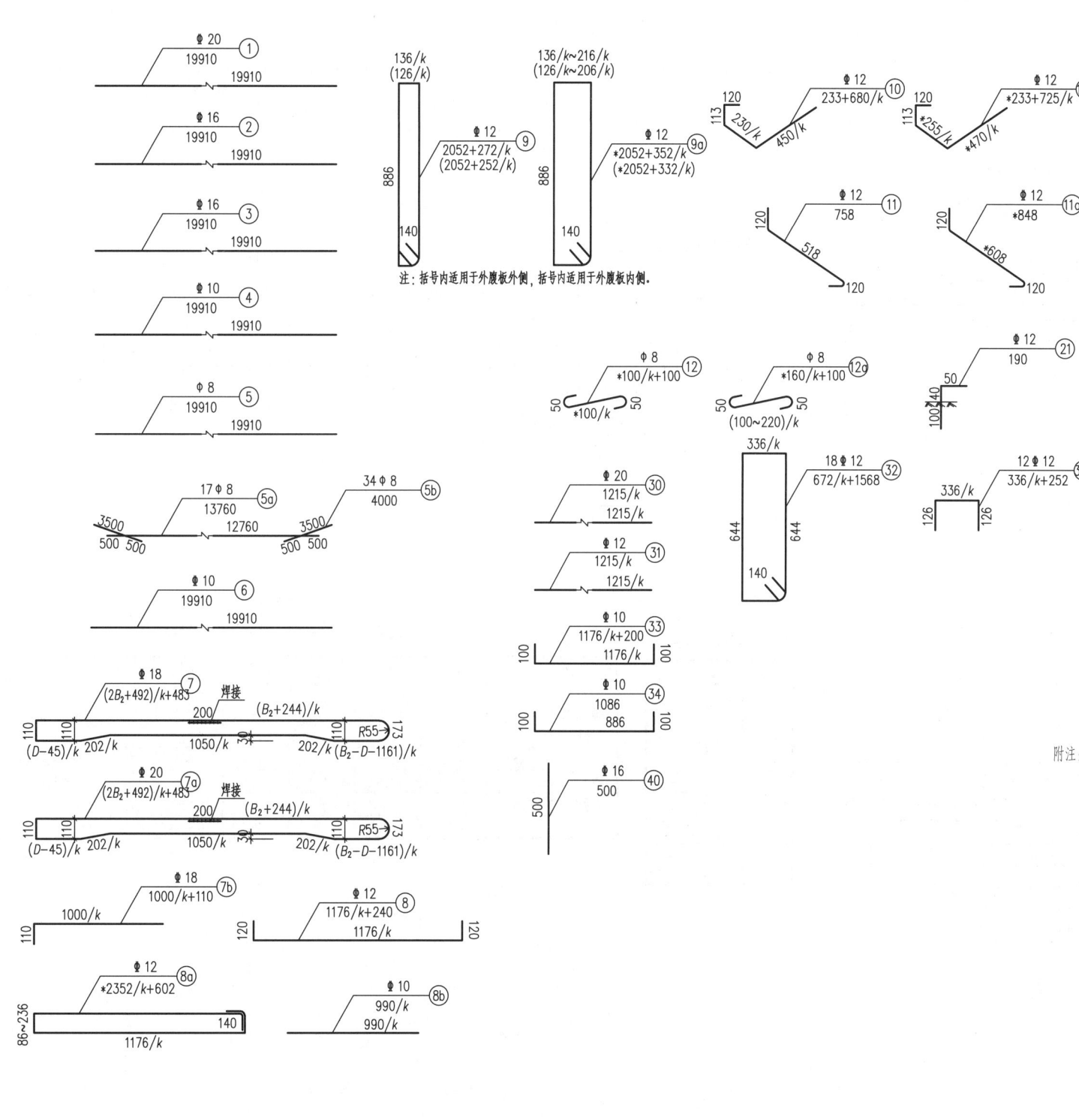

20m边梁钢筋图（三）

图集号 2024沪Q004
页 99

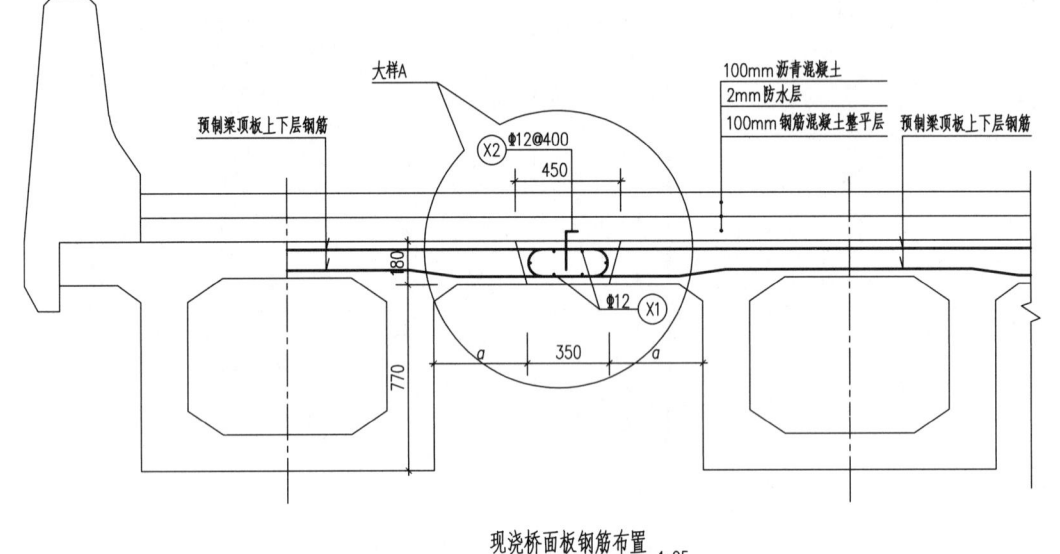

现浇桥面板钢筋布置 1:25

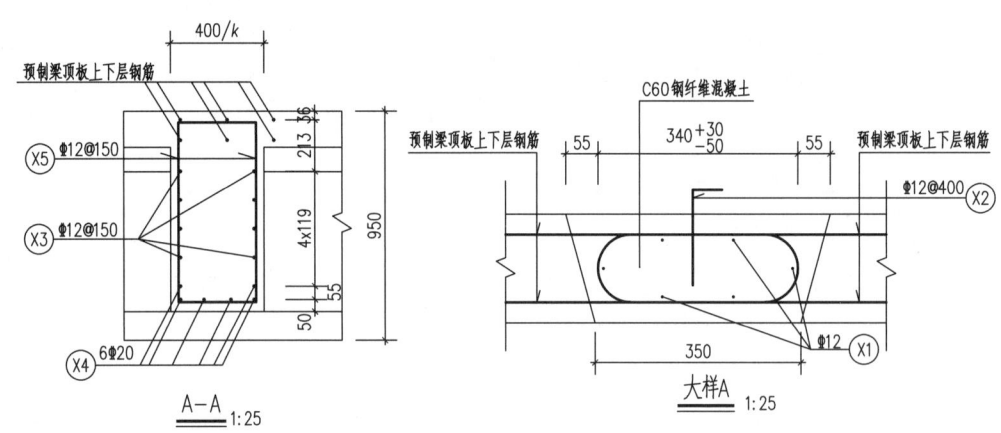

A—A 1:25

大样A 1:25

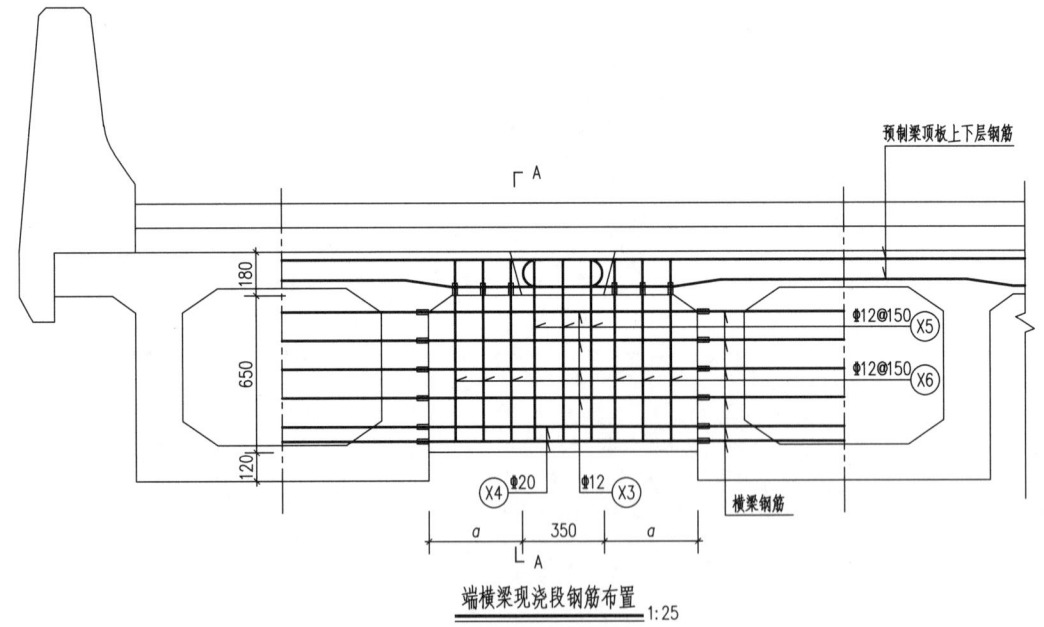

端横梁现浇段钢筋布置 1:25

钢筋大样表

编号	钢筋大样（mm）
X1	19910
X2	100,40 / 50
X3	(350+2a)/k
X4	(350+2a)/k
X5	744 / 336/k / 140
X6	618 / 336/k

材料数量表

（本表按梁长L=19960mm，a=400mm，按β=0°计算）

单个现浇段	编号	直径(mm)	每根长(mm)	根数	总长(m)	单位重(kg/m)	总重(kg)	单条缝合计
现浇湿接缝（每条）	X1	⌀12	19910	6	119.5	0.888	106.1	C60钢纤维混凝土：1.44m³ 钢筋总计：114.5kg
	X2	⌀12	190	50	9.5	0.888	8.4	
端横梁（两道）	X3	⌀12	1150	16	18.4	0.888	16.3	C60钢纤维混凝土：0.59m³ 钢筋总计：80.0kg
	X4	⌀20	1150	12	13.8	2.466	34.0	
	X5	⌀12	2440	6	14.6	0.888	13.0	
	X6	⌀12	1572	12	18.9	0.888	16.7	

附注：
1. 本图尺寸均以毫米计。
2. 最外侧钢筋的混凝土保护层厚度不小于25mm。
3. 桥面板纵向钢筋与横梁钢筋有冲突时，桥面板钢筋可适当调整。
4. 接缝面处理按《公路桥涵施工技术规范》JTG 3650-2020 第6.11.6条执行，施工方需制定施工工艺，保证施工缝质量。
5. 端横梁混凝土后浇，钢筋连接推荐采用机械连接，需预埋连接套筒，其接头性能、材料、制作、安装等应符合现行《钢筋机械连接技术规程》JGJ 107和《钢筋机械连接用套筒》JG/T 163的规定。
6. 湿接缝内预制梁横向钢筋搭接长度为340mm $^{+30}_{-50}$。
7. 图中k=cosβ。

20m桥面板现浇缝

图集号：2024沪Q004
页：100

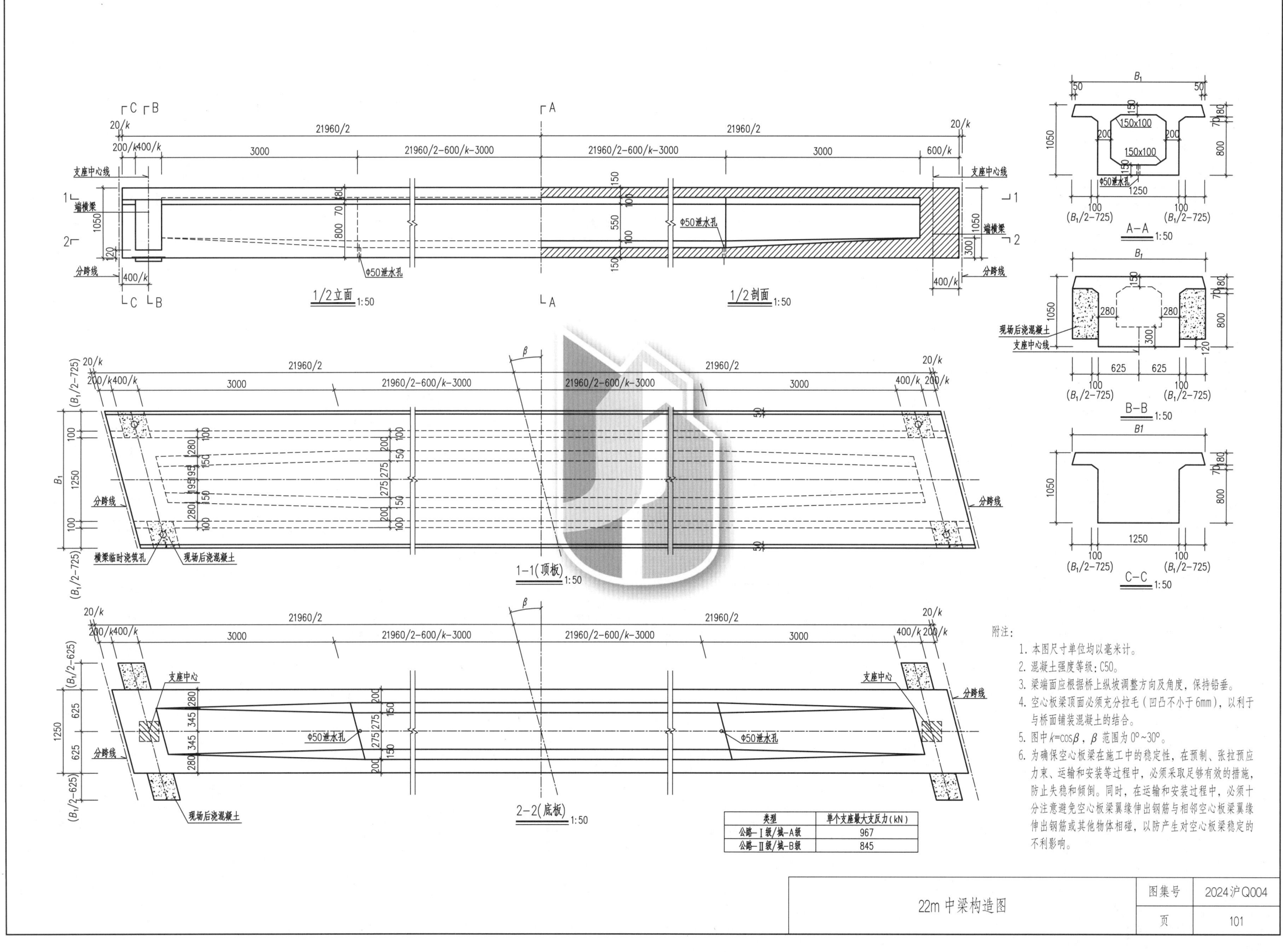

22m中梁构造图

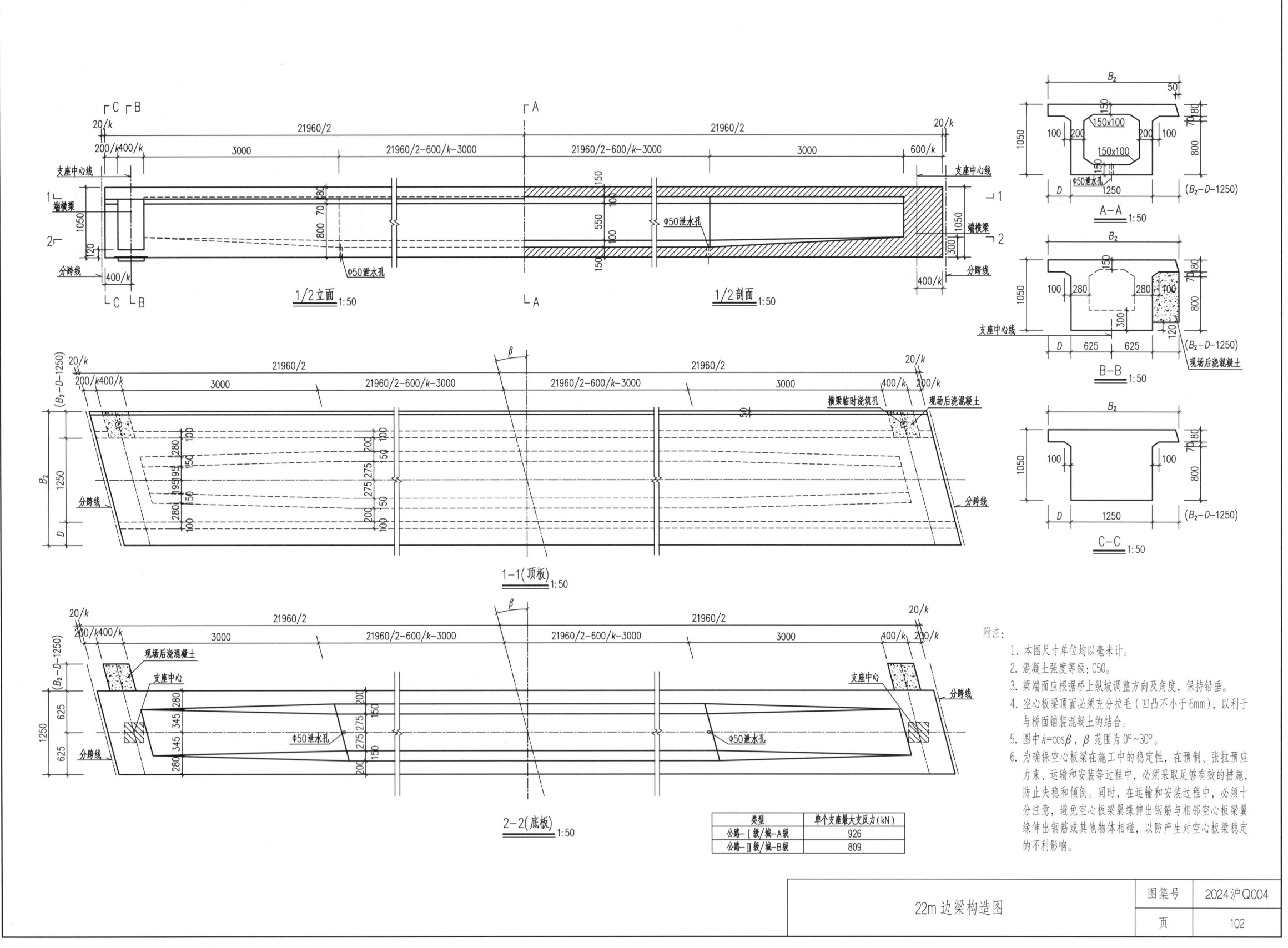

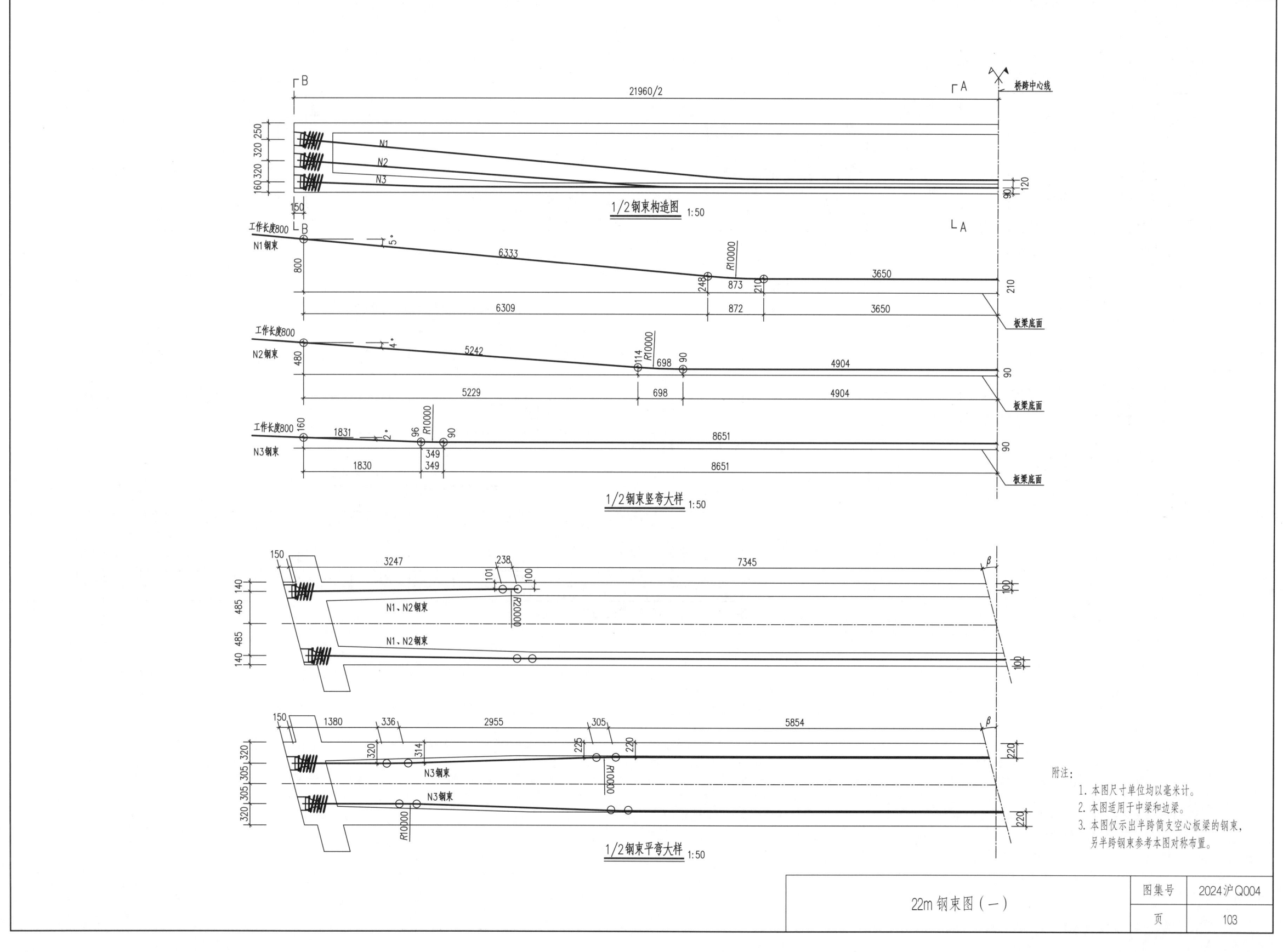

22m 钢束图（一）

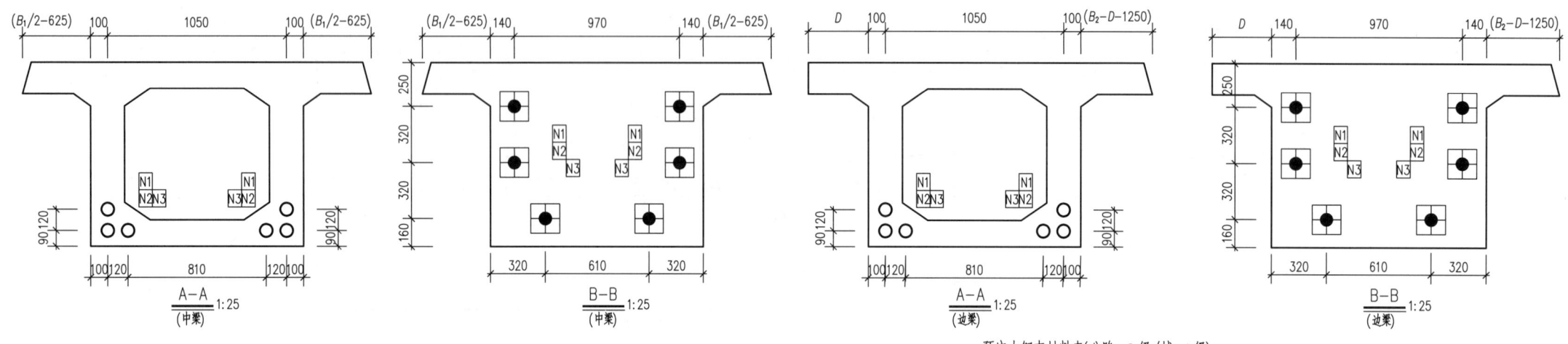

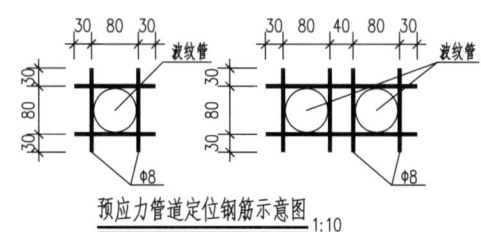

预应力管道定位钢筋示意图 1:10

预应力钢束材料表(公路—Ⅰ级/城—A级)
（边梁、中梁）

编号	型号	钢束单根长(mm)	钢束根数	钢束总长(m)	钢束总重(kg)	张拉端锚具(套) YJM15-5	张拉端锚具(套) YJM15-6	单根管道长(mm)	金属波纹管型号	管道数	管道总长(m)	每端引伸量 左侧/右侧(mm)	备注
N1	$\phi^s15.2$-5	23312	2	46.6	256.7	4		21712	JBG-60 Z	2	43.4	76/76	两端张拉
N2	$\phi^s15.2$-6	23287	2	46.6	307.7		4	21687	JBG-65 Z	2	43.4	76/76	两端张拉
N3	$\phi^s15.2$-6	23262	2	46.5	307.3		4	21662	JBG-65 Z	2	43.3	76/76	两端张拉
合计				139.7	871.7	4	8				130.1		

注：本预应力钢束数量表按梁长21960mm计算。

预应力钢束材料表(公路—Ⅱ级/城—B级)
（边梁、中梁）

编号	型号	钢束单根长(mm)	钢束根数	钢束总长(m)	钢束总重(kg)	张拉端锚具(套) YJM15-5	张拉端锚具(套) YJM15-6	单根管道长(mm)	金属波纹管型号	管道数	管道总长(m)	每端引伸量 左侧/右侧(mm)	备注
N1	$\phi^s15.2$-5	23312	2	46.6	256.7	4		21712	JBG-60 Z	2	43.4	76/76	两端张拉
N2	$\phi^s15.2$-5	23287	2	46.6	256.4	4		21687	JBG-60 Z	2	43.4	76/76	两端张拉
N3	$\phi^s15.2$-5	23262	2	46.5	256.1	4		21662	JBG-60 Z	2	43.3	76/76	两端张拉
合计				139.7	769.2	12					130.1		

注：本预应力钢束数量表按梁长21960mm计算。

附注：

1. 本图尺寸单位以毫米计。
2. 采用的预应力钢束应符合《预应力混凝土用钢绞线》GB/T 5224 的规定，f_{pk}=1860MPa，E_p=1.95×10⁵MPa；采用的群锚体系应符合《预应力筋用锚具、夹具和连接器》GB/T 14370 和《公路桥梁预应力钢绞线用锚具、夹具和连接器》JT/T 329 的技术要求，配套锚固件须符合本工程的锚固构造及锚下局部承压强度要求。
3. 达到以下条件时方可张拉预应力束：混凝土强度及弹性模量均达到设计的90%；日平均温度≥20℃时，龄期不小于5d；日平均温度<20℃时，且龄期不小于7d后。张拉程序：0→初应力（0.1σ_{con}）→1.0σ_{con}→作持荷5mm锚固，σ_{con} 为预应力钢绞线锚下张拉控制应力；张拉工艺及要求按照《公路桥涵施工技术规范》JTG/T 3650 中相关规定执行。
4. 锚垫板位置及尺寸要求准确，锚垫板必须与预应力管道垂直；预应力钢束张拉后，应在距锚头 3cm 处切割，严禁电弧切割。
5. 预应力钢绞线锚下张拉控制应力为 0.75f_{pk}，钢束张拉次序为N1→N2→N3，同一编号钢束宜对称张拉。采用双控，以张拉力为主，引伸量作为参考。
6. 采用的预应力管道应为符合《预应力混凝土用金属波纹管》JG/T 225 要求的增强型镀锌金属波纹管（μ=0.2，k=0.0015），预应力管道定位钢筋直线段按 0.75m 设置一组，曲线段按 0.5m 设置一组。按梁长 L=21960mm 计，每片刚接板梁的管道定位钢筋为40.2kg。
7. 现浇混凝土时要注意保证预应力管道的通畅，预应力张拉完毕后，预应力管道内应及时真空压浆，并满足《公路桥涵施工技术规范》JTG/T 3650-2020 中表 7.9.3 的相关要求。
8. 预应力钢束孔道与普通钢筋位置发生冲突时，普通钢筋的位置可适当调整，但在封锚时钢筋必须焊接恢复。张拉槽处钢筋长度以实际施工放样为准。
9. 刚接板梁的施工工艺及要求严格按照《公路桥涵施工技术规范》JTG/T 3650 的有关规定及本图集"设计说明"执行。
10. 图中材料数量表均按标准梁长计算，当梁长变化时，应对直线段钢束作相应调整。

22m 钢束图（二）

图集号 2024沪Q004

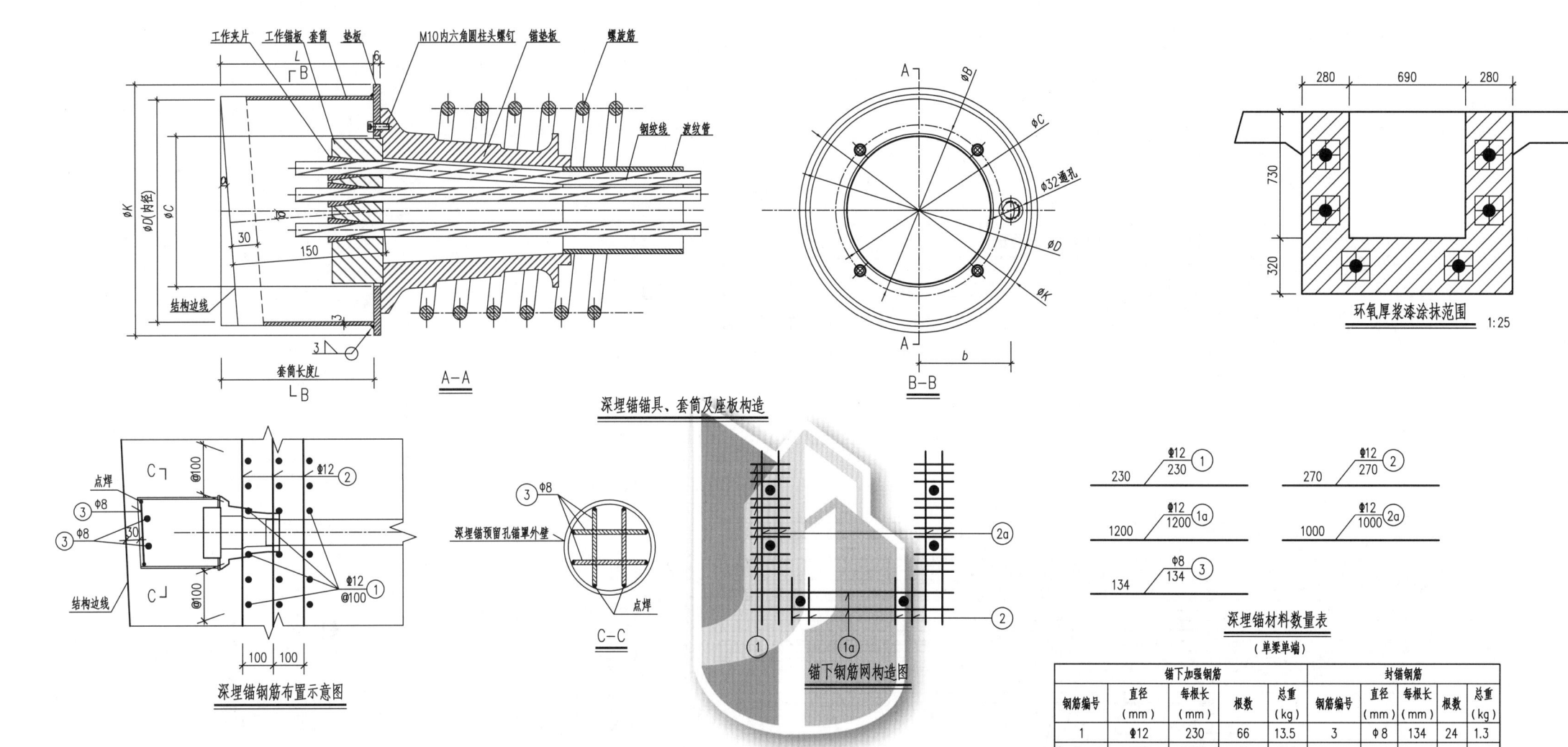

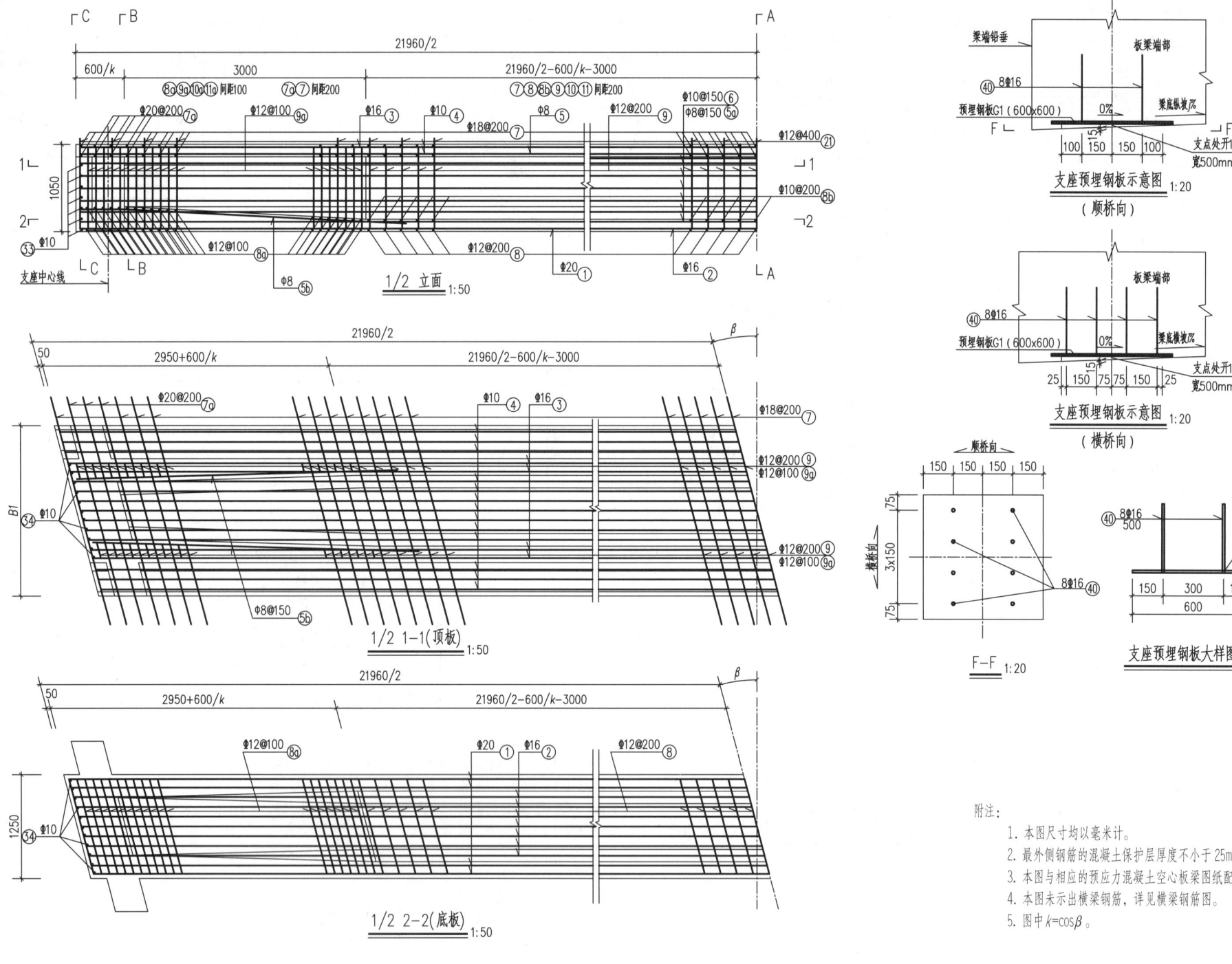

22m中梁钢筋图（一）

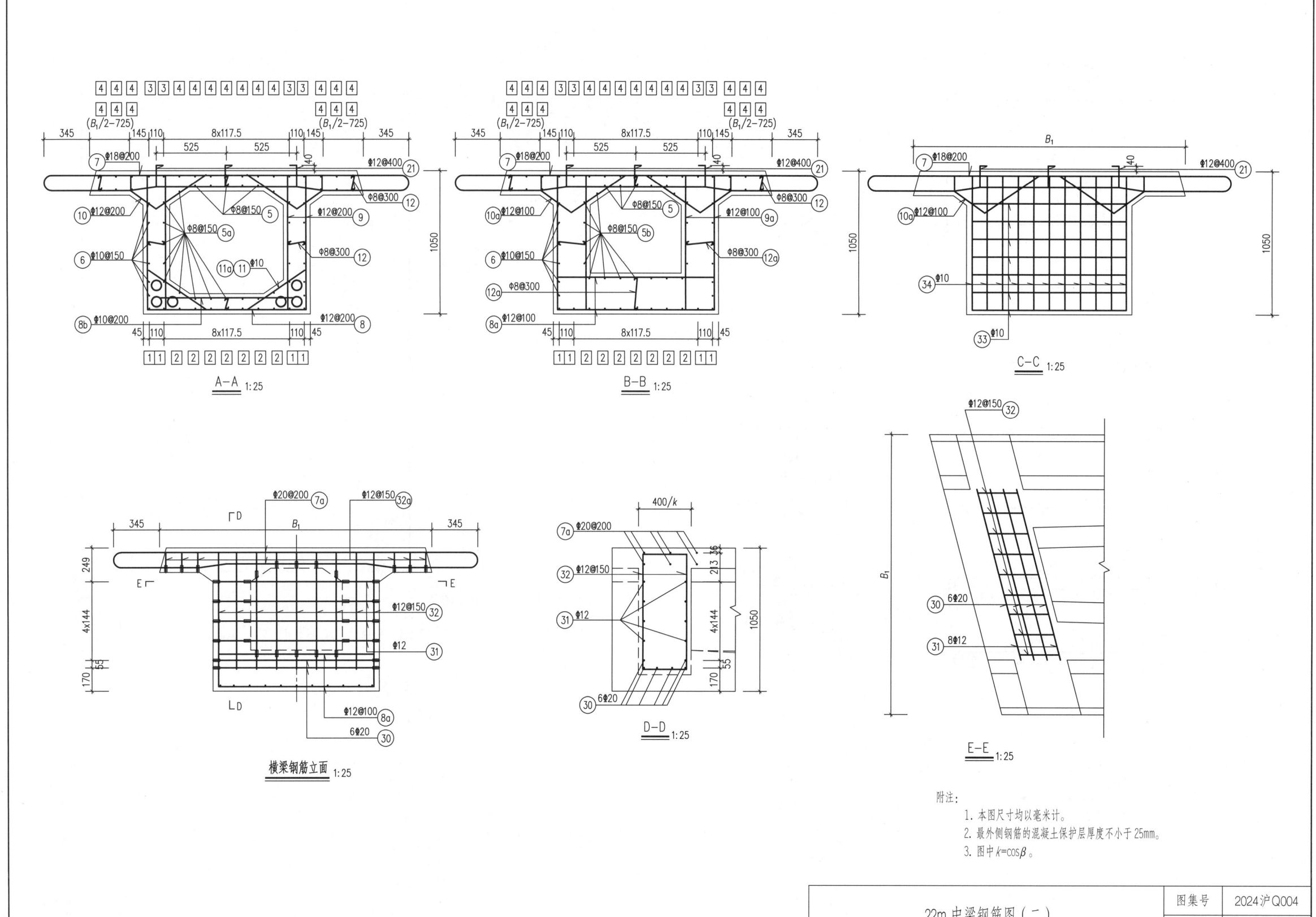

22m 中梁钢筋图（二）

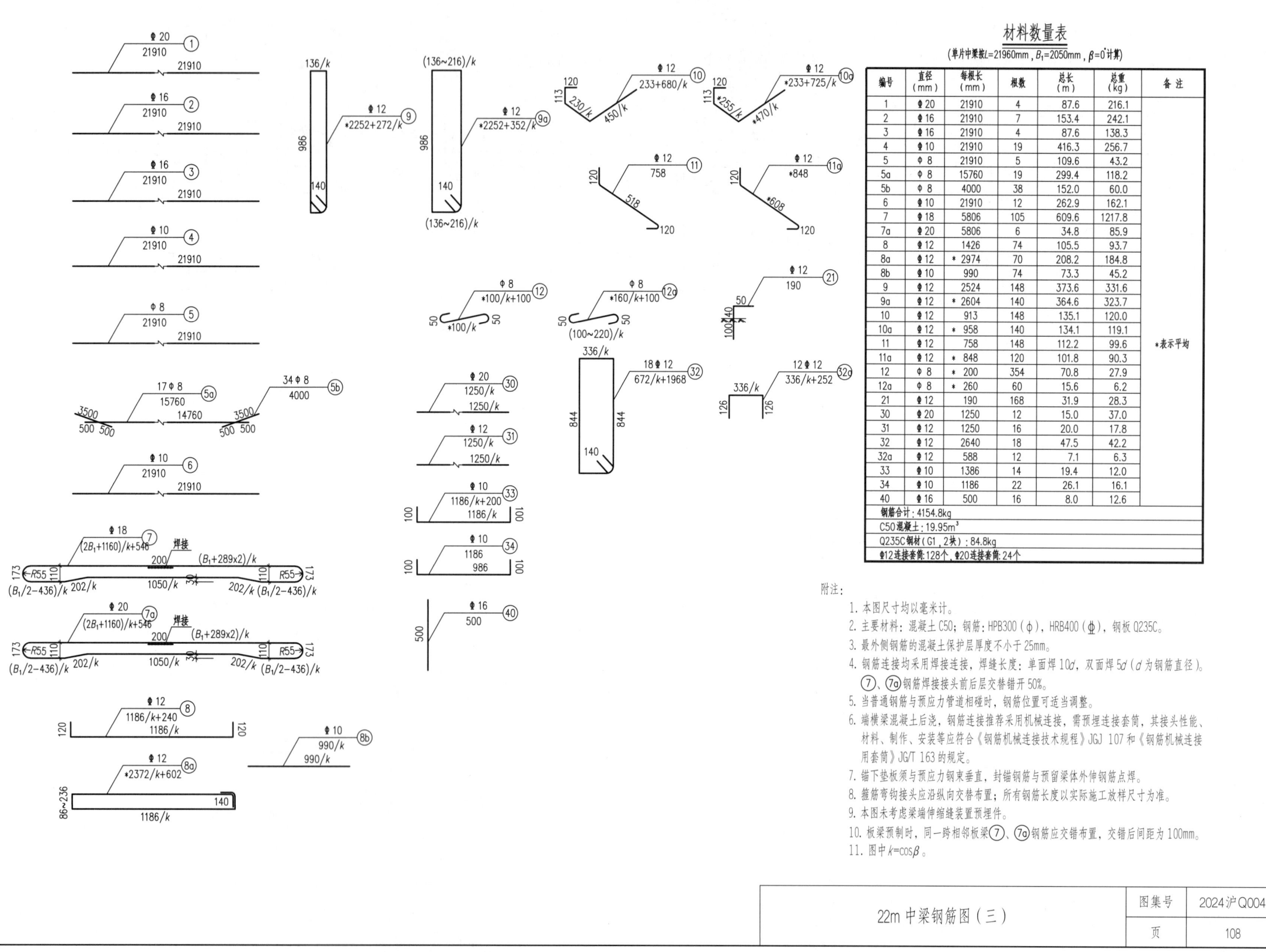

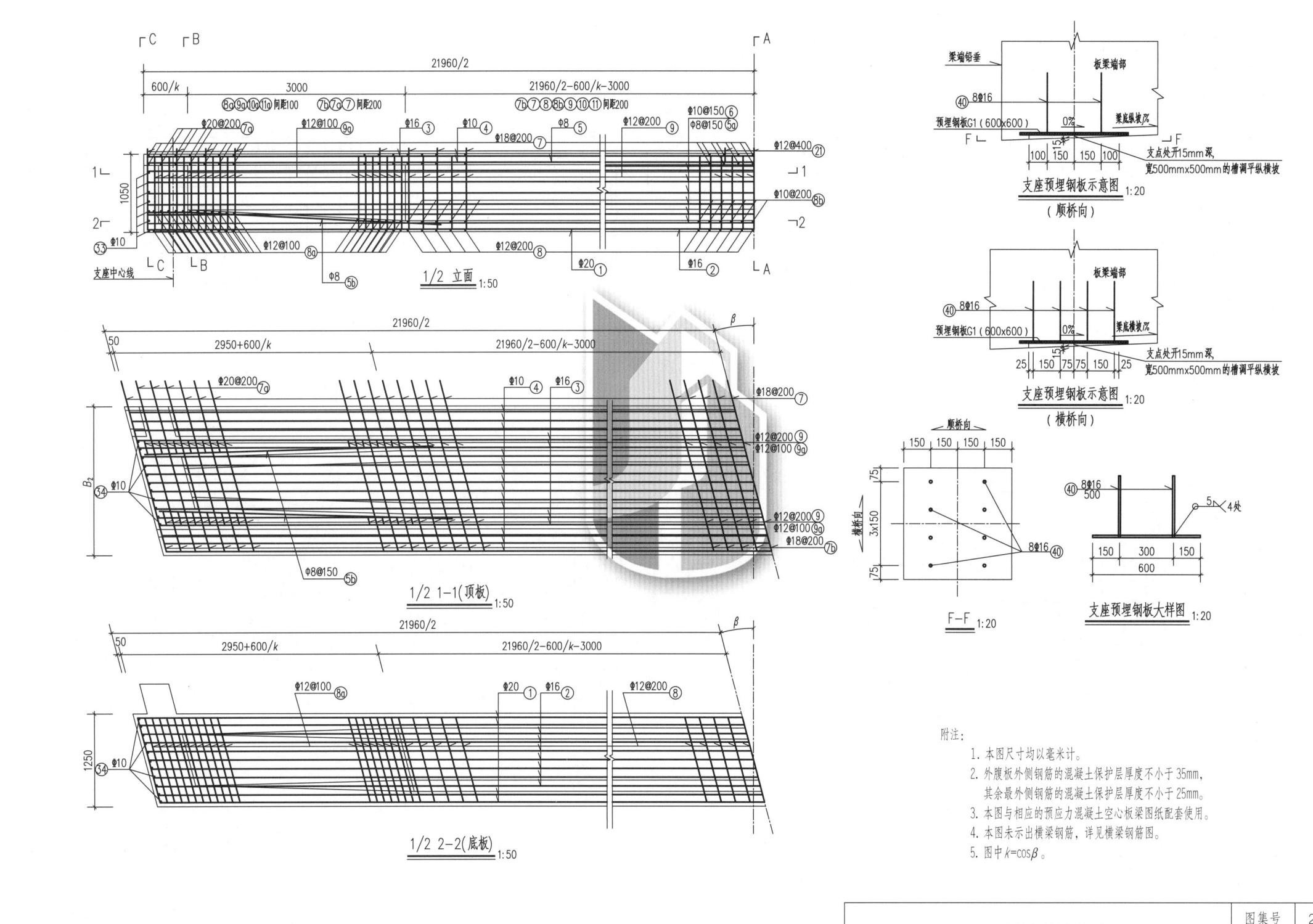

22m边梁钢筋图（一）

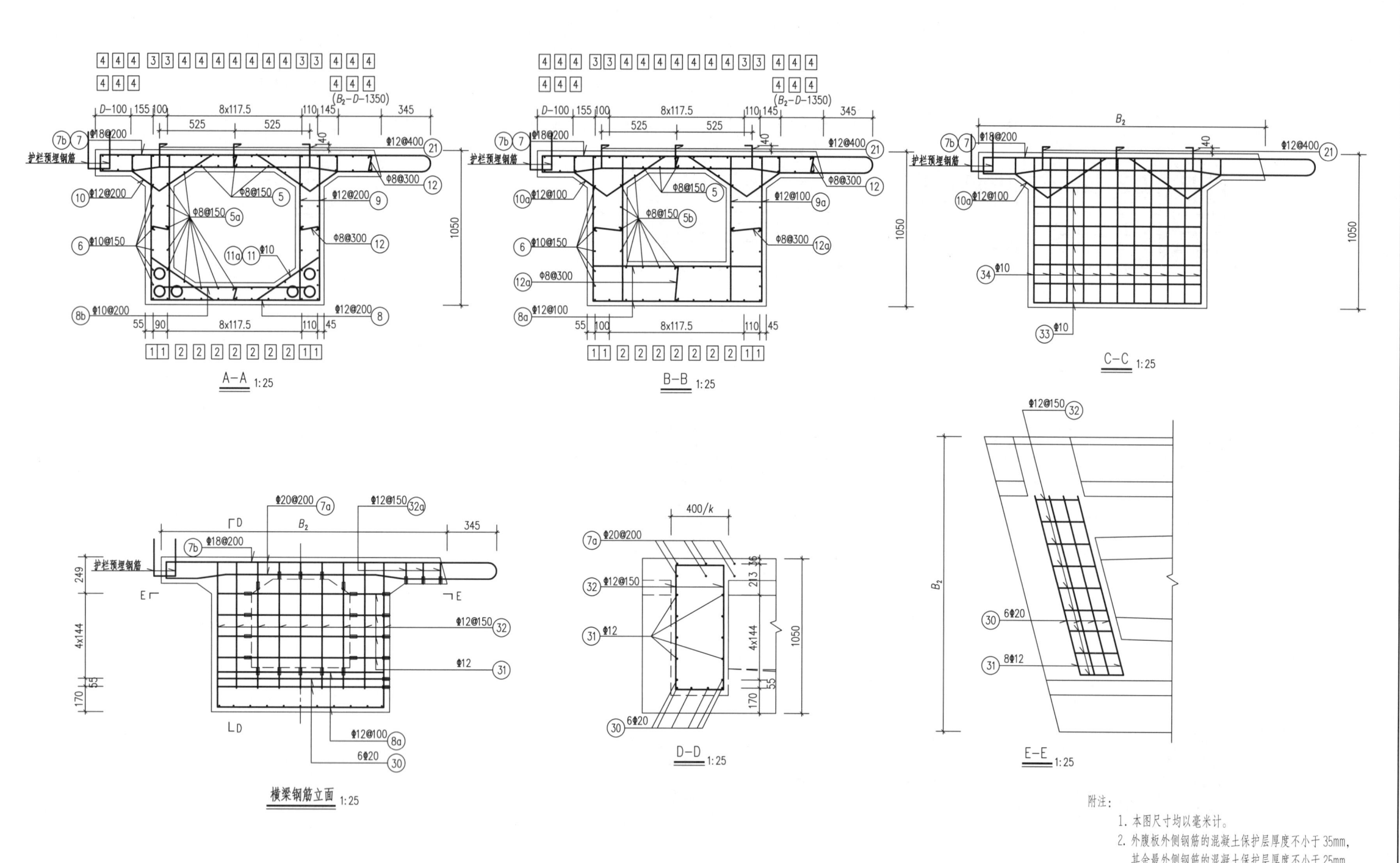

22m 边梁钢筋图（二）

图集号 2024沪Q004
页 110

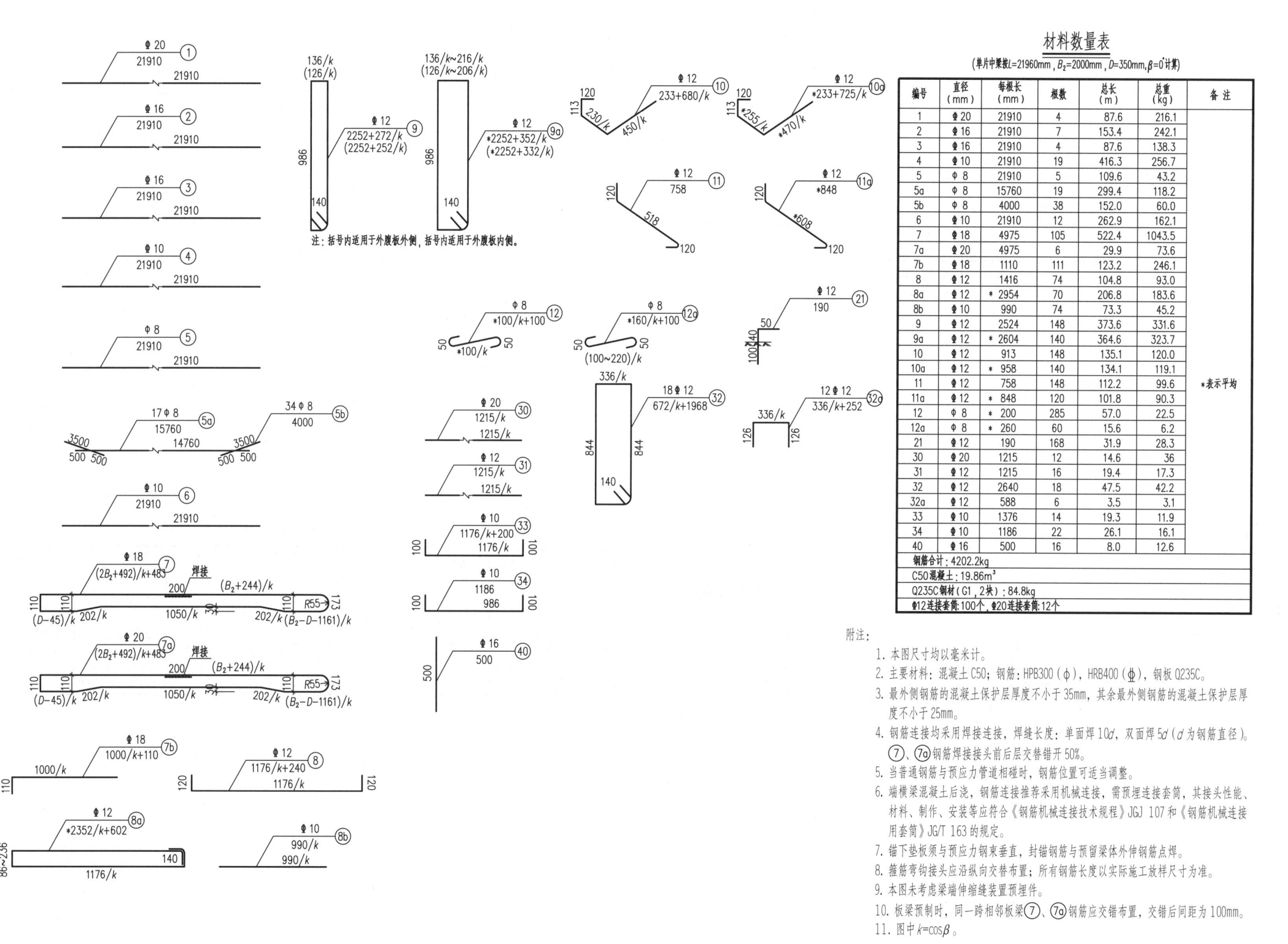

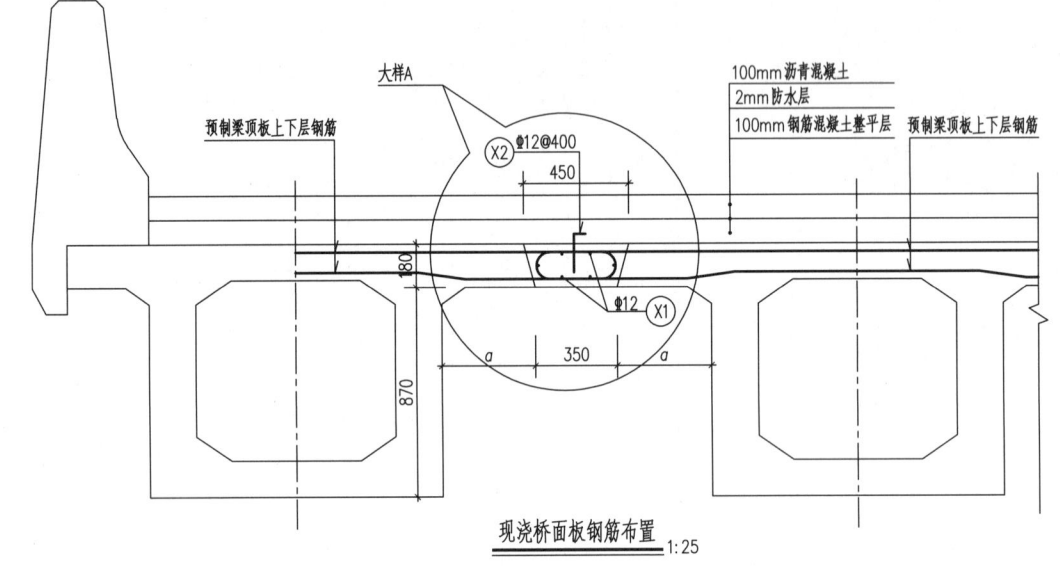
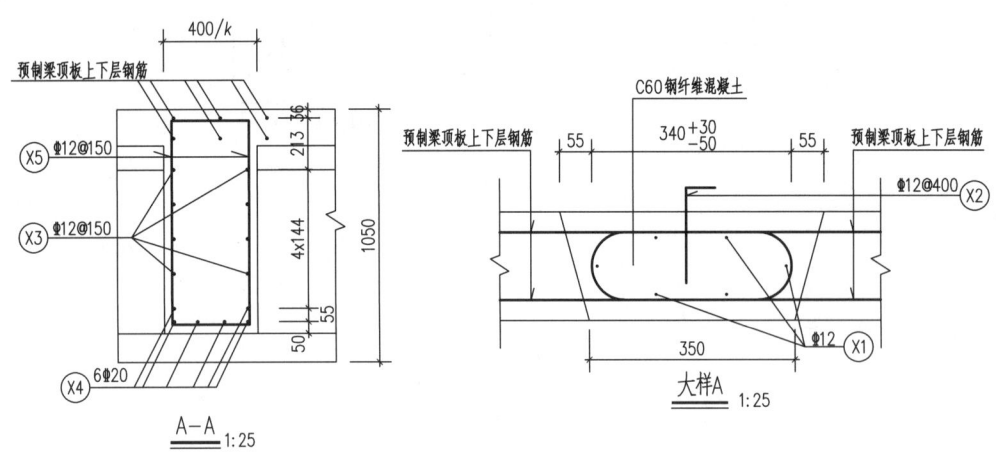
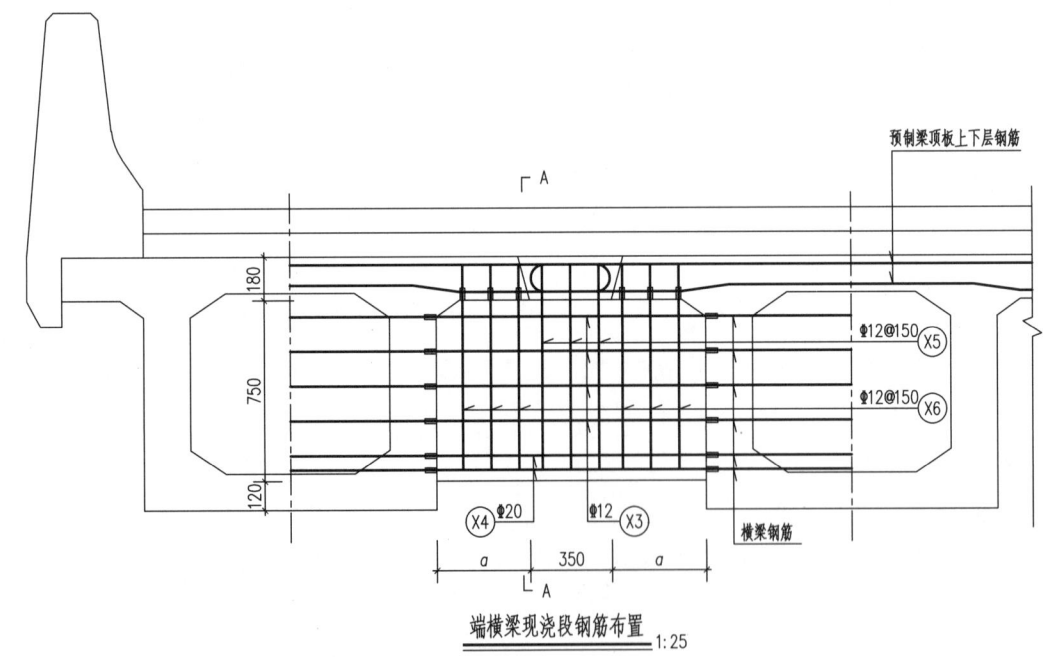

钢筋大样表

编号	钢筋大样(mm)
X1	21910
X2	50 / 100+40/k
X3	(350+2a)/k
X4	(350+2a)/k
X5	336/k 844 / 140
X6	718 / 336/k

材料数量表

(本表按梁长L=21960mm，a=400mm，接β=0°计算)

	编号	直径(mm)	每根长(mm)	根数	总长(m)	单位重(kg/m)	总重(kg)	单条缝合计
单个现浇段 现浇湿接缝 (每条)	X1	Φ12	21910	6	131.5	0.888	116.7	C60钢纤维混凝土：1.58m³ 钢筋总计：126.0kg
	X2	Φ12	190	55	10.5	0.888	9.3	
端横梁 (两道)	X3	Φ12	1150	16	18.4	0.888	16.3	C60钢纤维混凝土：0.68m³ 钢筋总计：83.3kg
	X4	Φ20	1150	12	13.8	2.466	34.0	
	X5	Φ12	2640	6	15.8	0.888	14.1	
	X6	Φ12	1772	12	21.3	0.888	18.9	

附注：
1. 本图尺寸均以毫米计。
2. 最外侧钢筋的混凝土保护层厚度不小于25mm。
3. 桥面板纵向钢筋与横梁钢筋有冲突时，桥面板钢筋可适当调整。
4. 接缝面处理按《公路桥涵施工技术规范》JTG 3650-2020 第6.11.6条执行，施工方需制定施工工艺，保证施工缝质量。
5. 端横梁混凝土后浇，钢筋连接推荐采用机械连接，需预埋连接套筒，其接头性能、材料、制作、安装等应符合现行《钢筋机械连接技术规程》JGJ 107和《钢筋机械连接用套筒》JG/T 163的规定。
6. 湿接缝内预制梁横向钢筋搭接长度为340mm $^{+30}_{-50}$。
7. 图中 $k=\cos\beta$。

22m桥面板现浇缝

图集号：2024沪Q004
页：112

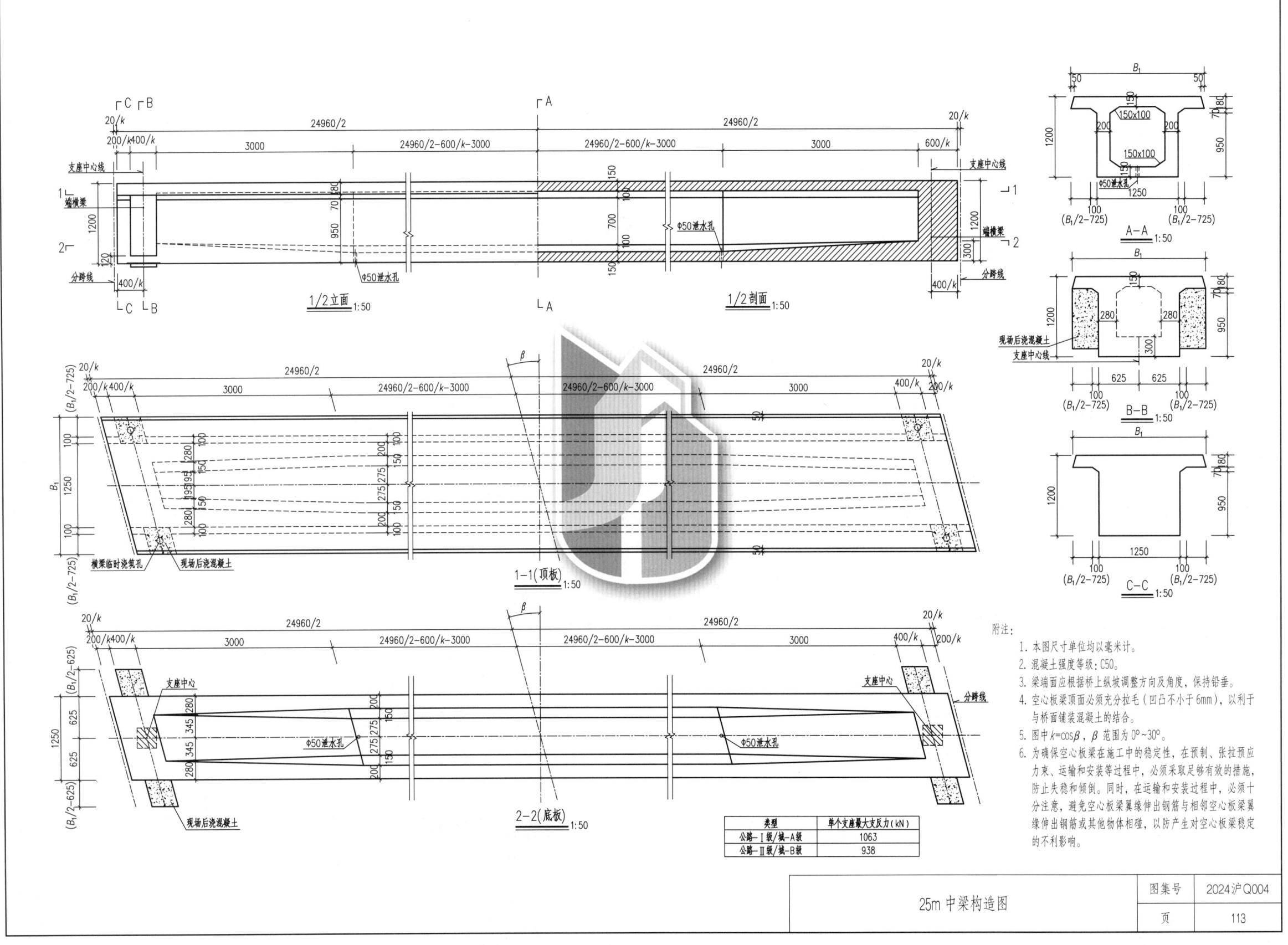

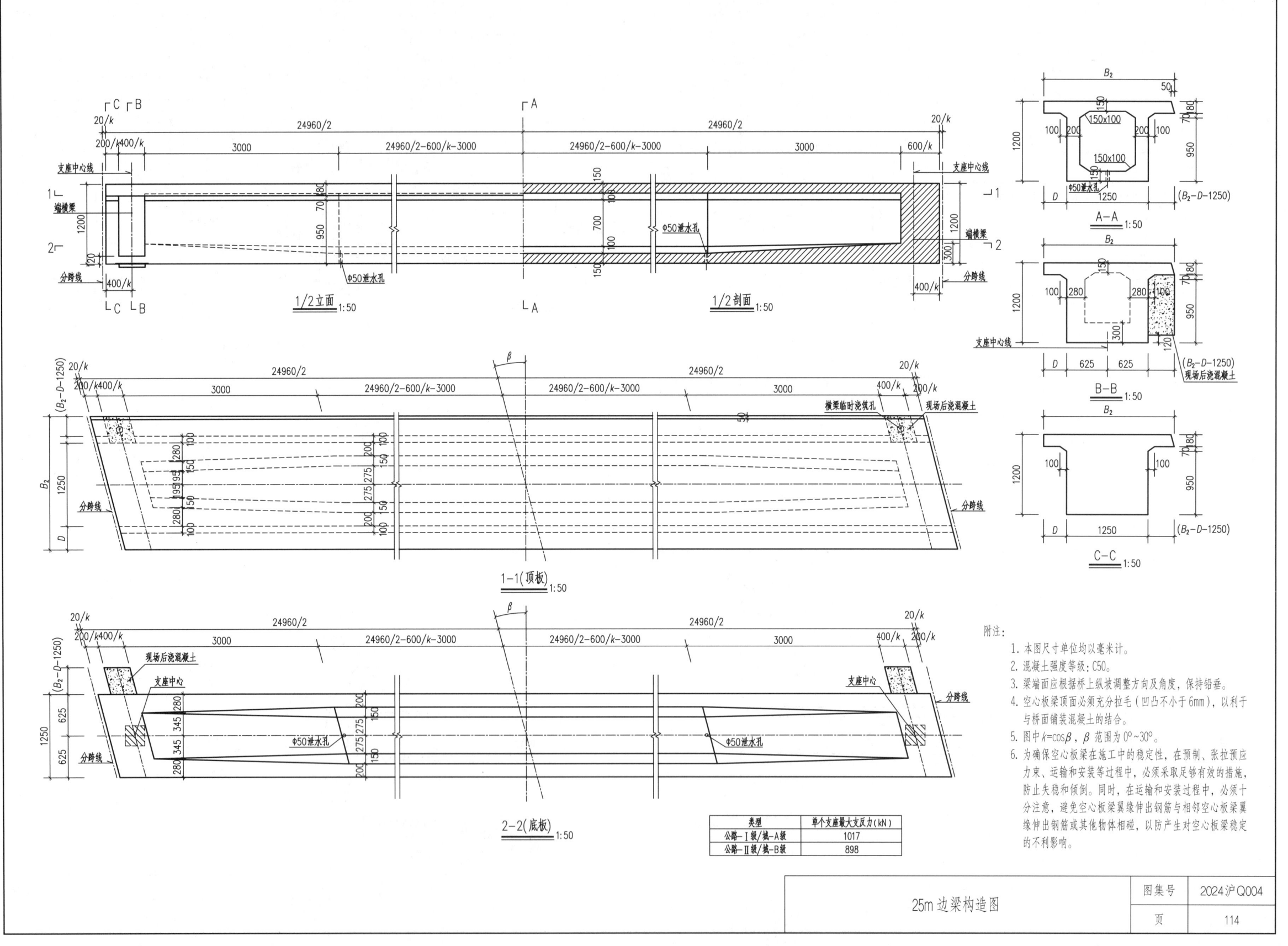

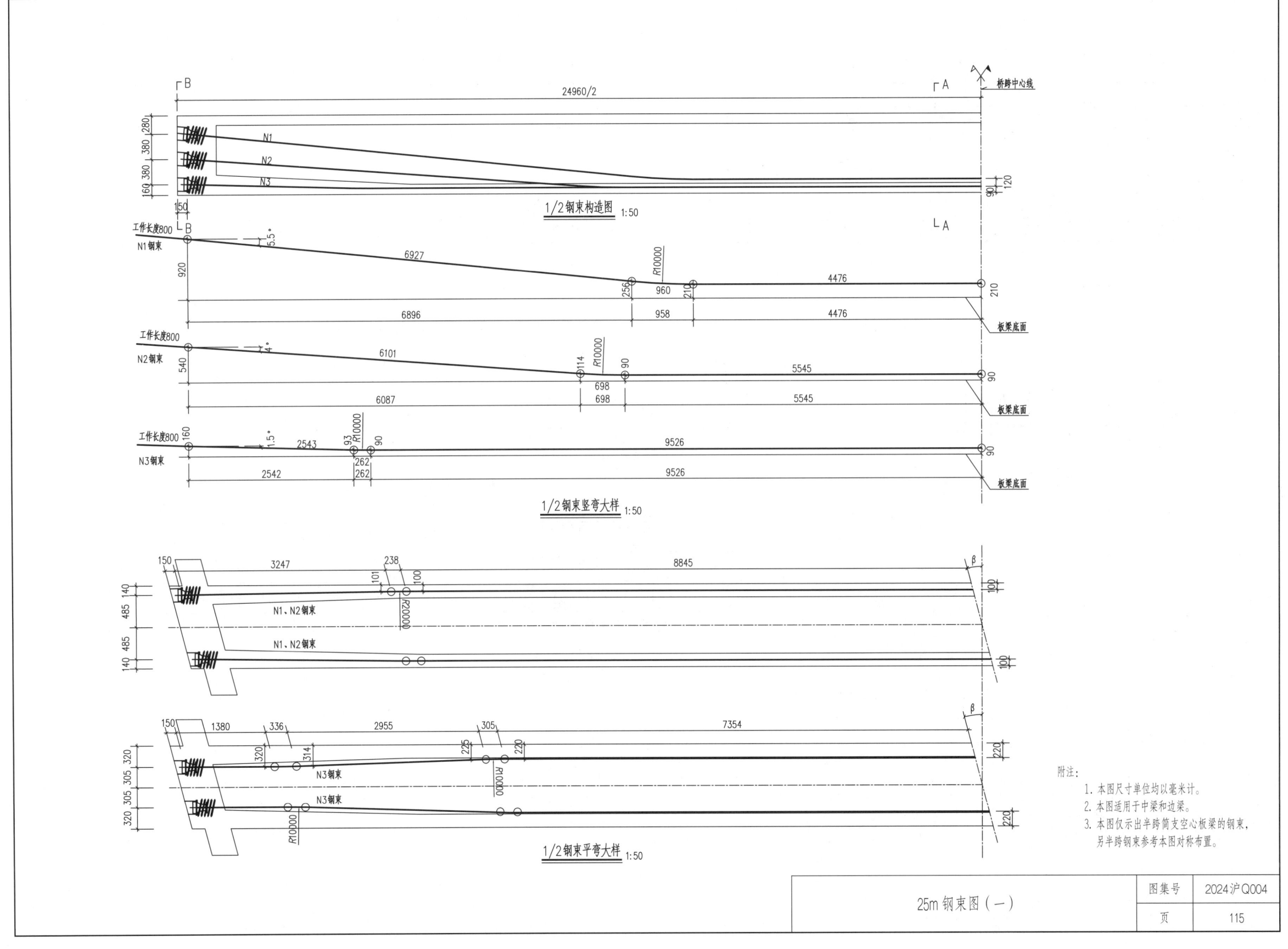

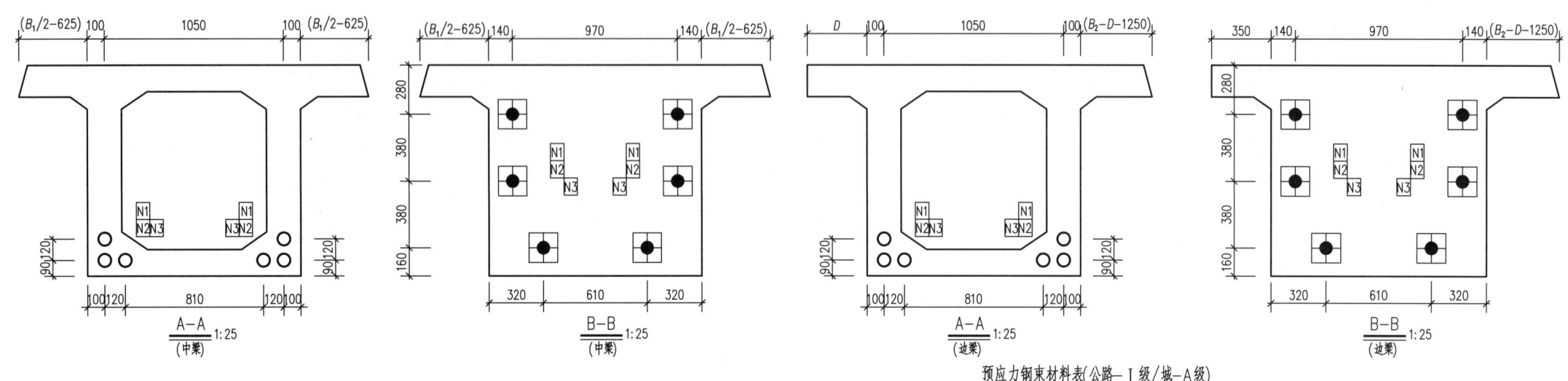

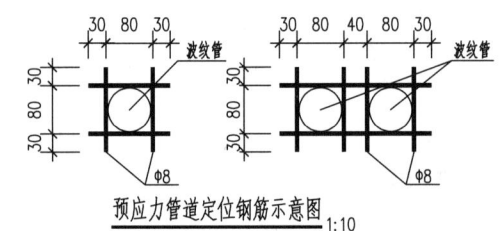

预应力管道定位钢筋示意图 1:10

预应力钢束材料表(公路-Ⅰ级/城-A级)
(边梁、中梁)

编号	型号	钢束单根长(mm)	钢束根数	钢束总长(m)	钢束总重(kg)	张拉端锚具(套) YJM15-5	张拉端锚具(套) YJM15-6	单根管道长(mm)	金属波纹管型号	管道数	管道总长(m)	每端引伸量 左侧/右侧(mm)	备注
N1	φ^s15.2-6	26327	2	52.6	347.8		4	24727	JBG-65 Z	2	49.4	87/87	两端张拉
N2	φ^s15.2-6	26291	2	52.6	347.4		4	24691	JBG-65 Z	2	49.4	87/87	两端张拉
N3	φ^s15.2-6	26262	2	52.6	347.0		4	24662	JBG-65 Z	2	49.4	87/87	两端张拉
合计				157.8	1042.2		12				148.2		

注：本预应力钢束数量表按梁长24960mm计算。

预应力钢束材料表(公路-Ⅱ级/城-B级)
(边梁、中梁)

编号	型号	钢束单根长(mm)	钢束根数	钢束总长(m)	钢束总重(kg)	张拉端锚具(套) YJM15-5	张拉端锚具(套) YJM15-6	单根管道长(mm)	金属波纹管型号	管道数	管道总长(m)	每端引伸量 左侧/右侧(mm)	备注
N1	φ^s15.2-5	26327	2	52.6	289.9	4		24727	JBG-60 Z	2	49.4	87/87	两端张拉
N2	φ^s15.2-5	26291	2	52.6	289.5		4	24691	JBG-60 Z	2	49.4	87/87	两端张拉
N3	φ^s15.2-6	26262	2	52.6	347.0		4	24662	JBG-65 Z	2	49.4	87/87	两端张拉
合计				139.8	926.4	4	8				148.2		

注：本预应力钢束数量表按梁长24960mm计算。

附注：
1. 本图尺寸单位以毫米计。
2. 采用的预应力钢束应符合《预应力混凝土用钢绞线》GB/T 5224 的规定，f_{pk}=1860MPa，E_p=1.95×10⁵MPa；采用的群锚体系应符合《预应力筋用锚具、夹具和连接器》GB/T 14370 和《公路桥梁预应力钢绞线用锚具、夹具和连接器》JT/T 329 的技术要求，配套锚固件须符合本工程的锚固构造及锚下局部承压强度要求。
3. 达到以下条件时方可张拉预应力筋：混凝土强度与弹性模量均达到设计的90%；日平均温度≥20℃时，龄期不小于5d；日平均温度<20℃时，且龄期不小于7d后。张拉程序：0→初应力（$0.1\sigma_{con}$）→$1.0\sigma_{con}$→作持荷5mm锚固，σ_{con}为预应力钢绞线锚下张拉控制应力；张拉工艺及要求按照《公路桥涵施工技术规范》JTG/T 3650 中相关规定执行。
4. 锚垫板位置及尺寸要求准确，锚垫板必须与预应力管道垂直；预应力钢束张拉后，应在距锚具3cm处切割，严禁电弧切割。
5. 预应力钢绞线锚下张拉控制应力为 $0.75f_{pk}$，钢束张拉次序为N1→N2→N3，同一编号钢束宜对称张拉。采用双控，以张拉力为主，引伸量作为参考。
6. 采用的预应力管道应为符合《预应力混凝土用金属波纹管》JG/T 225 要求的增强型镀锌金属波纹管（μ=0.2, k=0.0015），预应力管道定位钢筋直线段按0.75m设置一组，曲线段按0.5m设置一组。按梁长 L=24960mm计，每片刚接板梁的管道定位钢筋为45.7kg。
7. 现浇混凝土时要注意保证预应力管道的通畅，预应力张拉完毕后，预应力管道内应及时真空压浆，并满足《公路桥涵施工技术规范》JTG/T 3650-2020 中表7.9.3 的相关要求。
8. 预应力钢束孔道与普通钢筋位置发生冲突时，普通钢筋的位置可适当调整，但在封锚时钢筋必须焊接恢复。张拉槽处钢筋长度以实际施工放样为准。
9. 刚接板梁的施工工艺及要求严格按照《公路桥涵施工技术规范》JTG/T 3650 的有关规定及本图集"设计说明"执行。
10. 图中材料数量表均按标准梁长计算，当梁长变化时，应对直线段钢束作相应调整。

25m 钢束图（二）

图集号 2024沪Q004

页 116

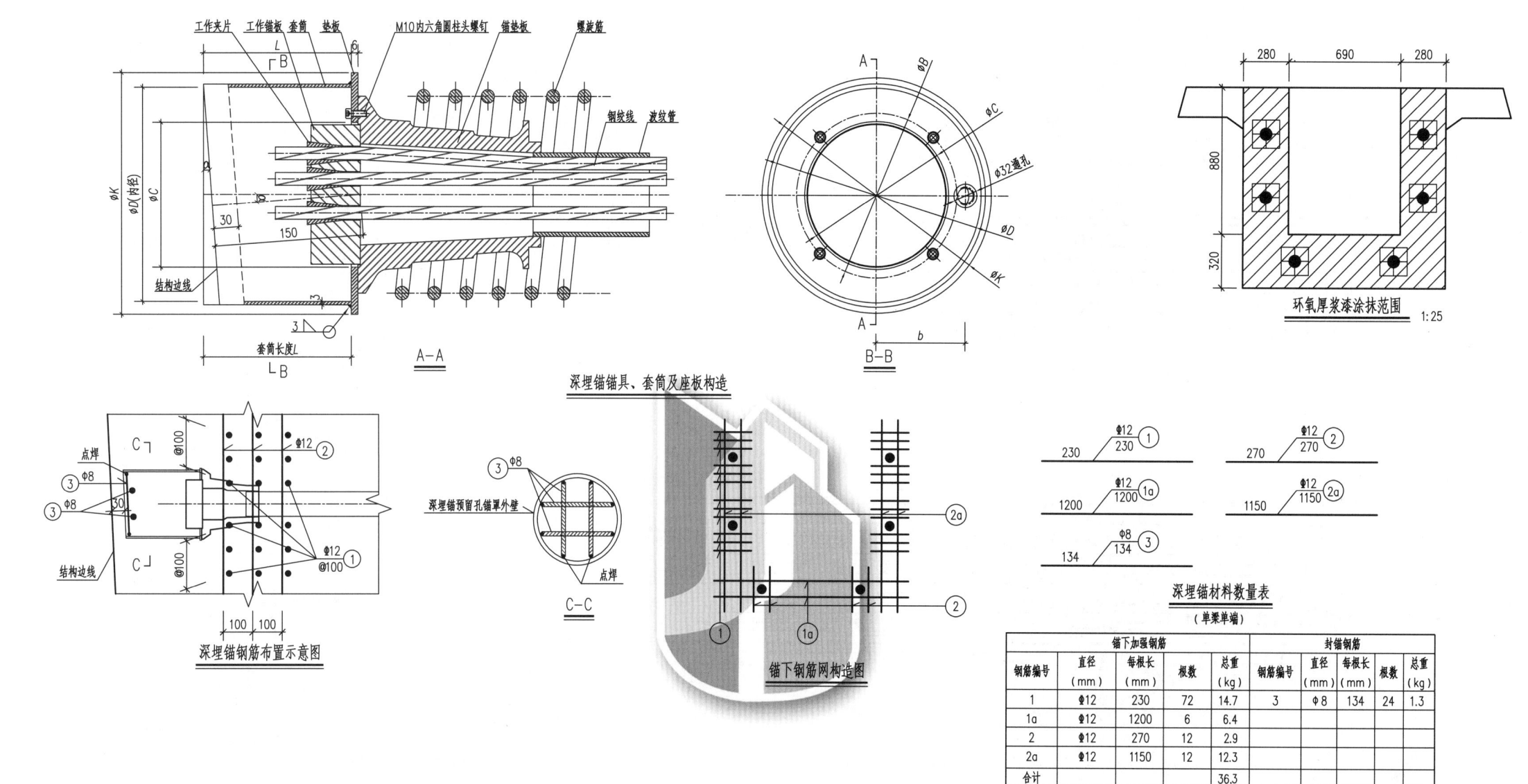

25m 钢束图（三）

图集号 2024沪Q004

页 117

1/2 立面 1:50

1/2 1-1(顶板) 1:50

1/2 2-2(底板) 1:50

支座预埋钢板示意图 1:20

(顺桥向)

支座预埋钢板示意图 1:20

(横桥向)

F—F 1:20

支座预埋钢板大样图 1:20

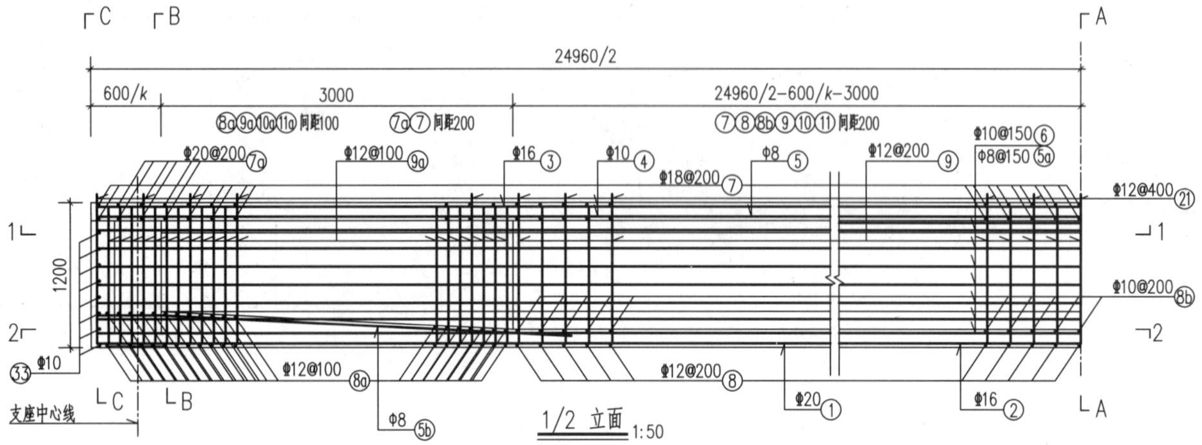

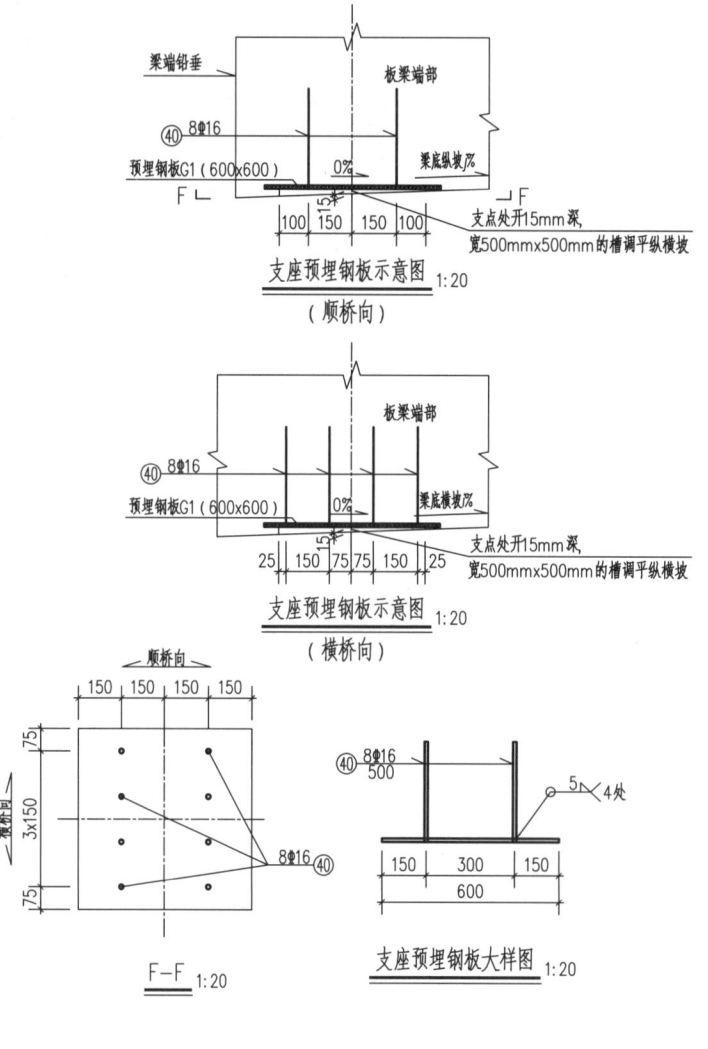

附注：

1. 本图尺寸均以毫米计。
2. 最外侧钢筋的混凝土保护层厚度不小于25mm。
3. 本图与相应的预应力混凝土空心板梁图纸配套使用。
4. 本图未示出横梁钢筋，详见横梁钢筋图。
5. 图中 $k=\cos\beta$。

25m中梁钢筋图(一)	图集号	2024沪Q004
	页	118

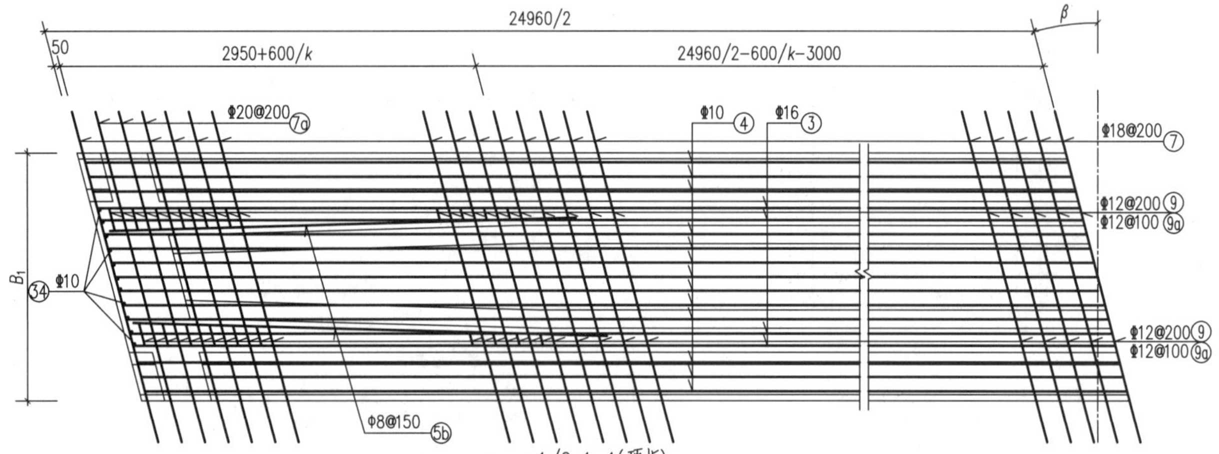

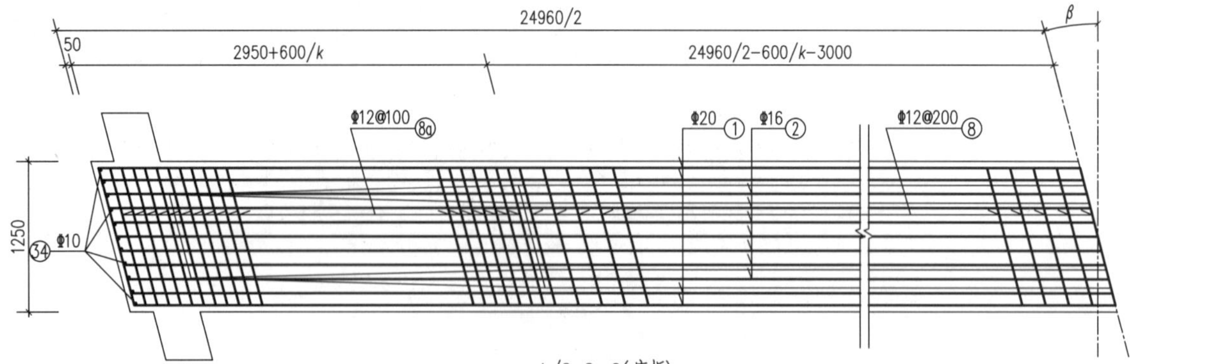

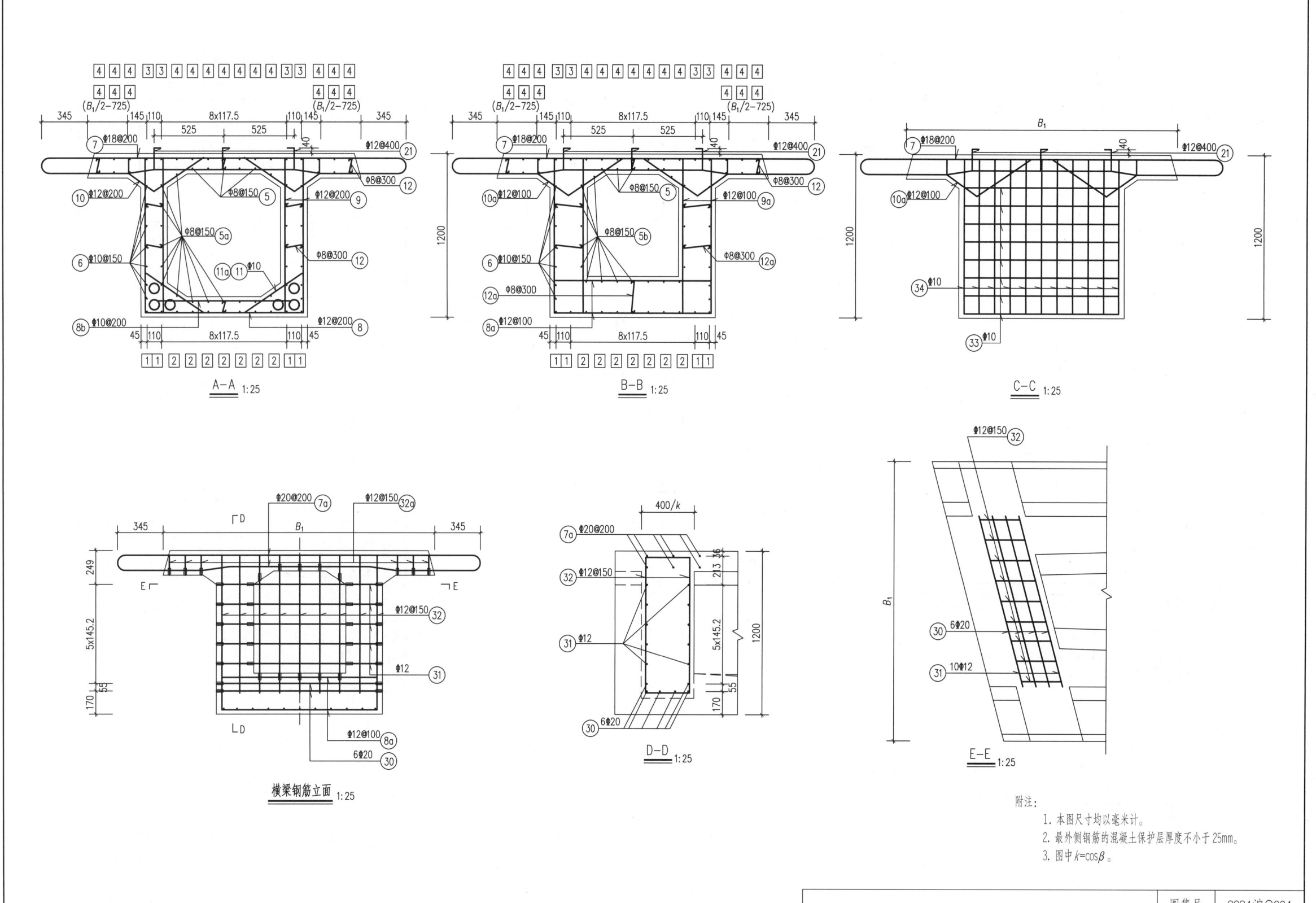

25m中梁钢筋图（二）

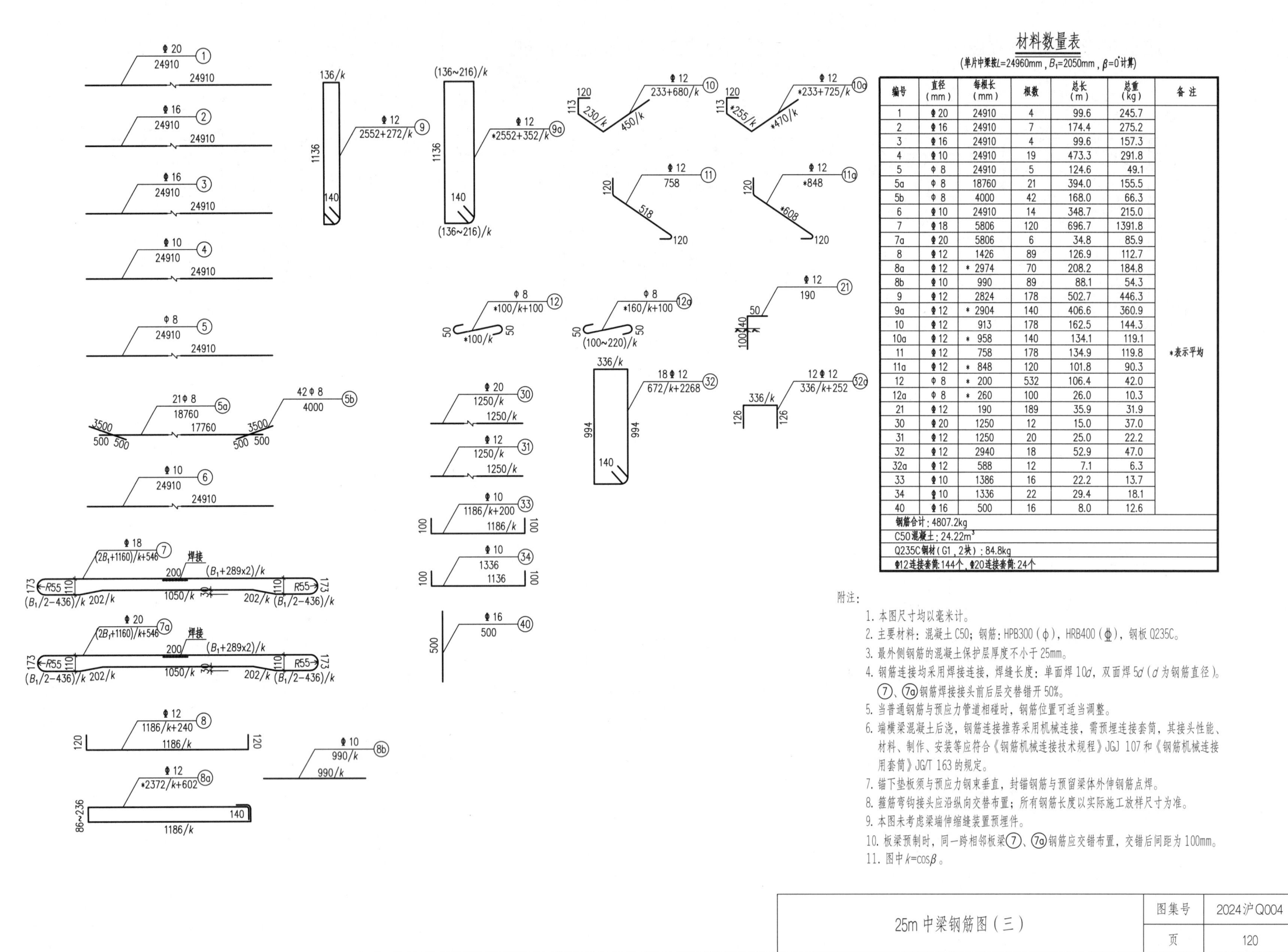

25m中梁钢筋图（三）

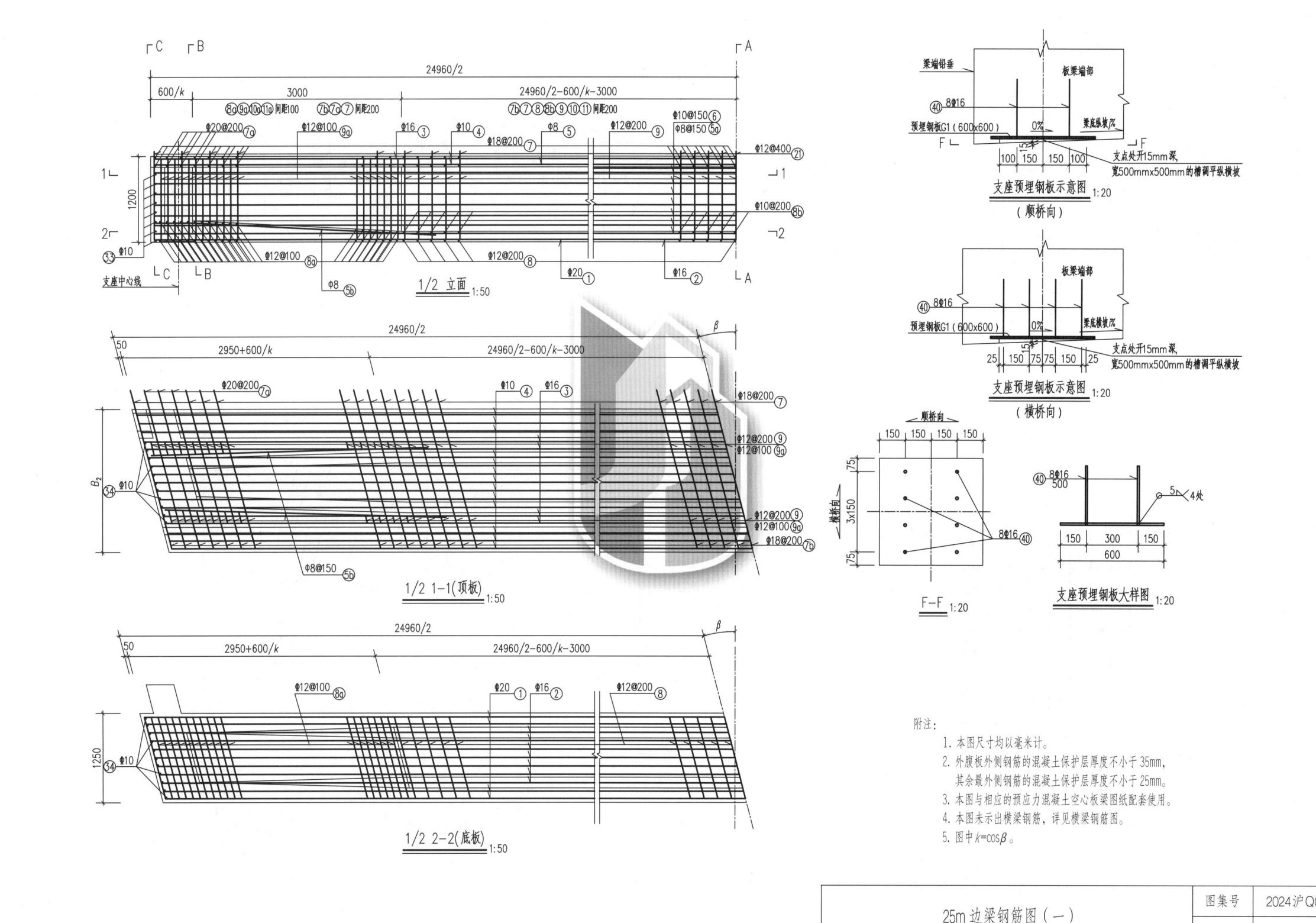

25m边梁钢筋图（一）

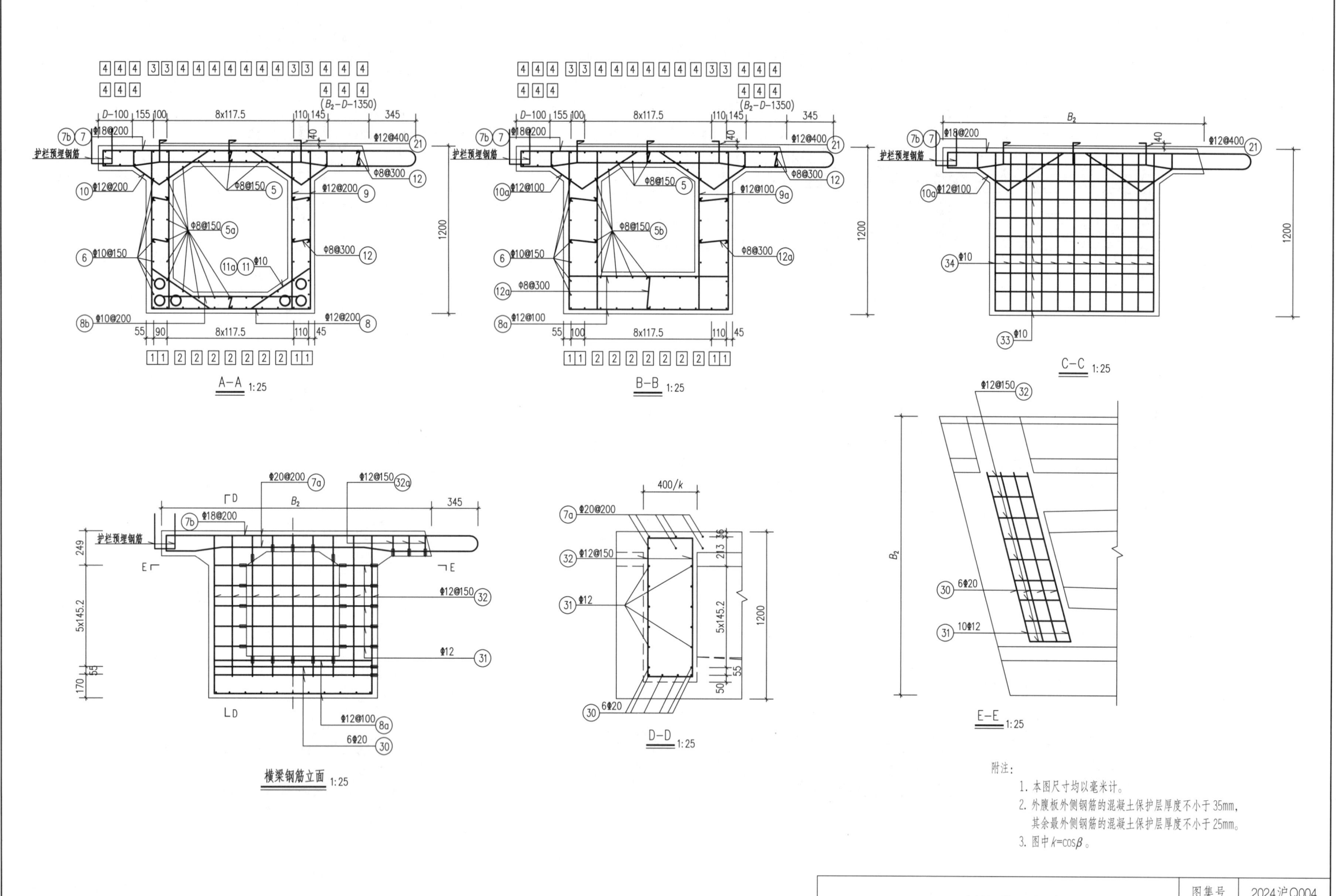

25m边梁钢筋图(二)

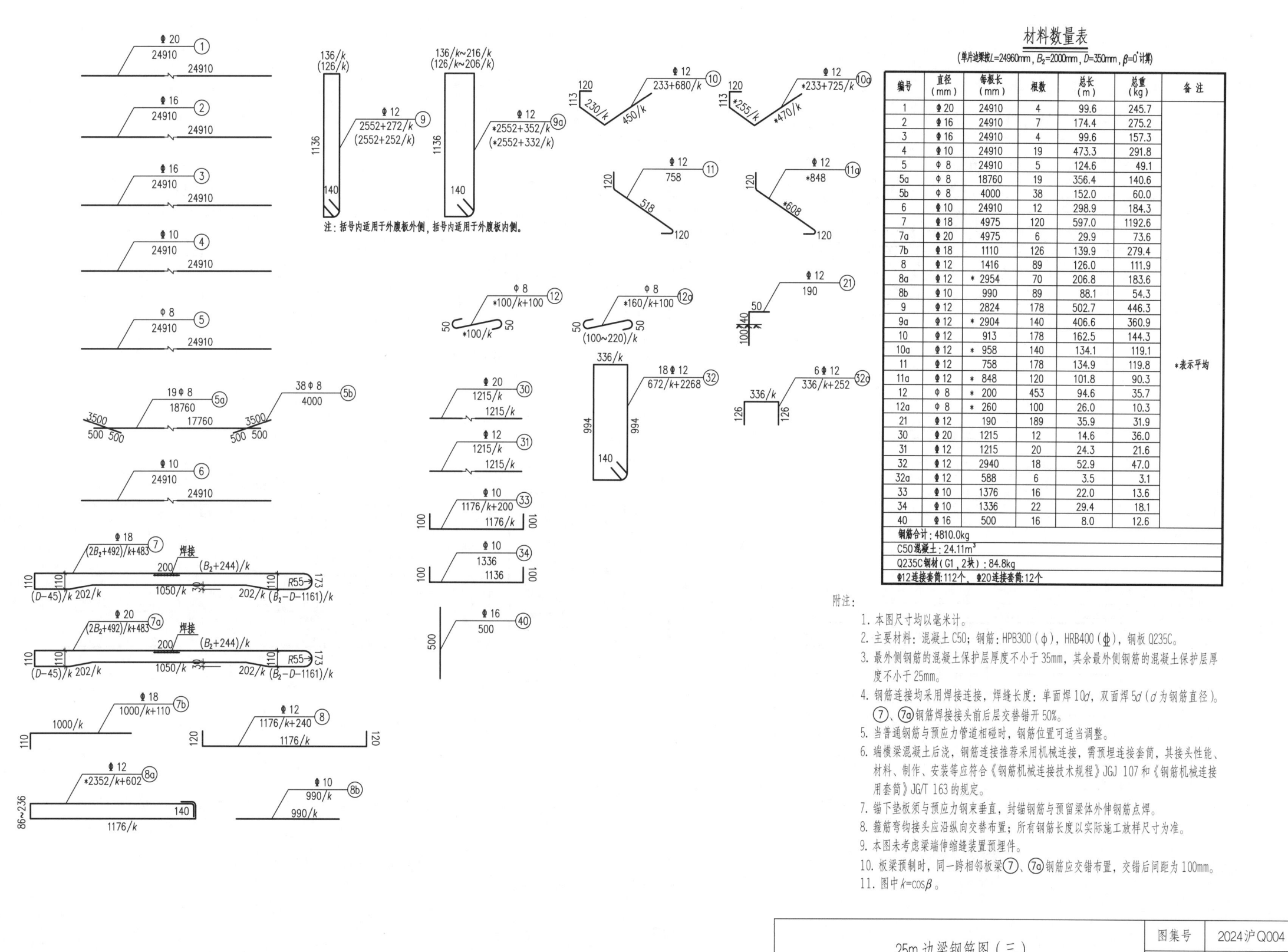

25m边梁钢筋图（三）

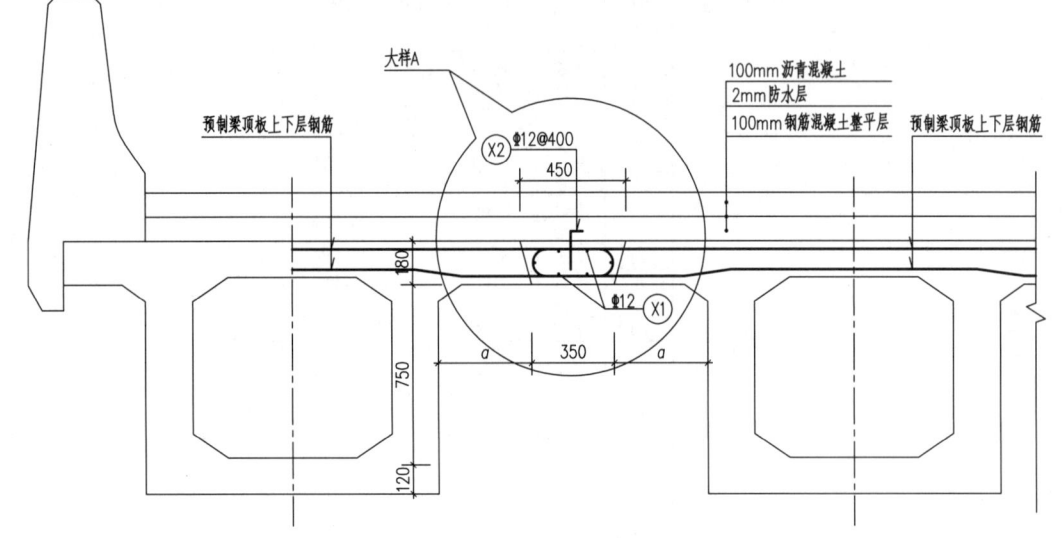

现浇桥面板钢筋布置 1:25

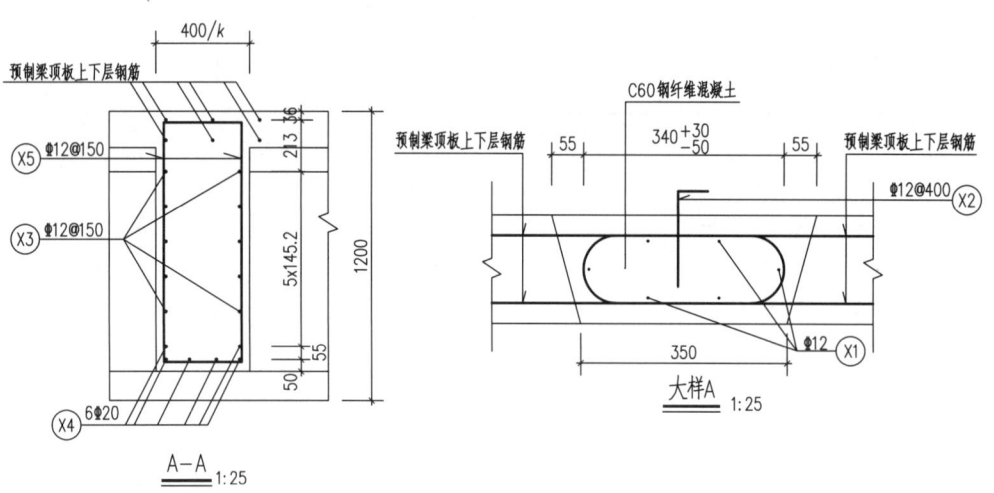

A-A 1:25

大样A 1:25

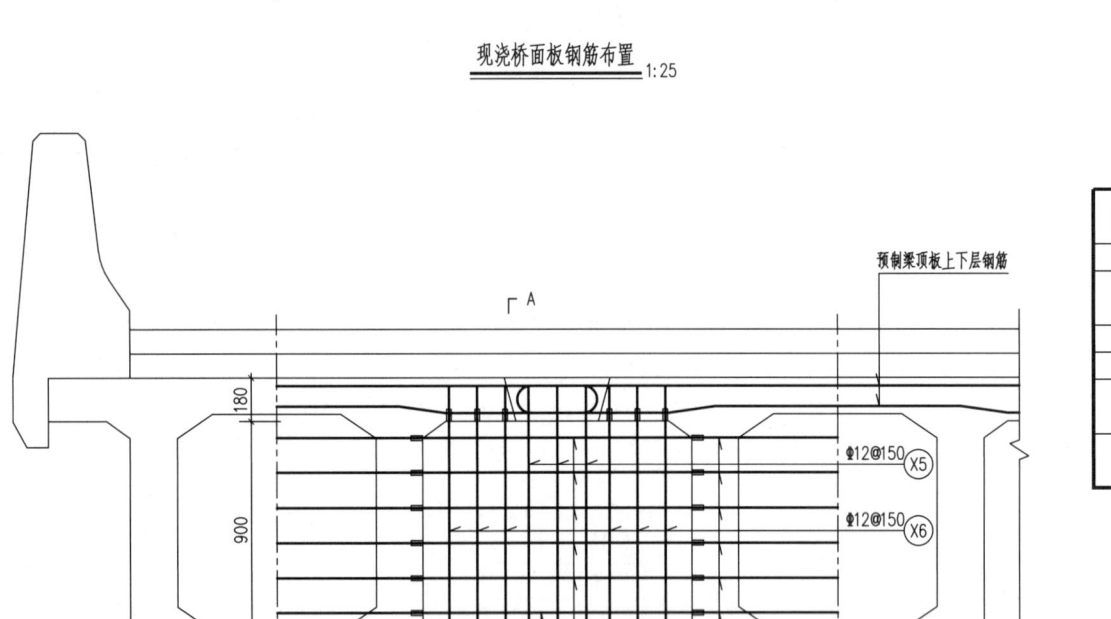

端横梁现浇段钢筋布置 1:25

钢筋大样表

编号	钢筋大样(mm)
X1	21910
X2	50 钢筋
X3	(350+2a)/k
X4	(350+2a)/k
X5	994 / 336/k / 140
X6	868 / 336/k

材料数量表

（本表按梁长 L=24960mm，a=400mm，按 β=0° 计算）

	编号	直径(mm)	每根长(mm)	根数	总长(m)	单位重(kg/m)	总重(kg)	单条缝合计
现浇湿接缝（每条）	X1	⌀12	24910	6	149.5	0.888	132.7	C60钢纤维混凝土：1.58m³
	X2	⌀12	190	63	12.0	0.888	10.6	钢筋总计：143.3kg
端横梁（两道）	X3	⌀12	1150	16	18.4	0.888	16.3	C60钢纤维混凝土：0.82m³
	X4	⌀20	1150	12	13.8	2.466	34.0	钢筋总计：88.1kg
	X5	⌀12	2940	6	17.6	0.888	15.7	
	X6	⌀12	2072	12	24.9	0.888	22.1	

附注：
1. 本图尺寸均以毫米计。
2. 最外侧钢筋的混凝土保护层厚度不小于25mm。
3. 桥面板纵向钢筋与横梁钢筋有冲突时，桥面板钢筋可适当调整。
4. 接缝面处理按《公路桥涵施工技术规范》JTG 3650-2020 第 6.11.6 条执行，施工方需制定施工工艺，保证施工缝质量。
5. 端横梁混凝土后浇，钢筋连接推荐采用机械连接，需预埋连接套筒，其接头性能、材料、制作、安装等应符合《钢筋机械连接技术规程》JGJ 107 和《钢筋机械连接用套筒》JG/T 163 的规定。
6. 湿接缝内预制梁横向钢筋搭接长度为340mm $^{+30}_{-50}$。
7. 图中 $k=\cos\beta$。

25m桥面板现浇缝

图集号 2024沪Q004

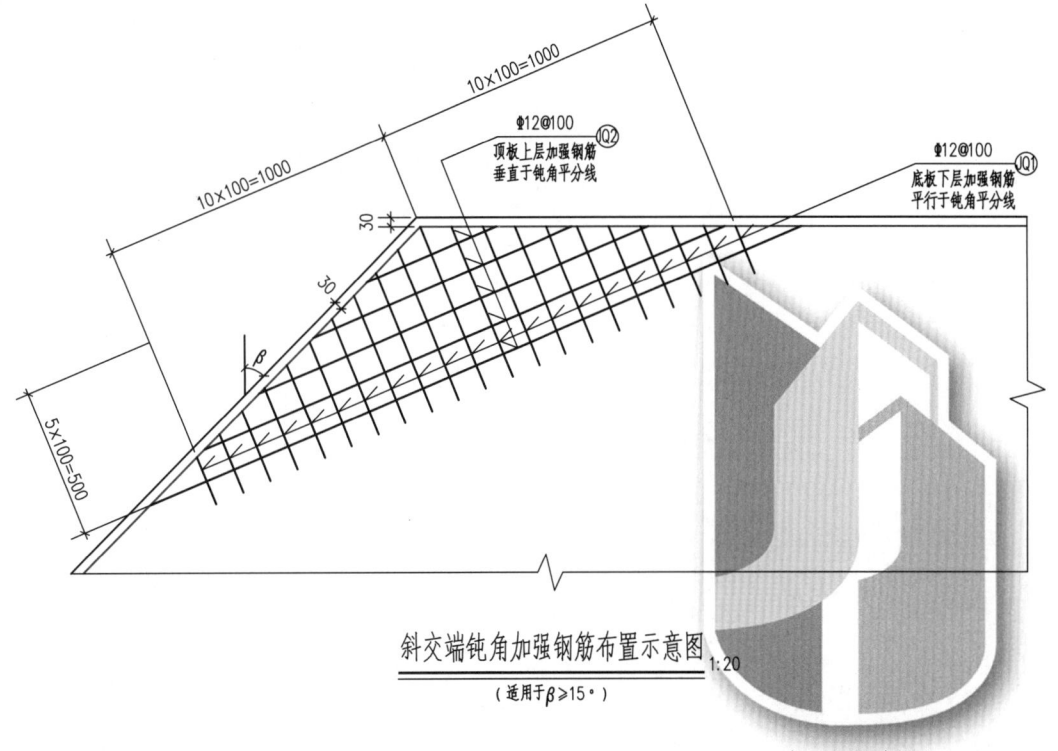

斜交端钝角加强钢筋布置示意图 1:20
（适用于β≥15°）

加强钢筋数量表
（按单片斜交板梁计）

编号	直径	每根长(mm)	根数	总长(m)	单位重(kg/m)	总重(kg)
JQ1	⌀12	*366	42	15.4	0.888	13.6
JQ2	⌀12	*1450	10	14.5	0.888	12.9
合计	HRB400: 26.5kg					

注：*表示平均。

附注：
1. 本图尺寸单位均以毫米计。
2. 加强钢筋绑扎于斜交刚接空心板箍筋外侧。

斜交端钝角加强钢筋示意图	图集号	2024沪Q004
	页	125